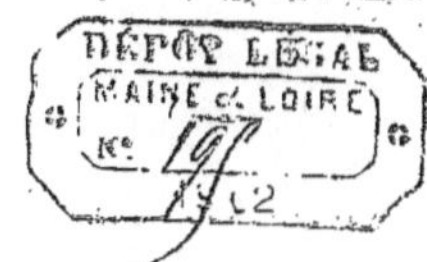

MISSION AMÉLINEAU

LES NOUVELLES

FOUILLES D'ABYDOS

SECONDE CAMPAGNE

1896-1897

COMPTE RENDU IN EXTENSO DES FOUILLES,

DESCRIPTION DES MONUMENTS ET OBJETS DÉCOUVERTS

PAR

E. AMÉLINEAU

Avec Plan, Dessins et 24 Planches

D'APRÈS LES PHOTOGRAPHIES DE M. ACHILLE LEMOINE

PARIS

ERNEST LEROUX, ÉDITEUR

28, RUE BONAPARTE, VIe

1902

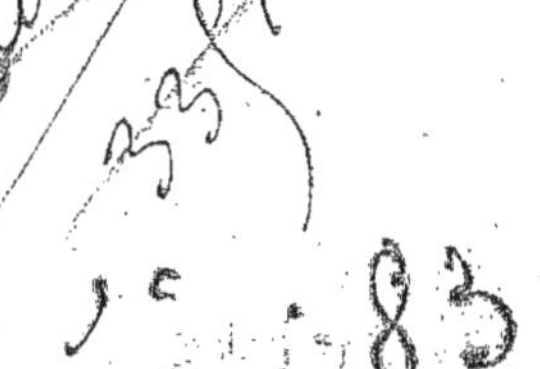

LES NOUVELLES

FOUILLES D'ABYDOS

1896-1897

ANGERS, IMPRIMERIE BURDIN ET Cⁱᵉ, 4, RUE GARNIER.

MISSION AMÉLINEAU

LES NOUVELLES

FOUILLES D'ABYDOS

SECONDE CAMPAGNE

1896-1897

COMPTE RENDU IN EXTENSO DES FOUILLES,
DESCRIPTION DES MONUMENTS ET OBJETS DÉCOUVERTS

PAR

E. AMÉLINEAU

Avec Plan, Dessins et 24 Planches

D'APRÈS LES PHOTOGRAPHIES DE M. ACHILLE LEMOINE

PARIS

ERNEST LEROUX, ÉDITEUR

28, RUE BONAPARTE, VIe

1902

INTRODUCTION

e volume que je publie aujourd'hui est terminé depuis le 18 octo-
1898; il était même presque entièrement écrit au commencement de
embre 1897, mais le volume précédent n'étant pas encore paru à cette
e, je jugeai inutile, avant mon départ pour l'Égypte, d'y donner la
nière main. A quoi cela m'eût-il servi? La petite campagne de récri-
ations, de dénigrements, de manœuvres fausses et perfides dònt
fouilles que j'ai conduites en Abydos ont été l'occasion et le point de
e est présentement pour tout esprit qui veut réfléchir et rester impar-
et demeurera près de la postérité, quand toutes les jalousies se
ont tues et qu'on pèsera les services rendus à la science, un très grand
ıneur pour celui qui a écrit ces lignes. Non pas qu'on ne puisse rien
uver à redire à la manière dont j'ai mené mes fouilles, j'allais dire à
me, mais on ne m'a pas laissé le temps de les achever : je n'ai pas
orétention de contenter tout le monde, de satisfaire surtout les esprits
ncheux dont toute la vie se passe à épier autrui et à chercher s'il n'y
as quelque défaut, quelque faute qu'ils seraient si heureux de signa-
: il ne faut leur envier ni ce beau contentement, ni cette jolie occu-
;ion. Ce que je demande, c'est la justice la plus élémentaire; c'est
'on prenne ce que j'offre au public, qu'on le pèse dans la balance
l'équité et qu'on dise si, oui ou non, le bon l'emporte sur le mauvais.
ce point de vue, je peux bien être tranquille : quand même toutes
accusations portées contre mon œuvre seraient fondées, ce qu'elles
sont pas, quand même toutes les défaillances relevées seraient cons-
ées, on n'empêchera point que je n'aie réellement mis au jour une
antité considérable de monuments nouveaux, de documents jus-
'alors insoupçonnés, que je n'aie eu le courage, car il en fallait, de
attaquer à un site qu'on avait avant moi regardé comme complète-
ent infructueux. Et cela est si vrai qu'on n'a point eu de cesse avant

a

qu'on ne me l'eût enlevé. Et à ce sujet, je dois donner à mes lecteurs quelques explications.

Lorsque je quittai l'Égypte au mois de mars 1899, j'avais si bien l'intention de retourner l'année suivante que j'y laissai tous mes effets de campement qui se trouvent encore à Abydos et les quelques instruments dont je me servais. La veille de mon départ d'Abydos, je fis une dernière visite à la nécropole d'El-'Amrah : chemin faisant, dans le village d'El-Khâdrah, après avoir dépassé le temple de Séti Ier, je rencontrai une petite caravane, composée de deux ânes : sur le premier de ces dociles animaux, une dame était montée et près d'elle marchait, pieds nus dans des babouches, un homme à barbe inculte, de complexion très brune, que je pris pour un *mercanti* grec; un domestique montait le second âne et suivait le couple voyageur. Je n'attachai aucune importance à cette rencontre, car j'étais bien loin de soupçonner que les voyageurs que je venais de rencontrer et dont je vis la tente dressée plus loin, en face du site que j'avais exploré cette année-là, n'étaient autres que M. et Mme Flinders Petrie. Le soir, quand j'appris que les deux personnes que j'avais rencontrées le matin et que j'avais trouvées déjeunant au temple de Ramsès II, lors de mon retour d'El-'Amrah, répondaient à ce nom connu, je fus d'abord surpris de n'avoir pas reconnu M. Petrie que j'avais vu deux fois, la première à Louqsor, la seconde fois à Londres — je le croyais alors occupé du côté de Denderah — surpris aussi qu'il ne m'eût pas reconnu, et j'écrivis une lettre où je me plaignais amicalement qu'il ne m'eût pas prévenu et qu'il m'eût ainsi privé du plaisir que j'aurais eu à lui offrir à déjeuner et à lui montrer mes travaux. Il me répondit qu'il n'avait pas pu me prévenir, parce qu'il visitait en excursion toutes les localités de la rive gauche où il y avait des sépultures égyptiennes. Je ne pensai plus à cet incident. Des circonstances imprévues m'empêchèrent de retourner en Égypte et je pensais au mois de mars 1900 à demander la prolongation de la durée de ma concession, lorsque j'appris par hasard, par la lecture d'un article de M. Maspero et par un savant qui revenait lui-même d'Égypte, que M. Petrie avait travaillé tout l'hiver à Abydos, à Om el-Ga'ab, précisément à l'endroit de mes fouilles des trois premières campagnes. Mon premier mouvement fut de ne pas ajouter foi à ce que je pouvais regarder comme un racontar, mais devant les détails précis qui me furent fournis, je ne conservai plus aucun doute. J'en écrivis à M. Petrie lui-même, lui marquant mon étonnement qu'il eût employé un pareil procédé à mon égard. Il me répondit en me disant qu'il avait été autorisé à fouiller sur le site d'Om el-Ga'ab, que d'ailleurs il ne savait pas combien de temps durait ma concession et qu'il ne prévoyait et ne comprenait pas mon étonnement. Je protestai aussitôt que j'eus reçu cette lettre et, comme M. Petrie ne me disait pas quand il avait obtenu cette concession qui était nulle de droit, car on ne peut pas concéder une seconde fois un terrain que l'on a concédé une première fois tant que cette première concession n'est pas terminée, je me crus autorisé à conclure que le premier usage que M. Maspero, qui venait d'être à nouveau mis à la tête du service des antiquités égyptiennes, avait fait de son autorité, avait été de me retirer ma concession, sans me prévenir, ce qui me paraissait cependant en contradiction avec la réputation d'habileté qu'a le directeur général du service des antiquités égyptiennes. Je dois l'écrire sans subterfuge ici : M. Maspero n'a été pour rien dans l'usurpation de ma concession ; la séance du Comité d'archéologie dans laquelle on accorda à M. Petrie une concession à laquelle j'avais encore droit, fut présidée par M. Loret. Je ne veux pas rechercher ici quels ont été les mobiles qui ont poussé M. Loret à sanctionner ou à voter cette injustice : dans l'hypothèse qui lui est le plus favorable, celle d'un oubli, on peut se demander quel droit avait d'être à la tête d'une administration aussi importante un homme qui peut aussi facilement perdre la mémoire. Cette mémoire a-t-elle été perdue volontairement ou involontairement, c'est ce que je ne veux pas examiner ici, car cela ne servirait à rien ; mais ce que je viens de dire s'est bien ainsi passé, et je pourrais en fournir les preuves ; je les fournirai, si l'on m'y pousse : je suis bien armé de ce côté.

Je n'aurais pas lieu d'incriminer la bonne foi de mes rivaux, pas plus que je n'ai lieu d'incriminer la bonne foi du Comité d'Archéologie qui a pu être surprise, si l'on ne se fût efforcé de prendre des précautions qui montrent à elles seules que l'on se sentait en mauvaise position. Ce que je ne saurais souffrir sans protestation, ce sont les mauvaises raisons mises en avant pour tâcher de légitimer cette violation du droit. Mon droit à la vérité est de peu d'importance, mais c'est toujours mon droit. L'histoire de notre temps, de nos jours même, sera pleine de ces raisons fallacieuses mises en avant pour légitimer les pires attentats ; mais quand on aura bien étudié le fond et le tréfond, on verra que ce n'étaient que de simples trompe-l'œil pour jeter un manteau sur les véritables raisons qu'il serait par trop cynique d'avouer tout haut. Dans mon cas, on a surtout mis en avant que je ne surveillais pas assez mes ouvriers : on m'a rebattu les oreilles de cette mauvaise raison et quoi que j'aie dit pour m'en défendre, on n'a jamais voulu me croire : je comprends maintenant pourquoi. M. Petrie lui-même a écrit qu'il avait acheté des objets provenant de mes fouilles au fils de mon *reis*[1]. Je ferai d'abord observer à M. Petrie que je n'ai pas eu, les deux premières années, de *reis* en titre, que je pouvais alors avoir pour *reis* le *reis* du musée lui-même, Ouasef-Salîb. Quand, la seconde année, je ne pus l'avoir parce que le musée fit faire des fouilles de trois semaines au nord d'Abydos, j'employai l'un de ses frères, Gat-Salîb, un des plus effrontés et des plus impudents Coptes que j'aie connus, et j'en connais cependant beaucoup. Sous main, il fit alliance avec le *mandoub* que l'administration m'avait envoyé cette année-là pour surveiller mes travaux, un ancien laveur de vaisselle d'une des brasseries du Caire, évidemment très qualifié pour remplir ce poste. Tous les deux excitaient mes ouvriers à faire grève : je le savais et me tenais pour averti. Aussi, je finis par renvoyer de mes chantiers Gat-Salîb et je n'ai jamais plus voulu le reprendre, malgré ses supplications, ses promesses et celles de hauts personnages de sa religion; comme lui seul a un fils en âge de vendre maintenant des antiquités, c'est évidemment lui que M. Petrie a voulu désigner. Or, il y a bien d'autres moyens de se procurer à Abydos des antiquités qu'on vend ensuite comme provenant de mes fouilles. Je reconnais, et j'ai déjà reconnu, qu'on m'a volé des antiquités importantes, la première année; peut-être l'a-t-on fait encore la seconde année, mais la chose a dû être plus difficile. Cette seconde année, comme les fouilles ont été complètement localisées dans le tombeau dont il sera question au cours de cet ouvrage, que le tombeau était divisé en petites chambres et que je ne faisais jamais ouvrir qu'une chambre à la fois dans laquelle je ne conservais que trois ouvriers, je pouvais les surveiller plus facilement et par conséquent il était difficile de me prendre des objets. Mais comment empêcher gens devenus habiles, d'une habileté vraiment prodigieuse dans le vol à force de le pratiquer? Ils ont donc pu me détourner quelques objets, mais bien rares. D'ailleurs la difficulté était plus grande par ce fait que presque tous les objets avaient été de propos délibéré cassés et morcelés. Les fellahs que j'occupais ne se souciaient pas de prendre des objets cassés, parce qu'ils ne pouvaient en avoir le débit : les voyageurs n'ayant aucun souci de se charger de morceaux

1. Fl. Petrie, *The royal Tombs of the first dynasty*, p. 18.

de pierre dure qui ne leur disaient rien. Cependant, à la fin des fouilles de cette année, quand on m'eut vu faire ramasser tous les fragments de vases en pierre, quand on sut que j'en avais reconstitué des vases entiers, alors quelques fragments furent enlevés subrepticement et offerts aux voyageurs par de petits enfants qui n'en purent d'ailleurs trouver le placement, malgré l'assurance donnée qu'ils devaient être bons puisque je les faisais ramasser.

Quand on ne peut empêcher un mal, il faut le rendre moins fréquent si l'on peut, et faire la part du feu. M. Petrie lui-même n'a pas échappé à cette loi commune, et plus que d'autres, plus que moi peut-être il a dû payer ce tribut prélevé par les ouvriers sur les opérations des fouilles. J'en ai été témoin moi-même à Louqsor, et l'on m'a effort des objets provenant de ses travaux. Depuis qu'il a pris ma place à Om el-Ga'ab, il n'a pas plus échappé que moi à la mésaventure commune, et nombre des objets qu'ils a trouvés lui ont échappé. Il n'y a donc pas lieu pour lui de faire le fier et de se moquer d'autrui. Et cependant qu'il lui est plus facile de surveiller ses ouvriers! Chaque année, il a avec lui des compagnons et des compagnes qui se font un honneur de l'assister dans ses travaux : j'étais seul les deux premières années, et les deux suivantes, j'ai eu un compagnon qui est venu partager ma solitude et qui ne s'occupait guère de surveiller des ouvriers, quoiqu'il l'ait fait parfois. M. Petrie a, sur ce chapitre, des idées vraiment trop partiales : du moment qu'on est avec lui, on est qualifié amplement pour l'œuvre qu'il donne à remplir. On n'a qu'à lire les préfaces qu'il met en tête de ses livres annuels pour constater le fait. Jusqu'à présent la critique ne lui a pas cherché chicane, mais elle peut un jour changer de manière, et alors on pourra lui faire sentir que, pas plus que le commun des fouilleurs, il n'est à l'abri des reproches. Par exemple, il constate dans ses livres que certains objets ont été achetés par lui : je le demande en toute sincérité, est-ce un procédé scientifique? M. Petrie ne peut avoir la prétention, sur le vu d'un objet, de connaître l'endroit d'où l'objet provient. Or quelle peut être la valeur scientifique d'un objet dont on ignore la provenance au point de vue de l'histoire de l'art? Au point de vue de l'histoire générale, il peut avoir une valeur réelle, faire connaître un personnage ou un autre; mais au point de vue particulier de l'histoire de l'art, à celui surtout de la genèse d'un type, le dit objet n'est d'aucune valeur. Pour ma part, je n'ai jamais mélangé aux objets que j'avais trouvés des objets que j'aurais pu acheter tout comme un autre. C'est là un des points sur lesquels on peut critiquer la méthode de M. Petrie, et nous pourrons peut-être en trouver d'autres chemin faisant. En règle générale, on ne doit attribuer aucune valeur aux dires des indigènes sur la provenance des objets, car ils ont trop d'intérêt à ne pas divulguer le lieu de leurs fouilles clandestines et à s'efforcer de donner aux objets qu'ils vendent une origine qui en rehausse la valeur et par conséquent le prix. Il ne faut pas être grand clerc en logique pour le comprendre.

Comme les vols de jour ne sont pas les plus à craindre, pendant la nuit je faisais également surveiller les fouilles du jour, car, lorsqu'on eut commencé de trouver des objets intacts, mes propres ouvriers tentèrent de retourner la nuit travailler en cachette au clair de lune pour faire des trouvailles clandestines. A quatre reprises différentes, ils revinrent, non pas au nombre de dix ou de quinze, mais de cinquante à soixante, et s'enfuirent lâchement devant les gardiens qui étaient à leur poste de nuit. Une seule fois, quelques-uns d'entre eux réussirent à commencer l'achèvement du déblayage d'une chambre resté inachevé la veille au soir : saisissant le moment où les gardiens s'étaient retirés, vers quatre heures et demie du matin, ils essayèrent d'enlever ce qui restait de sable dans la chambre en l'espace d'une heure et demie. Ils ne réussirent pas, parce qu'ils eurent à lutter contre un obstacle qui nous avait déjà empêchés de déblayer la chambre, à savoir de vastes éboulements qui la remplissaient continuellement. Ils durent donc abandonner cette chambre sans en avoir achevé le déblaiement et sans avoir rien trouvé, mais non sans avoir laissé des traces de leur passage et de leur tentative. Ces traces me sautèrent aux yeux dès mon arrivée aux fouilles, vers 7 heures du matin : je fis une enquête et, comme les soupçons se portèrent sur deux ouvriers, deux des plus intelligents et des plus travailleurs, je leur signifiai leur congé et j'infligeai une retenue sur le paiement des veilleurs de nuit qui avaient trop tôt quitté leur poste. Si maintenant des esprits chagrins, inquiets, pointilleux, défavorables à mon œuvre et à ma personne, prétendaient que ce qui est arrivé une fois peut bien être arrivé plusieurs fois, que je n'avoue ce cas que pour cacher les autres, je leur répondrais que rien ne m'était plus facile que de passer la tentative sous silence, que rien ne me forçait à révéler un fait qu'il semble si facile de tourner contre moi, car personne n'était avec moi sur le lieu des fouilles, et je dois ajouter que si j'ai raconté cette tentative, c'est que la chose a réellement eu lieu comme je la raconte et que je professe par dessus tout l'amour de la vérité, ce que ne font pas sans doute les contradicteurs auxquels plus haut je fais allusion.

Cependant, vers la fin de cette campagne, on me vola quatre beaux vases en onyx rubané, mais le vol n'eut pas lieu sur mes chantiers. Ce fut dans ma propre maison qu'un des frères Salîb enleva les quatre vases, ce dont je m'aperçus le jour même. Je criai si fort, je fis des menaces qui parurent si terribles, que le chef de la famille Ouasef-Salîb racheta sur le champ au marchand qui les avait deux des vases et me les remit : au fond ce n'était qu'un échange. Pour donner le change à la police, que j'avais avertie, la famille Salîb accusa des innocents, paya des faux témoignages, fit condamner à six mois de travaux forcés quelqu'un qui avait consenti à se reconnaître coupable, et puis, dans le courant de l'année, envoya un de ses membres et un faux témoin en pèlerinage à Jérusalem, d'où les deux pèlerins rapportaient l'assu- rance du pardon. Je n'invente rien : les choses se passèrent bien ainsi. Peut-être a-t-on offert à M. Petrie les deux autres vases qui ne m'ont jamais été rendus : je n'en serais pas autrement étonné. Les habitudes des Coptes et celles de la justice égyptienne font la paire. Elles marchent côte à côte ou plutôt elles se complètent les unes les autres. Je ne gagnai à ce triste procès que la tranquillité qui me fut désormais assurée de ce côté-là. Les deux années suivantes, je tins toute la famille Salîb éloignée de mes travaux et je fis choix d'un *reis* dont j'eus tout le contentement que j'en pouvais raisonnablement espérer.

Et maintenant faut-il faire grand fond sur la solidité de la raison mise en avant par mes adversaires et par M. Petrie en dernier lieu? Après les explications qui précèdent, poser la question n'est-ce pas la résoudre? On m'a reproché aussi de ne pas être architecte, de ne pas savoir relever un plan. Je ne suis pas architecte, la chose est indubi- table; quant à savoir lever un plan, il est non moins indubitable que je ne lèverais pas sans difficulté le plan de Saint-Paul de Londres ou de Saint-Pierre de Rome, mais quant à savoir prendre les mesures des tombes égyptiennes que j'ai découvertes, je crois que je l'ai pu faire d'une manière aussi approximative qu'on le peut désirer. Le lecteur pourra s'en faire une idée à la lecture de plusieurs chapitres de ce volume. Mais je veux bien admettre un moment que je n'offre pas toutes les garanties désirables à ce sujet : mon successeur avait donc complète obligation de faire autrement et mieux que moi. Plusieurs des plans qu'il a republiés après moi sont l'œuvre de Mme Petrie. Je ne voudrais aucunement être désagréable à Mme Petrie; mais quelles garanties offre-t-elle en plus de celles que je n'offrais pas? a-t-elle passé par une école d'architecture? a-t-elle été hahituée à mesurer des

tombeaux ou même des édifices? Je n'en sais rien, je vois seulement
que M. Petrie dit que les plans publiés par le mari sont de sa femme.
On pourrait vraiment sans se montrer bien difficile désirer quelque
chose de plus. Et de même pour la copie des hiéroglyphes ou des
marques existant sur les poteries, puisque M. Petrie recherche et
exige une si grande exactitude, où sont les preuves de l'exactitude des
copies qu'il a publiées? C'est Mme Petrie qui a dessiné toutes ces
marques : sont-elles réellement exactes? M. Petrie a mis dans ses
planches un certain nombre de marques que j'avais déjà publiées tant
bien que mal, sans doute, mais que j'avais publiées enfin. Il se garde
bien de le dire. Il m'a emprunté, sans m'en demander l'autorisation une
planche presque entière de stèles, et il met cette planche en face de
celle qui contient les stèles qu'il a lui-même découvertes : il en ressort
qu'il en a découvert plus que moi. Le mal n'est certes pas grand, mais
M. Petrie a oublié — l'a-t-il bien oublié? — de faire entrer en ligne de
compte celles que j'ai laissées au musée de Gizèh après choix des
autorités. Il peut tromper ainsi ses compatriotes, mais non ceux qui
connaissent réellement l'état des choses.

Dans les dernières lignes de sa préface, M. Petrie, se sentant sans
doute exposé à de trop justes critiques, dit : « Ces soixante-six planches
seront ma justification pour avoir entrepris un quatrième déblaiement
des tombes royales d'Abydos[1] ». Pourquoi M. Petrie a-t-il besoin d'une
justification, si, comme il le dit un peu auparavant, il attendit pour
travailler à la nécropole d'Abydos que « la mission Amélineau eût
abandonné le lieu »[2]? Il y a là une fausseté matérielle : je n'avais pas le
moins du monde abandonné le lieu de mes travaux, ainsi que je l'ai dit,
puisque je comptais y retourner et que j'avais laissé tous mes objets
de campement à Abydos et que la concession qui m'avait été accordée
était encore valable pour un an. Sans doute pour se justifier à ses
propres yeux, M. Petrie cite les paroles suivantes : « Tous les fellahs
savent qu'elle est épuisée », et il en conclut que j'avais tout abandonné.
J'avais *momentanément* abandonné Om el-Ga'ab pour travailler ailleurs
par ordre, mais je devais, l'hiver 1898-1899, reprendre un site que je
n'avais déclaré épuisé que pour les fellahs. Cela est si vrai que
d'abord les fellahs n'ont fait aucune tentative pour fouiller à nouveau

---

1. Fl. Petrie, *The royal tombs of the first dynasty*, p. 2, 2e col.
2. *Ibid.*, p. 2, 1re col.

des tombes que j'avais explorées; mais en même temps, sur mon journal de fouilles, j'avais écrit à la date du 8 février 1898 : « Aujourd'hui une escouade d'ouvriers que j'avais envoyés chercher du charbon à Om el-Ga'ab depuis plusieurs jours m'a rapporté des objets importants, montrant qu'il serait à souhaiter qu'on passât au crible les décombres de la première année; c'est ce que je ferai. » Je savais en outre que le plateau situé entre le tombeau du roi Serpent et celui dont il s'agit dans ce volume avait été fait trop vite et qu'on n'y avait pas employé toute la méthode désirable : en remaniant toutes les terres et les sables, je n'aurais sans doute pas manqué d'apercevoir les tombeaux qui n'avaient pas été explorés. Par conséquent les raisons mises en avant par M. Petrie pour essayer de pallier les reproches auxquels l'exposait sa conduite en cette circonstance sont nulles et non avenues. Il a eu le triomphe trop facile.

En effet, un homme qui a traité de la sorte un de ses collègues, quoique bien inférieur, j'en conviens, devrait se sentir lui-même à l'abri de tout reproche de ce même côté. Or, je prie mes lecteurs de vouloir bien remonter avec moi jusqu'en l'année 1894. En cette année, M. Petrie avait jeté son dévolu sur la nécropole qui s'étend de Neggadeh à Ballas : il la fouilla consciencieusement sans doute, du moins il le crut, découvrit les premiers gisements authentiques de la civilisation égyptienne préhistorique, en méconnut l'importance de propos délibéré, ce dont je suis loin de lui faire un crime, publia son volume intitulé *Neggadeh and Ballas*, et l'année suivante le retrouva à Louqsor occupé à déblayer le Ramesséum. Il avait si bien abandonné la nécropole de Neggadeh qu'il n'y est plus retourné. Or, par une ironie d'un sort cruel, M. de Morgan, en 1897, pendant les premiers mois de l'année, se rendit à Neggadeh, fit des fouilles et découvrit le tombeau qu'on a nommé depuis tombe de Ménès, mais qui est une autre tombe royale à mon sentiment. Et c'est le même fouilleur qui vient, après s'être indûment fait attribuer une concession qui m'avait d'abord été faite, me reprocher d'avoir négligé de fouiller des tombes que j'avais le projet d'explorer ou de reprendre lorsqu'elles avaient déjà été fouillées, parce que je jugeais la première exploration insuffisante. *Proh pudor !* Quand on a soi-même donné un exemple aussi illustre, je dirai de malechance pour ne pas être trop dur, il semblerait qu'on dût avoir le courage de ne pas triompher bruyamment de ceux qui ont été bien loin de commettre la même faute que celle de Neggadeh. De plus, ce qui serait compréhensible chez un fouilleur qui faisait ses premières armes ne l'est plus chez un archéologue qui a blanchi sous le harnais. Ce que M. Petrie ne regarde même pas comme une peccadille quand il s'agit de sa haute personne, il le juge un cas pendable pour écraser un émule.

Mais il y a encore mieux. M. Petrie a eu le triste courage d'écrire les lignes suivantes : « Et ce qui est pire que tout le reste pour l'histoire, s'est produite, pendant les quatre dernières années, la recherche active de tout ce qui pouvait avoir une valeur aux yeux des acheteurs ou être vendu avec profit sans égard pour l'origine de la trouvaille, recherche au cours de laquelle tout ce qui n'était pas transporté était de propos délibéré et cyniquement (avowedly) détruit en vue de produire la hausse des bénéfices attendus par des spéculateurs européens[1] ». Il y a dans ces mots plus qu'une fausseté insigne, il y a une basse calomnie. J'ai toujours apporté le plus grand soin à préserver tout ce qui offrait la plus petite valeur historique, tombes et autres monuments ou documents, nombre de fois j'ai empêché des destructions que je jugeais stupides, j'avais toute liberté à cet égard, et si quelquefois on s'est préoccupé de l'origine d'antiquités, c'est bien dans les fouilles que j'ai conduites à Abydos, n'en déplaise à M. Petrie. D'ailleurs quel profit aurais-je eu à agir autrement? Aucun. M. Petrie n'a pas vu en écrivant les lignes perfides que je viens de citer, qu'il fournissait lui-même matière à répondre péremptoirement, car si les objets qu'il m'accuse d'avoir détruits avaient une valeur, comment aurais-je pu être assez stupide pour les détruire afin de rehausser la valeur de ceux que j'avais déjà recueillis, lorsque leur conservation aurait autrement rempli le même rôle? De plus, pouvais-je imaginer qu'un jour M. Petrie en arriverait à caresser l'espoir que j'aurais été assez simple pour laisser sur place des objets de valeur afin qu'il les pût ramasser? Si son attente a été trompée sur ce point, à qui la faute? D'ailleurs, il est resté assez d'objets enfouis dans la hâte des fouilles pour le contenter. Et de plus, ici encore est-ce bien à lui d'accuser les autres d'avoir spéculé sur les antiquités égyptiennes? Toute l'Europe sait à quoi s'en tenir à ce sujet, et je ne lui en fais pas non plus un crime, car je crois juste que l'ouvrier vive de son travail. Au fond, M. Petrie est dépité, malgré le bruit qu'il a fait faire autour de son travail, de n'avoir rencontré que très peu d'objets de première importance. Croirait-il par

---

1. Fl. Petrie, *The royal tombs of the first dynasty*, p. 2, col. 2.

hasard incarner en sa personne tous les intérêts de la science? Je puis lui assurer, à ce sujet, que d'autres prennent autant de souci que lui de préserver avant tout les intérêts de la science.

Si les paroles de M. Petrie se rapportent aux innombrables poteries qui recouvraient la grande colline, il a raison, je les ai fait détruire, et PAR ORDRE DES REPRÉSENTANTS DE L'AUTORITÉ INDIGÈNE.

J'arrête ici la réponse que je veux faire aujourd'hui à M. Petrie : c'est un triste spectacle de voir un savant que jusqu'alors j'avais traité de la manière la plus respectueuse descendre à de pareils moyens pour discréditer un émule qui a eu trop de bonheur. J'ai toujours loué M. Petrie d'avoir employé une saine, judicieuse et presque stricte méthode : je ne demande pas, certes, qu'il me rende la pareille, mais j'avais au moins le droit d'attendre de lui les égards d'un gentleman; au contraire son ouvrage est consacré à montrer que je ne me suis trompé presque partout, et pour ce faire il avance des faits matériellement inexacts. Je le retrouverai ailleurs.

Je ne vais pas maintenant m'attarder à combattre ceux qui se sont faits les portevoix de la renommée de M. Petrie, c'est leur affaire, ni même réfuter les malignités amoncelées sur moi par le protagoniste bilieux qui, déçu dans son ambition, trompé dans ses visées, s'est réfugié dans la critique dédaigneuse, après avoir épousé une fortune et attend que la roue de la destinée le mette en haut quand elle sera fatiguée de le tenir en bas. Il en sera de même de ce jeune Allemand aussi désarticulé dans ses idées que dans ses gestes, qui écrivait que mes fouilles avaient été perdues pour la science et qui en même temps faisait demander à un libraire de Paris, sur une carte postale que j'ai vue, le compte-rendu *in extenso* de mes travaux de la première campagne de fouilles. De tels procédés, lorsqu'ils ont été dévoilés, sont de nature à faire plus de mal à celui qui les emploie qu'à celui contre lequel ils sont employés.

Ces lignes me serviront de défense devant le grand public, jusqu'au moment où j'aurai l'occasion d'examiner les arguments scientifiques apportés à la rescousse de ces procédés déloyaux. Je me contente aujourd'hui de publier ce volume tel que je l'écrivis en 1898. Si sa publication en a été retardée jusqu'à ce jour, ce retard a pour cause des circonstances complètement indépendantes de ma volonté.

La Hurlanderie, 17 novembre 1901.

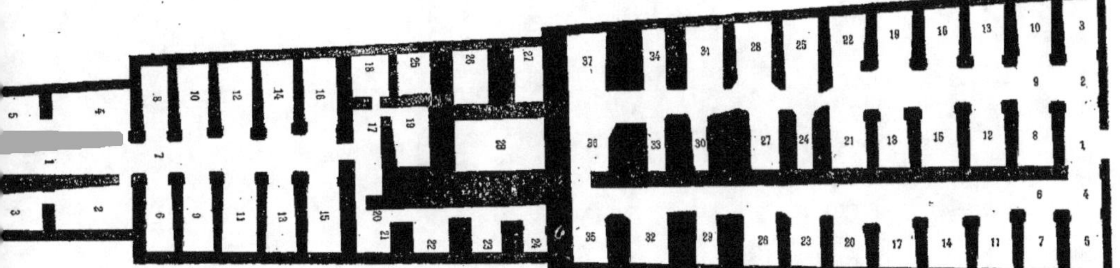

Plan du tombeau au 1/400.

CHAPITRE PREMIER

DESCRIPTION DU LIEU OÙ LES FOUILLES SE SONT FAITES ET DES TRAVAUX PRÉLIMINAIRES

Lorsque je revins en Égypte, au mois de décembre 1896, mon intention bien arrêtée était de continuer les fouilles commencées dans la campagne précédente; mais préalablement j'avais décidé d'explorer une dépression dont la configuration m'intéressait. Ainsi que je l'ai dit dans la brochure que j'ai publiée sur cette seconde campagne de fouilles[1], je croyais — un peu à la légère, je dois l'avouer et l'événement l'a prouvé — je croyais ne rencontrer que de petits tombeaux dont je parviendrais facilement à me rendre compte. J'avais en plus un autre motif : on m'avait fait espérer une visite sur le lieu des fouilles de la part de ceux qui s'intéressaient à notre œuvre commune, et j'avais répondu à la communication de cet espoir par la promesse de ne continuer le déblaiement de la grande butte, déblaiement que j'avais laissé inachevé au mois de mars 1896, que lors de l'arrivée de mes visiteurs. Les événements se sont chargés d'eux-mêmes de rendre impossible et la visite promise et le plan que j'avais combiné. Le monde savant qui veut bien s'intéresser à mes travaux d'Abydos sera à même de juger par quels motifs j'ai été conduit à différer les travaux que j'avais commencés l'année précédente pour m'attaquer à un site nouveau que je ne prévoyais aucunement devoir m'occuper tout l'hiver 1896-1897. C'est cependant ce qui est arrivé : commencées le 14 décembre 1896, les fouilles nécessitées par le déblaiement et l'exploration de l'immense tombeau que j'ai mis momentanément au jour n'ont pris fin que le 15 mars 1897.

1. *Nouvelles fouilles d'Abydos* (1896-1897), p. 4.

1

La dépression était tout à fait visible à l'œil nu, bien plus sensible que ne l'était celle qui me conduisit l'année précédente à la découverte du tombeau d'Aouapta. Je l'avais souvent examinée dans ma première campagne et je m'étais promis de savoir ce qu'elle cachait, car il me semblait certain qu'elle recouvrait un monument quelconque, sinon plusieurs monuments; mais j'étais bien loin de soupçonner ce qu'elle cachait réellement. Tout concourait dans mes observations de l'année précédente à m'induire en erreur. La dépression était entourée dans toute sa longueur et toute sa largeur de murailles de sable et de déblais : au nord, à l'est et à l'ouest — j'expliquerai plus loin comment il faut entendre ces termes — ces murailles avaient environ 2 mètres dans leur plus grande hauteur; mais celles de l'est et de l'ouest allaient en diminuant de hauteur à mesure qu'elles s'avançaient vers le sud, et la muraille sud n'avait guère plus de $0^m,40$ ou $0^m,50$ au dessus du niveau de la couche de sable qui avait comblé l'édifice ensablé. Du côté nord, où se trouvait la plus grande hauteur, on voyait les lignes des murailles, très accusées d'abord, aller en s'affaiblissant de plus en plus jusqu'à ce qu'elles arrivassent à l'extrémité du tombeau; là, elles se relevaient un peu, puis elles s'inclinaient doucement pour aller mourir à quelque vingt mètres plus loin et se confondre avec le niveau de la plaine sablonneuse et pierreuse qui, en cet endroit, précède la montagne proprement dite, éloignée à l'ouest de 480 mètres et au sud de 934 mètres, les mesures étant prises de l'extrémité sud de cette dépression. Sa forme générale entourée de ses murailles était celle d'une ellipsoïde dont les parties courbes nord et sud auraient été inégales, car l'intérieur de la dépression mesurait plus de 40 mètres au nord, tandis qu'elle n'avait plus que $28^m,50$ au sud. Le sable, qui, à l'intérieur de la dépression, recouvrait l'édifice disparu dans les entrailles de la terre, était parsemé de petits débris de vases en pierre dure et de quelques éclats de syénite. Ce sont ces débris et ces éclats qui me donnèrent l'idée de fouiller le sable pour savoir ce qu'il recouvrait.

Il semble, d'après ce qui précède, que la largeur de la dépression et la hauteur des murailles de déblais qui l'enserraient dans toute sa lon-

gueur eussent dû me donner l'idée d'un grand monument; mais l'expérience que m'avait donnée le tombeau d'Aouapta n'était pas de nature
à me faire concevoir l'espérance de trouver un grand monument. La
hauteur des murailles environnantes était au nord bien plus grande que
celle de l'unique mur qui courait longitudinalement d'est en ouest sur
le côté sud du tombeau ; mais cette hauteur allait sans cesse en s'abaissant, si bien qu'en réalité une muraille valait l'autre à peu près. Il est
vrai que le tombeau d'Aouapta n'avait qu'une de ces murailles, tandis
que la dépression dont je parle en avait deux et même trois, en comprenant celle du nord : cela, semble-t-il, aurait dû me donner à réfléchir ; mais la largeur de la dépression même, énorme si on la compare
à celle du corridor qui précédait la chambre sépulcrale d'Aouapta, me
semblait un motif suffisant pour justifier la présence des deux murailles
est et ouest. Dès lors, il était parfaitement possible que je rencontrasse
des tombeaux dans le genre de ceux que j'avais rencontrés l'année
précédente, comme ceux du roi Serpent et les deux autres de Qâ et de
celui qui est encore innommable, mais non pas comme celui du roi
Den qui était déjà de dimensions considérables. En outre, dans l'histoire égyptienne proprement dite jusqu'à une période assez rapprochée
de nous, il est de règle que les hauts fonctionnaires, les gens de cour
aient leurs tombes près de la tombe royale où reposait le Maître dont
la faveur les avait élevés jusqu'à lui pendant leur vie pour lui former
en quelque sorte une cour dans la seconde vie : j'avais trouvé la même
coutume dans mes fouilles précédentes à Om-el-Ga'ab et rien ne venait
m'indiquer ni me faire simplement supposer qu'il n'en serait plus ainsi
pour la tombe grandiose que cachait le sable accumulé. Quoique je ne
veuille pas préjuger de la suite des fouilles et que la continuation des
travaux du côté est puisse mettre au jour de petites tombes particulières, je dois dire cependant que ni au nord, ni au sud, ni à l'ouest de
la dépression il n'existe aucune de ces tombes de grands fonctionnaires
ou simplement de gens ayant fait partie de la cour royale à cette
époque. Si j'insiste sur cette erreur initiale de ma part, ce n'est aucunement pour m'en prévaloir, — il n'y aurait vraiment pas sujet de s'en

prévaloir, — c'est seulement parce que je tiens à dire la vérité, dût cette vérité se retourner contre moi, estimant que je suis justiciable en tout de la science et que l'aveu de mon erreur peut être capable de mettre dans le droit chemin ceux qui dans l'avenir pourront être chargés de travaux comme ceux auxquels j'ai dû me livrer sur le site d'Abydos. Cependant là encore, une chose est bien certaine, et je la dis quoiqu'elle soit tout entière à mon honneur comme j'ai dit dit ce qui n'était pas en ma faveur, — c'est que les monticules d'Om el-Ga'ab ont existé bien longtemps avant les fouilleurs européens du XIXe siècle, et de même la dépression, et que pas un seul de ceux qui m'ont précédé ne s'est senti le courage de les interroger, ne croyant pas qu'ils pussent recéler les commencements de l'histoire d'Égypte, et qu'au moment même où je commençais à les interroger après un mois tout entier couronné de l'insuccès le plus complet, j'eus à lutter contre les prières les plus instantes de M. de Morgan qui s'y connaissait sans doute, personne ne peut le nier, et qui me harcelait afin que j'abandonnasse ce terrain de malheur qui ne me réservait à l'entendre que des déceptions cruelles. Je tins bon et m'en suis bien trouvé. Il est bon que l'on sache tout cela, afin que l'histoire impartiale puisse faire la juste part de ce qui revient à chacun de ceux qui ont travaillé, chacun de son côté, à élargir les données de l'histoire égyptienne et partant de l'histoire humaine.

La dépression dont je parle n'était pas très éloigné du théâtre de mes fouilles de la première campagne. Afin de savoir au juste la distance qui la séparait du plus voisin des tombeaux fouillés l'année précédente, au pied de la muraille extérieure nord, je fis tracer un triangle isocèle dont le sommet serait perpendiculaire au tombeau de Den, pendant que la ligne partant du sommet et allant au milieu de la base serait perpendiculaire à la dépression. La base de ce triangle avait 101 mètres de long : l'extrémité est en était éloignée de 32^m,10 du premier des tombeaux situés au sud de celui de Den : c'est le tombeau du roi dont on ne peut pas encore lire le nom de *Double*. Par conséquent, du point où la ligne perpendiculaire tirée du sommet tombait

sur la base du triangle, il y avait $82^m,60$. La hauteur du triangle était de
34 mètres. Du sommet de ce triangle, la perpendiculaire abaissée sur
le tombeau de Den parcourait $89^m,02$. Les deux tombeaux de Den et du
roi innommable n'étaient donc pas également éloignés des deux lignes
parallèles menées du sommet et de la base du triangle : le calcul donne
pour la ligne transversale tirée du tombeau de Den de manière à rencontrer la perpendiculaire mesurant la hauteur du triangle susdit au
point où elle touche la base du même triangle une longueur de $95^m,45$.
Par conséquent la dépression n'était pas éloignée des tombeaux rencontrés l'année précédente.

Ainsi que je l'ai dit elle allait du nord au sud apparemment, et ici je
dois expliquer ce que j'entendrai dans ce mémoire par les expressions
nord, sud, est et ouest. Si, placé sur une éminence d'où l'on pouvait
apercevoir les champs cultivés d'un côté et la montagne de l'autre, l'on
se contentait des apparences, la dépression semblait à la fois parallèle à la plaine de la vallée du Nil d'un côté et à la montagne de l'autre.
Les fellahs que j'employais, se contentant de ce qui tombait sous leur
sens visuel, se sont toujours guidés sur ces données primitives pour
régler leurs mouvements : le côté de la plaine, c'était pour eux l'est,
شرقى; le côté de la montagne c'était l'ouest, غربى. Comme je n'ai mesuré
les angles du monument qu'à la fin du travail dès chambres, j'ai
adopté, dans toutes les notes que j'ai prises sur les lieux et dans le
journal des fouilles que je rédigeais chaque soir, les expressions
mêmes dont se servaient mes ouvriers et je les conserve ici afin de ne
pas m'exposer à une confusion qui serait d'autant plus regrettable qu'il
y aurait bien peu de moyen d'y remédier. Le fait est que le nord magnétique faisait avec la muraille est de la dépression un angle de $190°45'$;
par conséquent cette muraille était située plutôt au nord qu'à l'est. Mais
comme elle n'était pas située exactement au nord — car, si elle l'eût
été, rien ne m'aurait été plus facile que de l'appeler la muraille nord —
il y aurait toujours eu besoin d'une explication des termes. Or, j'ai
expliqué comment j'entendais et comment le lecteur devra entendre les
mots que j'employais.

La position géographique de la dépression une fois établie, je devais prendre les précautions nécessaires afin de ne rien oublier au cours de mes travaux et de ne pas recouvrir de déblais un terrain d'où j'aurais dû les faire enlever ensuite, s'il eût renfermé des tombeaux. Je fis donc exécuter des sondages préliminaires. Au nord, je fis sonder tout le terrain occupé par le triangle dont j'ai parlé; partout on rencontra la montagne sur une base de 101 mètres et une hauteur de 34 mètres. Du sommet de ce triangle comme point de départ de la perpendiculaire allant tomber sur le tombeau de Den et de ce triangle continuée jusqu'au tombeau du roi innommable, tout le terrain compris dans ce vaste trapèze fut également sondé. Partout on trouva la montagne, jusqu'à la distance où se trouvaient les tombeaux explorés l'année précédente. Par conséquent de ce côté je pouvais aller de l'avant et je pouvais rejeter tous les déblais qu'il me semblerait utile de rejeter, cela sans la moindre crainte de recouvrir ou d'oublier des tombeaux cachés dans le sable. Du côté de la montagne, c'est-à-dire à l'ouest, sur toute la longueur de la dépression, on exécuta des sondages sur une largeur de 20 mètres : on trouva partout la montagne. A l'extrémité sud-ouest, il y avait comme un cap de sable s'avançant vers l'ouest : là, les sondages furent exécutés sur une largeur de 38 mètres environ. Le sol était recouvert de ces petits pots rouges que je connaissais si bien, car j'en avais rencontré des millions l'année précédente, et ce sont précisément ces petits pots qui m'avaient donné l'idée que, sous ces décombres, je devais rencontrer des petits tombeaux dans le genre et les dimensions de ceux que j'avais trouvés à Om el-Ga'ab. De tombeaux, je n'en rencontrai pas un seul dans le terrain recouvert de pots rouges et de tessons; mais je rencontrai bientôt un certain nombre de grosses pierres calcaires et une partie de ce qui me parut être une stèle de syénite. C'était d'un heureux augure et je pouvais sans la moindre fatuité m'attendre à rencontrer des stèles comme celles trouvées durant la première campagne de fouilles. Or, je n'ai pas rencontré dans tout le monument que j'allais explorer une seule stèle, soit en calcaire, soit en syénite, et j'en suis toujours à me demander d'où ces pierres pouvaient provenir et qui les avait apportées en cet endroit. Et non seulement je n'ai pas rencontré de stèles, mais de plus le monument ne contenait pas un seul endroit où des stèles eussent pu être posées et, quoiqu'il s'y trouvât de nombreuses pierres et même des blocs d'assez grande dimension, il n'y avait ni dans les blocs ou les pierres apportées lors de la spoliation, ni dans les pierres calcaires employées dans une des chambres de la seconde partie du monument, il n'y avait, dis-je, pas une seule pierre qui eût été taillée avec autant d'habileté ni qui eût un grain aussi fin. Une explication de la présence de ces pierres me semble plausible : elles auront été apportées là par les spoliateurs qui ne s'en seront pas servis. Je dirai plus tard quels furent ces spoliateurs, comment ils s'y prirent et jusqu'à quel point ils menèrent à bonne fin leur barbare entreprise.

Du côté sud, le terrain était en partie recouvert d'une couche semblable de poteries rouges sur une longueur de 20 mètres. Je fis donc faire des sondages plus au sud encore sur une largeur également de 20 mètres et sur 37 mètres de longueur. La montagne fut trouvée à fleur de terre en quelque sorte, sous cette longueur de 37 mètres. Les autres 20 mètres qui touchaient à la dépression donnèrent beaucoup plus de mal : il fallut creuser profondément avant de rencontrer la montagne, quelquefois plus de 3 mètres, mais enfin on la rencontra. Les fellahs sont très habiles à discerner le sable ordinaire du sable rouge foncé de la montagne et ils ne se trompent pas. L'événement prouva en effet qu'ils ne s'étaient pas trompés, car tout cet espace n'avait pas été bâti, mais seulement creusé afin de préparer l'accès au monument funéraire. Seulement les constructeurs s'étaient arrêtés trop tôt et le terrain vide était trop grand. Qu'il en soit ainsi, c'est ce qui ressort de l'examen de l'édifice au côté nord, ce côté étant semblablement construit et contenant l'entrée de la première partie du monument comme le côté sud contenait l'entrée de la seconde partie.

Avant d'aborder directement les travaux nécessaires pour explorer la dépression, je voulus me rendre compte si le remblai ouest ne cachait pas quelques tombes. A peu près vers le milieu, un peu plus au

sud qu'au nord, je fis ouvrir une tranchée d'environ 3 mètres de large.
Dans mon esprit la tranchée ainsi ouverte devait servir de passage à
mes ouvriers pour rejeter les décombres à retirer, et de fait elle aurait
pu servir si j'avais eu des surveillants plus intelligents, plus sérieux et
des ouvriers qui auraient pu juger plus loin que l'utilité présente.
Mais les surveillants laissèrent jeter quelques corbeilles trop près du
passage, les ouvriers s'amusèrent à qui mieux mieux à tromper les surveillants, et avant la fin de la première journée il était si comble qu'il
n'eut plus aucune utilité pratique et que ma bonne volonté fut ainsi
annihilée. Pendant que surveillants et ouvriers agissaient de la sorte,
j'étais occupé au fond des chambres de l'édifice à noter les particularités de la chambre, à prendre les mesures nécessaires et à surveiller
les ouvriers qui dégageaient la chambre. Cependant si mon dessein fut
de la sorte déjoué, je ne perdis pas toute ma peine. D'abord, il n'y avait
pas de tombeau sous cette partie du remblai, ni dans tous les endroits
où je l'explorai, car la suite des opérations me fit souvent par nécessité
examiner la nature du terrain environnant, et toujours je trouvai ce
que les indigènes appellent la *montagne*, الجبل, c'est-à-dire ici le sable
de grès consistant que Mariette avait nommé *mollasse*. De plus,
parmi les décombres de calcaire et de sable qui avaient été retirés
de l'énorme fosse nécessitée par le creusement préliminaire et la construction de l'édifice, je trouvai le col d'un vase en métal avec une anse
mobile. Cette découverte me remplit momentanément d'étonnement et
d'inquiétude : je savais déjà par la position de ce tombeau et par mes
fouilles de l'année précédente que je fouillais un terrain où les hommes
appartenaient à ce que j'avais cru et croyais toujours une époque préhistorique, et voilà que je trouvais un col de vase en métal muni d'une
anse mobile, tournant dans deux petites oreilles! Mais je me dis
qu'après tout ce fragment de vase pouvait provenir d'ailleurs ou bien
encore que le vase avait peut-être été offert par un descendant du pro-
priétaire enterré dans ce tombeau, et je n'y pensai plus. Je devais avoir
la solution, de la question, une solution que je n'espérais point, par la
suite de mes fouilles.

La tranchée creusée ainsi dans le remblai occidental me montra encore autre chose. J'avais commencé cette tranchée par l'extérieur, c'est-à-dire du côté de la montagne occidentale; lorsque j'arrivai à l'extrémité opposée, intérieure, c'est-à-dire regardant l'est, je trouvai comme une sorte d'escalier qui descendait sans doute dans le tombeau, à ce que je crus, et de suite je pensai au tombeau d'Osiris, à ce fameux *escalier du Dieu grand* dont parlent les textes égyptiens. Je n'avais pas trouvé les murs de l'édifice, mais s'il y avait un escalier, le mur ne devait pas exister en cet endroit. Or les murs de l'édifice, je l'ai su depuis à mon propre dam, se trouvaient à trois ou quatre mètres au dessous et cet escalier, ou plutôt ce que je prenais pour un escalier n'était ni plus ni moins que des lits de pierres superposés en retrait, ayant pour but d'empêcher l'envahissement du sable qui aurait troublé l'œuvre de destruction et de spoliation. Ces pierres n'étaient pas taillées, elles n'étaient pas davantage cimentées : elles avaient été placées l'une à côté de l'autre dans le meilleur sens possible, comme on bâtit encore chez nous des murs en pierre sèche. Cette manière de procéder ne m'avait pas paru anormale, en raison de l'antiquité que je prêtais au monument, car si c'était le tombeau d'Osiris, l'édifice devait être d'une ancienneté fort remarquable; mais j'ai trouvé depuis dans le vaste édifice que j'ai fouillé quantité de murs construits de la sorte et pour lesquels on avait employé toutes les pierres qu'on avait eues sous la main, depuis les pierres taillées et inscrites arrachées de la surface des tombeaux environnants jusqu'aux pierres brutes de la montagne. J'expliquerai dans le chapitre suivant d'ailleurs ce qui a rapport à ces constructions de dévastation, et si j'en parle ici, ce n'est que pour expliquer mon erreur. Le lecteur trouvera peut-être que j'ai commis beaucoup d'erreurs au cours de mes fouilles; mais je le prie de considérer qu'il ne les aurait pas connues si je ne les lui avais pas révélées et que ce livre, étant avant tout un livre de bonne foi et d'exposition scientifique, doit contenir, sinon la suite de mes pensées telles que je les ai eues sur les lieux, du moins celles qui ont fait époque pour moi dans la suite de mes travaux, et en voilà une, non pas que je l'aie gardée

bien longtemps et que je l'aie communiquée à beaucoup d'autres : je
me suis seulement contenté de dire qu'il se pourrait bien faire que
j'eusse trouvé le tombeau d'Osiris, comme j'avais eu la même idée
l'année précédente pour le tombeau de la grande colline d'Om el-Ga'ab;
mais j'ai hâte de le dire, le tombeau d'Osiris est encore à découvrir
en Abydos et mes confrères peuvent garder l'espérance de le découvrir
un jour.

La tranchée faite dans la muraille occidentale de déblais marque la
terminaison des travaux préliminaires des fouilles. Je pouvais dès lors
faire commencer la recherche du tombeau lui-même. Mais avant je voulus savoir si cet endroit avait un nom particulier et s'il était connu des
indigènes sous un nom spécial : je le demandai à mes ouvriers et à mes
reis. Tous me répondirent que cet endroit n'avait pas de nom distinct
et qu'il était compris dans la désignation locale d'*Om el-Ga'ab*, أم الجب;
un seul me dit savoir le nom particulier de cet endroit qu'il me dési-
gnait sous le nom d'*El-Khôr*, الخور. A cela, les gens instruits de la lo-
calité me dirent que par El-Khôr on entendait dans le pays le chemin
ou les chemins qui menaient à toutes les parties de la nécropole. Je
n'ai rien à dire contre ; il se peut que le langage des gens de Harabat
el-Madfouneh (Abydos) désigne ainsi les chemins de la nécropole, et
je dois dire qu'il sont nombreux, mais je dois dire aussi que la signification vraie du mot arabe الخور est : plaine entre deux collines, et que
cette signification s'applique assez bien à la dépression entre les deux
murailles de décombres, tandis que je ne vois pas très bien comment
on désignerait par le nom d'*Om el-Ga'ab*, c'est-à-dire *mère aux petits
pots*, un endroit où il n'y avait pas un seul petit pot, sinon à l'extrémité sud, à savoir un lieu qui n'appartenait pas à la dépression même
et lui était simplement adjacent. Cependant je dois dire que le mot
El-Khôr peut s'appliquer à la plaine qui s'étend entre les deux avancées
de la montagne occidentale, car en venant du sud elle s'écarte brusquement à angle droit jusqu'à l'endroit où commence le passage qui
est le chemin vers l'oasis d'El Khargeh; alors elle reprend sa direction
primitive vers le nord jusqu'au moment où elle forme un second

gle droit pour revenir prendre la direction première. Malgré tout je
is porté à croire que le lieu que j'ai fouillé pendant l'hiver 1896-1897
rte bien le nom d'*El-Khôr* et que mon ouvrier, car c'est de lui qu'il
git, avait raison contre tous ses adversaires. C'est donc par le nom
El-Khôr que je désignerai l'endroit où j'ai effectué mes fouilles pen-
nt l'hiver susdit.

CHAPITRE II

La première chose à faire dans les travaux de déblaiement de la partie supérieure du tombeau était de se rendre compte de la manière et des dimensions dans lesquelles la montagne avait été travaillée. La montagne en cet endroit, comme à *Om el-Ga'ab*, comme dans les diverses nécropoles d'Abydos aux différentes époques de son histoire, est composée d'une couche très épaisse de grès sablonneux mélangé plus ou moins, selon les endroits, de calcaires, de silex et de galets : c'est ce que Mariette avait nommé de la mollasse. Cette constitution géologique de la montagne, je le savais par avance, n'a pas permis à Abydos de façonner des tombeaux comme ailleurs : il fallait ou les construire tout entiers au-dessus de la montagne, comme c'était le cas pour les tombes du Moyen Empire, tombes dont il ne reste plus malheureusement aucun spécimen, comme ce fut le cas pour les tombes du Nouvel Empire et jusque sous les dernières dynasties nationales dans toute la nécropole, qui bordait sur un kilomètre et plus la vallée du Nil; ou bien il fallait les creuser dans le terrain montagneux, en faisant de simples chambres plus ou moins profondes, comme ce fut le cas aux très anciennes époques, les dites chambres, très étroites le plus souvent, n'étant qu'une simple fosse plus large que celles qu'on fait actuellement en Europe et ayant reçu sur les quatre côtés un revêtement de briques crues, ou faire des puits descendant profondément dans les entrailles de la terre, presque jamais moins de trois mètres et quelquefois ayant une profondeur de dix mètres et plus, lesquels donnaient entrée dans une série de chambres creusées dans la montagne même au niveau du puits à son extrémité, comme ce fut le cas pour les puits encore à explorer pour la plupart qui sont à l'ouest de la *schou-net ez-Zebîb*, pour ceux qui se trouvent à l'extrémité nord-ouest de la nécropole du centre selon Mariette, mais que Mariette n'avait pas explorés, tombeaux dont le type est celui du grand-prêtre d'Anhour, Mesmîn, tel que je l'ai décrit en quelques mots dans le volume précédent sur la première campagne des fouilles d'Abydos[1]. Par conséquent je ne pouvais m'attendre à trouver autre chose que l'une de ces deux façons de faire un tombeau et, comme j'étais persuadé que les tombeaux que je croyais trouver remontaient à une très ancienne époque, je ne pouvais m'attendre qu'à rencontrer des tombes dans le genre de celles que j'avais rencontrées l'année précédente. C'est bien ce que j'ai rencontré, mais dans un tout autre ordre d'idées que celui que je croyais devoir trouver, puisqu'il n'y avait qu'une seule tombe, mais immense, la plus grande tombe par le nombre de ses chambres qui soit actuellement connue en Égypte.

Cette persuasion où j'étais de la multiplicité des tombes creusées dans cette dépression *d'El-Khôr* aurait pu m'inciter à attaquer les fouilles par le milieu même de la dépression; mais la prudence me fit au contraire chercher la montagne d'abord au nord, puis à l'est, et enfin à l'ouest, par trois équipes d'ouvriers travaillant simultanément et se divisant naturellement d'après le côté où elles jetaient les décombres qu'on enlevait. Ce premier travail fut fait sur une ligne perpendiculaire à l'extrémité intérieure des murs de décombres. Il fut commencé le 14 décembre 1896 et au bout d'une semaine il n'avait rien produit. Je fis alors abandonner le côté nord pour porter tous mes hommes moitié à l'ouest, moitié à l'est. Ce ne fut qu'au bout de la seconde semaine, le 27 décembre que l'on commença d'apercevoir les premières briques de ce que je crus d'abord être les murs du tombeau ou des tombeaux. Ce fut du côté ouest qu'elles apparurent d'abord, puis du côté nord et du côté est.

Ce qui avait été la grande difficulté de ce travail préparatoire de

---

1. E. Amélineau, *Les fouilles d'Abydos*, 1ʳᵉ année, p. 10.

déblaiement à la partie supérieure, c'est d'abord la grande largeur de la dépression en cet endroit, car j'avais commencé par le nord, et ensuite la profondeur étonnante de la couche de sable supérieure au tombeau. Par manque d'instruments je n'ai pu mesurer exactement cette couche de sable : je ne l'ai fait qu'approximativement avec des points de repère pris d'endroit en endroit et j'ai obtenu ainsi d'un point qui n'était pas le plus élevé 6^m,10 jusqu'à l'endroit où apparurent les premières briques des murs élevés en tous sens par les spoliateurs du vi^e siècle de notre ère. Plus au nord-ouest, les déblais que j'avais fait enlever atteignaient une plus grande hauteur, mais je n'ai pas pu la mesurer; toutefois avec la hauteur des chambres que je devais déblayer, je ne crois pas me tromper en disant que la hauteur totale au nord atteignait une dizaine de mètres. Mais cette hauteur des remblais et du sable n'était pas partout égale, ainsi que je l'ai dit, et à la fin de l'ellipsoïde construite, il n'y avait plus que 6 mètres, ou même 5 avant d'arriver à la hauteur des chambres.

Cette moins grande profondeur de la couche de sable ne devait pas rendre le travail plus facile, et un moment je désespérai de pouvoir venir à bout de mon entreprise. Si la profondeur de la couche sablonneuse supérieure était moins grande, la largeur de la partie bâtie était moins grande aussi, car le tombeau, ainsi qu'il est facile de le voir sur le plan, allait en se rétrécissant. De 14^m,70 largeur initiale au nord, il était réduit à 8^m,70 environ de largeur finale au sud. La dépression elle-même avait le même rétrécissement : de 40 mètres environ qu'il y avait d'abord, exactement 40^m,20, vers le milieu des grands côtés parallèles il y avait encore 39 mètres; mais à l'extrémité sud, il n'y avait plus que 28^m,50. Ces dernières mesures indiquent seulement la partie travaillée par mes ouvriers : elles vont de l'extrême hauteur d'une muraille de remblais à l'autre extrême hauteur de la muraille parallèle. Quand on était au fond des chambres et qu'il fallait monter le sable par des pentes très rapides, on comprendra aisément, sans que je m'appesantisse davantage sur ce point, combien le travail était difficile. Il fallait en moyenne le recommencer deux fois, car les ouvriers en montant faisaient tomber une partie du sable qu'ils emportaient et en descendant, comme ils se pressaient comme des enfants tous ensemble pour s'amasser autour du chanteur qui les guidait, ils ramenaient le sable d'en haut, ébranlaient les couches supérieures et occasionnaient des éboulements formidables. Il faut encore ajouter à cette cause que je qualifierais d'intelligente si les hommes se fussent montrés moins inintelligents, une cause plus brutale encore, à laquelle il était impossible de se soustraire, le vent. L'hiver 1896-1897 a été très dur à Abydos à cause du vent qui soufflait presque tous les jours, quand il n'était pas assez violent pour interdire tout travail. Il n'a pas été rare, quoique cependant le vent de nuit soit assez peu fréquent, de trouver le matin, quand on reprenait le travail, des quantités énormes de sable descendues pendant la nuit, car rien ne l'arrêtait : il coulait comme l'eau, formant des échancrures bizarres, laissant des promontoires rongés comme les eaux de la mer rongent les falaises. Et ce n'était pas encore assez de ces causes; les hommes que j'employais, poussés par un surveillant que je payais grassement pour le pays et par celui que le musée de Gizeh avait envoyé par assister à mes fouilles, afin de faire durer plus longtemps un travail qu'ils trouvaient rémunérateur pour eux, profitaient de mes absences, car il fallait bien m'absenter pour aller prendre mon repas du midi, montaient sur les pentes et provoquaient des éboulements considérables. Lorsqu'à mon retour je manifestais ma surprise, on me répondait que l'éboulement avait eu lieu sans cause apparente, que le sable était tombé tout seul, et, sur les visages impassibles de ces hommes menteurs, il était impossible de lire leur mensonge : ils me promettaient d'eux-mêmes de veiller à ce que les ouvriers ne fissent point retomber de sable et, à la prochaine occasion qui leur semblait bonne, le même fait se reproduisait. Voilà avec quelles difficultés j'ai eu à lutter pendant tout le temps qu'a duré le déblaiement du tombeau.

L'une des questions les plus importantes pour le succès du déblaiement était celle du transport des sables enlevés. S'il m'avait fallu transporter hors des limites de la dépression les sables que j'enlevais, le travail m'aurait pris quatre fois plus de temps et d'hommes. Je ne pouvais aucunement penser avec les moyens dont je disposais à transporter au loin le sable ni même à le rejeter en dehors des murailles de déblais primitifs : il m'a fallu faire recombler les salles aussitôt que je les avais déblayées. Cette manière de faire était la seule sage et la seule prudente, car seule elle permettait la conservation du monument tel qu'il était et j'ai dû lutter plusieurs fois pour empêcher la complète destruction de ce monument si remarquable et si précieux pour l'histoire de l'humanité et de son avancement dans les arts. Plusieurs fois en effet mes surveillants et le *mandoub* du musée de Gizeh qui prenait leur parti tentèrent près de moi des démarches pressantes afin de permettre qu'on démolît les murs, ou simplement que l'on passât par dessus, ce qui aurait avancé les fouilles en n'exigeant pas le transport des déblais. Il y a lieu d'être surpris que les intérêts du musée de Gizeh qui sont ceux de la science même aient été confiés à de si mauvaises mains, quand on ne connaît pas la manière dont se recrute le personnel de ce musée : pour le cas particulier qui m'occupe, le *mandoub* en question avait été pendant quinze ans officier dans une brasserie du Caire; puis il s'était senti une autre vocation et il était entré au Musée. Voilà les hommes que l'on donne pour surveillants à des savants européens ! Celui-ci passait son temps à dormir sous une paillotte que les gardiens de nuit avaient construite; quand il avait assez de sommeil, il sortait et venait injurier les hommes en français avec tout le répertoire très riche d'épithètes sales et ordurières qu'il avait appris dans la brasserie, ce qui ne l'empêchait point de faire régulièrement sa prière et de se faire apporter de l'eau pour se livrer à ses ablutions, estimant que la permission du prophète de faire ses ablutions avec du sable quand on se trouve au désert, comme c'était le cas, ne regardait aucunement un aussi saint homme que lui. Le jour où en faisant explorer un mur on trouva des feuilles d'or dans l'intérieur du mur, il fut aussi fasciné que les fellahs par la vue de l'or et me pria instamment de permettre qu'on fît la même chose pour tous les murs. C'est une des rares occasions où il s'éveilla, ce qui ne l'empêchait point d'écrire au Musée tout

ce que ses amis lui racontaient le soir au sujet des trouvailles que je
n'avais pas faites. Et non seulement je me suis opposé de toutes mes
forces à la destruction ostensible, mais aussi à la destruction latente de
jour et de nuit. Le jour c'était chose facile, mais la nuit c'était plus difficile et par trois fois mes hommes essayèrent de profiter du clair de
lune pour dérober d'abord les objets qu'ils auraient pu trouver et démolir ensuite l'édifice que je mettais tant d'acharnement à conserver
aussi intact que possible. Ils ne réussirent pas ; mais une fois, les gardiens étant partis vers cinq heures du matin, ils mirent à profit le
temps qui séparait le départ des gardiens de l'heure où l'on commençait le travail pour faire tous les dégâts qu'ils purent : fort heureusement ils furent empêchés dans leur œuvre de destruction par les éboul-
lements dont ils ne pouvaient se garder. Aussi pendant tout le temps
que durèrent les fouilles, j'eus constamment des hommes qui gardaient
mon chantier ; c'est ainsi que je pus obvier aux déprédations et aux
destructions nocturnes.

Cependant, malgré de tels ouvriers et de tels surveillants, malgré
les obstacles naturels qui s'opposaient à l'avancement des fouilles, il
fut bientôt visible que je me trouvais en présence de monuments ou
d'un monument important. Dès en cherchant la montagne, dans la
couche de sable même extérieure à la dépression travaillée autrefois
par les hommes qui surent y creuser les tombes ou la tombe que
j'allais rencontrer, on commença de trouver des vases assez grossiers,
en calcaire ou en onyx ; ces vases à la fin des fouilles devaient
atteindre le chiffre d'environ huit cents. A mesure qu'on approfondis-
sait les tranchées, les objets trouvés devenaient plus considérables,
très considérables, si nombreux même que l'on en remplissait plus de
quatre-vingts couffes en certains jours. Chacun des jours où je faisais
travailler à la surface on en rapporta au moins de vingt à trente, quand
ce n'était pas de soixante à quatre-vingts. Ces fragments, avec ceux qui
furent trouvés à l'intérieur des chambres et dont il sera question dans
le chapitre suivant, avaient fini par remplir quatre chambres ayant en
moyenne cinq mètres de long sur trois de large : à la fin, ils étaient

tellement entassés les uns sur les autres qu'ils s'élevaient à 0ᵐ,70 ou
0ᵐ,80 en hauteur dans l'une de ces chambres. Je faisais rapporter avec
moi chaque soir tous ceux qui avaient été trouvés dans la journée :
c'est que je m'étais aperçu précédemment que des fragments trouvés
dans des tombeaux divers pouvaient se raccorder ensemble et faire un
vase complet, sinon intact. Et de plus pour la circonstance présente,
comme j'opérais en un lieu parfaitement circonscrit, assez éloigné du
terrain où se trouvaient d'autres sépultures, j'avais tout lieu d'espérer
que l'on pourrait compléter un certain nombre de vases. L'on verra
plus loin que je ne me suis point trompé.

Les objets trouvés dans la partie supérieure de la couche de sable
qui recouvrait et remplissait les tombeaux étaient tous brisés, ils
étaient répandus dans cette couche à toutes les profondeurs ; mais cependant je dois dire qu'il semble qu'on en ait réuni un grand nombre
en un certain espace et qu'on les y ait ensablés pêle-mêle, sans s'inquié-
ter si les fragments se rapportaient, ou non, aux mêmes vases. Le fait
est que j'ai rencontré en de semblables endroits des vases que j'ai pu
compléter ou à peu près compléter ; mais que la très grande, l'immense
majorité n'a pu être reconstituée. Certaines parties de ces vases se
sont trouvées en divers endroits non seulement de la couche supérieure de sable et de décombres, mais encore des chambres inférieures.
Pour citer un exemple, je trouvai dès la première semaine du travail la
moitié du pied arrondi de la table d'offrandes en calcaire bleu dont je
n'ai pu réussir à trouver tous les fragments ; puis j'en rencontrai certaines autres parties dans la couche supérieure de sable, j'en trouvai
deux autres fragments dans les chambres *21* et *23* de la première partie du monument, et ce ne fut que dans la dernière quinzaine que je
rencontrai le morceau tout petit qui achevait le cercle du pied. Cet
exemple typique prouve donc péremptoirement que les innombrables
fragments rencontrés dans ce monument et au-dessus de ce monument
proviennent d'objets qui avaient fait partie de l'ameublement du tombeau.

J'ai rencontré aussi dans la couche de sable et de débris qui surmontait les murs de la tombe, non plus à l'état dispersé, mais réunis ensemble une quantité prodigieuse de vases de toutes sortes, de toutes formes et de toutes matières, si bien qu'à chaque instant on en trouvait de nombreux fragments. Il y avait plusieurs de ces tas formés, mais deux principalement, l'un au nord-est de la tombe, l'autre à l'ouest, vers le milieu de la première partie. Aucun de ces fragments ne portait la moindre trace qui fît présager la rencontre d'un tombeau incendié, et les cassures montraient à qui voulait voir qu'elles s'étaient produites par suite de coups violents appliqués sur des vases autrefois intacts. Pour rester dans la vérité, je dois dire que la très grande majorité des fragments découverts dans ces deux tas se composait de vases en calcaire schisteux et surtout en onyx ou albâtre d'Égypte; les vases en marbre et surtout les vases en feldspath n'y figuraient que pour un nombre minime. Au contraire, dans un troisième tas qui se trouva au dessus de la chambre ayant reçu les corps dans la seconde partie du monument, les fragments en marbre blanc veiné de bleu, ou en marbre blanc veiné de noir, formaient l'immense majorité de ceux qui s'y rencontrèrent. De même, au dessus des dernières chambres ouest de la première partie on rencontra surtout des silex entiers ou fragmentaires. De même enfin, pour les fragments de cristal de roche; si bien que j'avais été amené par l'expérience à prédire à mes ouvriers que, dans la chambre correspondant à l'endroit où ils trouvaient des fragments de telle ou telle matière, était la masse d'objets semblables que renfermait cette partie du tombeau. De fait, je ne me suis jamais trompé. Les fragments composant ces divers tas mélangés avec le sable qui avait été jeté par dessus avaient formé comme de véritables filons dans une mine; mais dans mes fouilles, le minerai trouvé au lieu d'être brut avait déjà reçu le travail de l'homme, travail admirable pour l'époque, ayant produit des résultats dignes de la plus grande attention. C'est lorsque l'on tombait sur de semblables tas que je récoltais jusqu'à quatre-vingts couffes de débris que j'emportais le soir en ma maison.

Ce n'est pas seulement des fragments de vases que je rencontrai

dans la couche supérieure de sable que je dus explorer avant de parvenir aux murs du tombeau, mais encore un très grand nombre de vases
complets et intacts en onyx albâtreux et en calcaire. Ce furent même
les premiers objets que je rencontrai aux premiers jours de mes travaux, le 14 et le 15 décembre 1896. Ces vases étaient à peine polis et
faisaient foi d'un travail très grossier : ce n'est pas ici le lieu de les décrire et de les juger et le lecteur trouvera plus loin les pages qui leur
sont consacrées, mais je dois dire quelles furent les circonstances dans
lesquelles on les rencontra et à quel nombre ils s'élevèrent. J'ai noté
près de 500 trouvailles de ce genre sur mon journal; il faut ajouter
en plus autant d'unités qui furent brisées ou laissées sur les lieux,
enfouies dans les décombres qu'on rejetait, car je les trouvais en si
grande abondance que ceux qui se pouvaient présenter intacts à mes
yeux trouvaient grâce, les autres étant impitoyablement rejetés et
brisés. La plupart d'entre eux, et cela dans une très forte proportion
ont été trouvés dans la couche supérieure; mais quelques-uns aussi
ont été trouvés au fond des chambres de la première partie. Je ne dois
pas oublier qu'une quarantaine environ furent rencontrés presque à
fleur de sable par un de mes hommes — c'était mon ânier, un des rares
Coptes auxquels je pouvais avoir confiance, car je le payais bien — qui
faisait sa tournée pour examiner si, en déversant leurs corbeilles, les
porteurs n'avaient pas rejeté quelques fragments inaperçus par eux et
par ceux qui remplissaient les couffes, inspection que je faisais renouveler une dizaine de fois par jour. En revenant de l'une de ces inspec-
tions, il arrêta ses yeux de lynx en avant de l'endroit où l'on avait commencé la tranchée au nord, tout au haut de la colline de sable formée
par les fouilles, par conséquent en dehors du champ de travail et
d'exploration; il vit que le sable en coulant peu à peu de haut en bas
avait mis à découvert un vase dont on apercevait un côté. Il le recueil-
lit et la curiosité lui venant de savoir s'il n'y en aurait pas d'autres, il
élargit le lit de sable et mit les autres à découvert dans un rayon d'à
peu près un mètre. Tous ces vases étaient intacts et ils n'étaient pas
recouverts par le sable à plus de $0^m,10$. Il les apporta en me racontant

les détails de sa trouvaille qu'il croyait très précieuse et très importante; il finit par me demander un bagschisch que je lui octroyai d'ailleurs parce qu'il avait fait preuve d'honnêteté, d'intelligence et de travail. La trouvaille de mon ânier démontrait péremptoirement que des
vases intacts et des fragments avaient été jetés en dehors de l'aire du
tombeau. En conséquence, si je ne voulais rien laisser derrière moi,
je devais faire explorer les deux grands côtés de la dépression ellipsoïdale. Je le fis faire à la fin des travaux : on ne trouva guère que des
fragments, et notamment un beau fragment de serpentine qui, lorsqu'on
le plaçait dans un rayon de soleil, était d'une transparence merveilleuse dans les parties vertes, pendant que les taches noires restaient
opaques. Je n'en avais rencontré aucun autre semblable et, frappé de
la beauté de la matière et de la valeur qu'aurait le vase, si je pouvais
arriver à le reconstituer pleinement, je fis faire les recherches les plus
attentives; mais ce fut peine perdue.

Pendant le cours des fouilles, il arrivait assez fréquemment que le
sable, en descendant le long du plan incliné, depuis le haut des murailles extrêmes de la dépression, amenait des fragments encore assez
nombreux d'objets de toute sorte. C'est ainsi que je recueillis trois
fragments de verre très fins et très habilement travaillés dont il sera
question plus loin. Ce fut aussi de la sorte que vint entre mes mains la
partie inférieure du vase en forme de cartouche dont il sera de même
question lorsque j'examinerai les objets trouvés. De même aussi certains fragments de grès émaillé que je trouvais pour la première fois.
Tous les objets intacts ou les fragments remarquables à quelque titre
que ce fût étaient étiquetés sur les lieux, ou tout au moins datés au
crayon en attendant que je les étiquetasse au soir dans ma maison, et
ce soin me retenait quelquefois jusqu'à dix et onze heures de la nuit.
Le déblaiement de la couche supérieure quant aux objets trouvés pré-
senta une dernière particularité que je dois exposer. Je trouvai des
objets fragmentaires derrière les murs du monument, au niveau de la
hauteur, avec le grand disque en calcaire bleu mélangé de blanc qui
est représenté au même n° 7 de la planche III. Je trouvai de même

d'énormes fragments de grandes jarres en onyx albâtreux au dessus du mur oriental : comme ces fragments étaient d'un poids respectable, je les fis réunir ensemble et je m'efforçai de les ajuster afin de reformer l'un de ces grands, de ces immenses vases dont je n'avais pas encore vu un spécimen, si ce n'est en terre cuite, car je n'avais pas encore trouvé ceux dont il sera question plus loin. Un jour, j'en aperçus d'autres dans l'intérieur des murs en briques qui commençaient d'apparaître ; croyant que ces murs étaient ceux du monument que j'allais rencontrer, je les y fis d'abord soigneusement conserver, je le dis en toute sincérité quoique ce détail ne soit point à mon honneur. Je ne fus pas longtemps en effet à faire la réflexion que, si l'on s'était servi de ces fragments pour construire les murs du monument qui était recouvert de sable, ces fragments devaient être antérieurs au monument lui-même, que par conséquent, en admettant ce premier raisonnement, le tombeau ou les tombeaux que j'allais rencontrer, n'étaient pas aussi anciens que ceux trouvés l'année précédente. Puis, je me mis à considérer attentivement les briques, leur matière, leur contour et leurs dimensions : je m'aperçus de suite que rien en elles ne ressemblait aux briques ayant servi pour construire les tombes de l'année précédente ; puis, je vis qu'à ces grandes briques étaient mélangées des pierres brutes et l'instant même qui me montra ces pierres m'ouvrit les yeux : les murs que j'avais sous les yeux n'appartenaient pas au monument qui existait par dessous pour la bonne raison que jamais les Égyptiens n'avaient élevé des murs de la sorte, non cimentés, bâtis par assises froides, avec des briques entières ou fragmentaires mélangées aux pierres de la montagne, et je fus ainsi certain que nous n'avions pas encore trouvé les murs véritables du monument parce que nous n'étions pas descendus assez profondément dans la couche de sable. Dès lors, il devenait inutile de conserver dans ces murs les fragments de grandes jarres en onyx et je les fis enlever dès que la solidité des murs ainsi élevés ne fut plus en question.

Ce ne sont pas seulement les fragments de vases en pierre qui se trouvaient mélangés au sable dans la couche supérieure de décombres, il y avait aussi quelques vases intacts, complets malgré la cassure ou fragmentaires. On les avait jetés au petit bonheur, sans s'occuper de les casser, sans doute à cause du peu de prix qu'on y attachait. Parfois aussi on a trouvé des traces de végétaux mélangés au sable, quelques branches d'arbuste ou d'arbre que je faisais soigneusement ramasser, dans le cas où je parviendrais à établir l'âge du monument ou de la série des monuments que je faisais fouiller et que je finirais bien par rencontrer.

Il ne faut pas que le lecteur s'imagine que je fis tout d'abord et d'une seule venue enlever tout le sable de la couche supérieure : laisser supposer qu'il en fut ainsi, serait l'induire en erreur, car je n'avais pas les moyens d'agir physiquement de la sorte. La largeur du tombeau était en effet trop petite pour établir un plan incliné et le plan incliné dans le sable est sujet à se déformer bien vite lorsqu'il est piétiné par une centaine d'individus qui montent et descendent tout le jour. S'il m'avait fallu rejeter les décombres et le sable hors de la dépression, ce n'est pas quatre mois qu'il m'aurait fallu pour achever le travail, mais bien une année tout entière. Je n'en fis donc rejeter que la quantité qu'il était possible de monter après avoir complètement déblayé les premières chambres : dès qu'il me fut possible d'employer une autre méthode, je le fis à la fois pour économiser du temps et des hommes, par conséquent de l'argent, et pour conserver le monument, et je crois avoir réussi à obtenir ce double but.

La couche supérieure de sable ne fournit pas sur toute sa longueur des objets ou des fragments d'objets : dès qu'on eut dépassé le milieu de la longueur totale, les trouvailles commencèrent à devenir rares pour ne plus se rencontrer du tout dans les vingt-cinq derniers mètres de la longueur. Je ne m'aperçus de la raison de cette raréfaction et de cette absence totale des objets trouvés qu'à mesure que je pus atteindre le fond du tombeau : c'était exactement la même cause que celle qui a été déjà signalée au cours de ce chapitre, à savoir qu'on n'avait pas pu en certaines parties de l'édifice parsemer la couche supérieure de dé-bris de vases en pierres ou de tout autre objet, pour la bonne raison que les chambres inférieures ne contenaient rien de semblable. Aussi dans la partie indiquée plus haut le sable était-il presque absolument pur, vierge, comme disaient mes ouvriers en fondant des espérances extravagantes sur cette particularité. La réalité s'est trouvée être tout autre et un esprit réfléchi en comprendra de lui-même la raison, sans que j'aie besoin de m'appesantir davantage sur ce point.

Tels sont les points saillants des fouilles à la partie supérieure : si quelque point particulier a été oublié, je le retrouverai dans les chapitres suivants. Le lecteur qui aura lu ce qui précède doit se demander quelle fut la raison de ce bris immense de vases, à quelle époque il eut lieu et quels hommes se rendirent coupables de ce crime. C'est à répondre à toutes ces questions que sera consacré le chapitre suivant et à décrire la manière dont s'y prirent les spoliateurs, car ils ont laissé derrière eux des témoignages qui ne peuvent être méconnus et que je vais examiner.

CHAPITRE III

D'après les quelques détails contenus dans le chapitre précédent, la spoliation du tombeau que j'ai découvert et fouillé ne peut plus faire de doute pour personne. Il est évident pour quiconque veut voir que les fragments de vases si nombreux trouvés au cours du déblaiement de la partie supérieure provenaient d'un endroit quelconque où on les avait déposés intacts, où ils furent brisés, dispersés et enfouis parmi les décombres. Qui donc organisa ce pillage, le mena à bonne fin et commit ce crime? Pour moi la réponse ne peut admettre aucune ambiguïté : ce sont les Coptes seuls qui doivent être rendus responsables de la spoliation. Je vais en donner de bonnes preuves, lorsque j'aurai démontré que la théorie nouvellement éclose que dans les tombeaux de cette époque on n'avait déposé les mobiliers splendides dont on les fournissait que pour les mettre immédiatement en pièces afin de les envoyer dans l'autre monde servir aux besoins de l'homme défunt.

En publiant le second volume de ses *Recherches sur les origines de l'Égypte*, M. de Morgan a émis le premier cette théorie, car il a cru pouvoir y trouver des preuves et des concordances pour en étayer une autre qui lui est tout aussi chère que la première, à savoir que les conquérants qui s'emparèrent de l'Égypte aux premières époques de l'histoire jusqu'à présent connue, c'est-à-dire sous les premières dynasties, étaient d'origine chaldéenne. Il ne m'appartient pas de prendre aujourd'hui position dans une question aussi controversée, ardemment soutenue par les uns, non moins énergiquement niée par les autres, car je n'aurais aucun prétexte pour colorer mon immixtion dans un sujet qui ne me regarde pas présentement, puisque je n'ai rien trouvé qui se rapporte de près ou de loin à cette question, tandis qu'en rendant compte des fouilles de la troisième année et de la découverte des

tombes environnant celle d'Osiris, j'aurai toute occasion d'entrer dans
la question, puisque j'aurai à parler de petits monuments qui entrent
dans le sujet. Tout ce que je puis faire ici, c'est de dire que rien dans
mes découvertes de l'hiver 1896-1897, quoi qu'on en ait dit, n'a apporté
quoi que ce fût en faveur de la thèse de l'origine chaldéenne des premiers conquérants égyptiens.

Qu'on me permette de citer ici le texte même des paroles de M. de
Morgan, et cela tout au long, afin qu'on ne m'accuse pas de lutter contre
des moulins à vent : « Dans la nécropole d'Abydos, dit M. de Morgan,
M. Amélineau avait déjà rencontré des sépultures très anciennes dé-
vastées par le feu et il attribuait les incendies aux spoliateurs coptes
qui, au début du christianisme, poussés par le fanatisme, dévastèrent
les monuments païens. Cette opinion, je la partageais alors avec
M. Amélineau, m'en rapportant à ses observations, et je crus que le
monument de Négadah avait été détruit dans les mêmes conditions que
ceux d'Om el-Ga'ab.

« Dès que les fouilles furent commencées, je revins de suite sur cette
manière de voir, car longtemps après la destruction du monument cette
butte avait été employée comme nécropole et, à la surface, au milieu
des débris calcinés, j'ai rencontré un grand nombre de sépultures remontant à l'époque romaine, grecque, et aussi jusqu'à celle des Rames-
sides. Quelques-uns de ces tombeaux renfermaient des cercueils de
bois couverts de peintures, contemporains de ceux des prêtres d'Amon
découverts à Deir el-Bahari alors que M. Grébaut était directeur général des antiquités d'Égypte.

« M. et M^{mo} Wiedemann ont fouillé, de leurs mains, plusieurs de ces
sépultures qui, creusées jadis dans les flancs de la butte, étaient placées au milieu des détails d'architecture primitive, les coupant et les
détruisant en partie. Il n'est donc pas douteux que l'incendie ait été
allumé antérieurement aux débuts du Nouvel Empire.

« Parfois, dans les débris de la surface, j'ai rencontré des squelettes
ne portant aucune trace de calcination, accompagnés de vases et de
menus objets appartenant au Nouvel Empire. Ces tombes se trouvaient
disséminées sans ordre au-dessus des murs et des chambres du monument et me prouvèrent d'une façon absolue que les ruines étaient res-

tées vierges, depuis le commencement du Nouvel Empire tout au moins. Je devais donc écarter d'une manière complète l'opinion dans laquelle je me trouvais au début et qui attribuait aux premiers chrétiens la destruction de tous ces monuments.

« La suite des fouilles me montra jusqu'à l'évidence que, non seulement l'incendie du monument ne pouvait dater de la basse époque, mais qu'il avait été allumé dans la très haute antiquité, au moment de la mort du personnage pour lequel cette construction avait été élevée.

« Le fond des salles était encombré de vases d'argile et de pierres, de débris et d'objets de toute sorte, gisant pour la plupart au milieu des cendres dans une position très régulière montrant que rien n'avait été dérangé dans la sépulture avant que le feu n'y fût mis. La figure 515, reproduisant un croquis que j'ai fait sur le terrain, pendant les fouilles, montre l'arrangement dans la salle B du tombeau (fig. 518) des jarres de terre cuite qui renfermaient les offrandes. Ces vases eussent bien certainement été brisés et rejetés en désordre dans le tombeau si des spoliateurs étaient venus piller avant l'incendie. Il en serait de même pour bon nombre d'objets qui, eux aussi, ont été trouvés à leur place primitive. Nous devons donc exclure toute idée de spoliation.

« Je dois faire observer cependant que, dans bien des cas, j'ai retrouvé dans des salles différentes des fragments de vases de pierre appartenant au même objet. Il semblerait que ces vases eussent été brisés lors de l'ensevelissement du roi, afin qu'ils fussent détruits avec leur maître, et que les débris en furent jetés dans les chambres funéraires, au hasard et par dessus les offrandes qui avaient accompagné le mort dans la tombe.

« Cette coutume de briser les objets dont le mort avait fait emploi durant sa vie se retrouve plus tard dans l'usage de figurer les hiéroglyphes en retranchant des parties à la vie des animaux qu'ils représentaient. C'est ainsi que dans la sépulture du roi Hor-Râ-Fouab et dans celle de la princesse Noub-hotep, toutes deux de la XIIe dynastie, les oiseaux, les serpents etc..., qui figurent sur les inscriptions, sont privés de leur tête.

« En dehors de l'Égypte, nous rencontrons encore cette coutume chez un grand nombre de peuples primitifs. Les tombeaux des âges du bronze et du fer nous montrent dans toute l'Europe, au Caucase et en Perse, des armes tordues afin de les rendre inutiles.

« Lorsque je fouillais, sur les rives de la mer Caspienne, des sépultures présentant ces particularités, je pensais que c'était dans le but d'empêcher la spoliation des tombes que cette coutume avait été appliquée. Mais, depuis, j'ai dû abandonner cet avis, car les métaux précieux que renferment les sépultures étaient un attrait bien suffisant pour que les tombes fussent pillées. C'est donc à une pensée plus élevée qu'il faut attribuer cet usage. Nous sommes amenés à lui donner une origine religieuse dénotant des idées philosophiques très étendues. Quant au fait de rencontrer les traces de cette croyance spéciale dans des régions aussi distantes les unes des autres, il est de la plus haute importance, car il dénote en ce qui concerne la conception de la vie future, une origine commune dans les idées philosophiques d'un grand nombre de peuples différents.

« Le fait de la destruction des objets ayant servi pendant la vie, fait que j'ai reconnu à Négadah d'une façon indiscutable et qui ressort également des trouvailles d'Abydos, est aussi fort important en ce qui touche les différences d'usages entre les indigènes de l'Égypte et les premiers Égyptiens. Les tombes néolithiques, en effet, ne renferment que des objets entiers, aucun ustensile n'ayant été brisé lors de la mise au tombeau. Les indigènes croyaient donc à la vie future, mais ils la comprenaient autrement que leurs conquérants.

« L'incendie du tombeau de Négadah et de ceux d'Abydos a, par le fait, rendu inutiles les offrandes que renfermaient les sépultures. Devons-nous y voir le désir de détruire en entier tous les biens du mort, ou la pensée de rendre immatérielles pour la vie future les richesses de ce monde en même temps que les corps? Je ne saurais me prononcer, laissant aux spécialistes le soin de tirer parti de mes observations. En tout cas, nous devons nous souvenir que cette coutume ne fut pas spéciale aux premiers Égyptiens et qu'après leur mort, les rois d'Assyrie se faisaient, eux aussi, brûler dans leur palais avec toutes leurs richesses[1]. »

1. J. de Morgan, *Recherches sur les origines de l'Égypte. — Ethnographie préhistorique et tombeau royal de Négadah*, p. 149-152.

Ainsi parle M. de Morgan avec beaucoup d'assurance, et il a trouvé
dans M. le professeur Wiedemann de Bonn un appui précieux, car ce
savant a mis au service de la thèse nouvelle de forme, sinon de fond,
tous les résultats de son savoir et de ses lectures[1]. Il a expliqué certaines particularités des tombes égyptiennes avec beaucoup plus de
vraisemblance que ne l'avait fait M. de Morgan, mais il a eu le tort de
croire M. de Morgan sur parole et d'adopter les vues de celui-ci sans
avoir examiné par lui-même les tombes d'Om el-Ga'ab, attribuant ainsi
aux deux nécropoles ce qui est peut-être spécial à la nécropole de Neggadeh[2].

L'effort de l'hypothèse se concentre donc tout entier dans les quelques pages de M. de Morgan que j'ai citées plus haut. Comme je n'ai
pas protesté dans le compte rendu de la première année de mes fouilles,
je dois protester ici afin que l'on ne me compte pas parmi les soutiens
de cette thèse ruineuse à ce qu'il me semble, car rien de semblable à
ce que dit M. de Morgan ne s'est rencontré à Abydos. M. de Morgan
n'a vu en fait de sépultures d'Abydos que trois ou quatre du premier
plateau d'Om el-Ga'ab au mois de février 1896 et le commencement de
la grande tombe qui m'occupe dans ce présent volume en janvier 1897 :
aucune des tombes qu'il a vues n'était incendiée ; par conséquent il
me semble n'avoir aucun droit de ranger les tombes d'Abydos parmi
les tombes incendiées, d'après son expérience personnelle. Je lui mon-
trai cependant en janvier 1897 quelques tombes recomblées et je lui dis
à cette occasion que je les avais trouvées incendiées ; je lui fis même
voir des traces et des signes manifestes d'incendie en lui disant que,
selon moi, d'après les preuves que m'avaient fournies les fouilles que
j'avais exécutées, c'étaient les moines coptes du VIe siècle qui avaient
détruit les tombes d'Om el-Ga'ab ; mais jamais il ne m'est venu à l'esprit d'attribuer cette criminelle spoliation aux premiers chrétiens,
comme le dit et me le fait dire M. de Morgan, car je ne pouvais ignorer
qu'au VIe siècle de notre ère le christianisme était implanté en Égypte

1. J. de Morgan, *op. cit.*, chapitre v, p. 202-228.
2. *Ibid.*, p. 218-227, etc.

tout au moins depuis deux siècles et que le décret malheureux de Théodose n'avait été promulgué qu'au Vᵉ siècle.

Je donnerai plus loin les preuves manifestes que le tombeau dont il
s'agit en cette seconde année a bien été spolié, mais non incendié par les
Coptes; j'ai déjà donné dans le volume précédent les raisons péremptoires
qui attestent le fait pour les tombes explorées pendant l'hiver 1895-1896 ;
je ne veux présentement qu'indiquer une partie des raisons qui rendent
ruineuse la thèse soutenue avec tant d'ardeur par M. de Morgan, et en
ce faisant je ne suis conduit que par ma dignité scientifique laquelle s'oppose à ce que je laisse plus longtemps se prolonger une erreur que je crois
et sais être une erreur. Les fouilles d'Abydos n'ont rien à faire avec cette
thèse : tout ce qui a été observé se tourne contre elle. Je dois ajouter
que les raisons données par M. de Morgan ne me semblent pas le moins
du monde péremptoires, qu'au contraire elles me semblent de valeur
tout à fait faibles et insuffisantes en l'espèce. Je n'ai pas vu le monument
funéraire découvert par M. de Morgan et je me garderai bien de
m'inscrire en faux contre les observations de M. de Morgan. La présence de poteries trouvées encore rangées dans la chambre B ne me
semble pas aussi décisive qu'il le croit : il se peut très bien que les
spoliateurs, si spoliation il y a eu, aient dédaigné cette chambre parce
qu'elle ne contenait que ces poteries. Les spoliateurs n'agissaient pas
comme des insensés, ils ne laissaient que ce qui leur semblait bon à
laisser parce qu'on ne pouvait en faire usage, s'en prenant surtout aux
métaux précieux. La preuve que la présence de poteries encore en
place ne prouve pas qu'il n'y a pas eu spoliation, c'est que j'en ai rencontré plus de cent cinquante dans une chambre qui servait de magasin
funéraire au tombeau du roi *Den* : elles étaient encore en place, debout
dans le sable et quelques-unes contenaient encore les provisions dont
on les avait remplies. En raisonnant comme le fait l'auteur des *Recherches sur les origines de l'Égypte*, je devrais donc dire que le tombeau
de *Den* n'avait pas été pillé ; je m'en garderai bien et je dirai seulement
que les spoliateurs avaient méprisé cette chambre comme indigne d'attirer un seul moment leur attention. Si j'assurais qu'il n'y a pas eu spoliation, toute la nécropole et toute l'histoire locale se lèveraient contre
moi pour protester, car la spoliation était évidente, les vases étaient

tous brisés et l'on avait soulevé jusqu'aux immenses et lourdes pierres du pavé qui étaient de syénite. De plus l'incendie avait été si violent que les murs énormes de ce tombeau avaient été littéralement cuits[1]. Or, on avouera que les indigènes d'Abydos auraient été bien simples d'esprit d'aller piller un tombeau qui eût été incendié dès le jour de l'enterrement du prince dont le cadavre y avait été déposé, où tous les objets auraient été la proie des flammes, aussi bien objets précieux que vases de pierre dure, où par conséquent les spoliateurs n'auraient absolument rien trouvé pour assouvir leur soif de l'or, s'ils avaient été poussés par l'envie d'amasser les métaux précieux, et où ils n'avaient aucune raison de piller et de polluer une sépulture qui n'avait rien pour attirer le culte du vulgaire ou celui des grands seigneurs et des rois. Et de plus une telle conduite de la part des contemporains de *Den* serait en contradiction avec ce culte des ancêtres dont la nécropole d'Om el-Ga'ab était le rempart. De plus, ce tombeau n'avait qu'une chambre, et l'incendie qu'on y a allumé, assez fort pour cuire des murs en briques primitivement crues jusqu'à une profondeur de plus de 4 mètres, aurait dû dévorer tous les objets que renfermait le tombeau, sans aucune exception. Et cependant on a trouvé intacte la petite planchette en ivoire qui me fut dérobée et qui est maintenant dans la collection Mac-Gregor, à Tamworth, en Angleterre, et des fragments de bois dont l'un est au musée de Gizeh : comment cela serait-il possible si tous les objets eussent été détruits dans l'incendie primitif? Et encore plus, il existe au musée de Gizèh une petite planchette en bois provenant de ce tombeau : comment une matière si inflammable aurait-elle pu échapper à l'incendie si violent allumé un jour de funérailles ? Évidemment, si cette planchette en bois, si la planchette en ivoire existent, et elles existent, c'est qu'elles ont échappé à l'incendie qui n'a été allumé que par les spoliateurs, car ces spoliateurs n'estimant aucunement ces minimes, mais si importants objets à notre évaluation, les ont jetés pêle-mêle dans le sable où les fouilleurs les ont retrouvés. Et maintenant si je voulais raisonner *a pari* comme a raisonné M. de Morgan, j'aurais beau jeu et je pourrais m'évertuer à prouver que le monument de Neg-

---

1. Cf. E. Amélineau, *Les nouvelles fouilles d'Abydos*, t. I, p. 121.

gadeh n'a été incendié que sous notre ère, ou tout au moins sous les dynasties récentes de l'histoire égyptienne, comme la XVIIIe et la XIXe. De plus la destruction des objets aurait-elle pu avoir pour raison les idées qu'indique M. de Morgan ? J'en appelle à ceux qui sont tant soit peu au courant des idées primitives de l'humanité. La présence de métaux précieux dans une tombe suffit certainement pour expliquer le passage des spoliateurs; mais ces mêmes spoliateurs — et des faits de ce genre ne sont pas sans être parvenus aux oreilles de M. de Morgan — n'ayant aucun intérêt à prendre des vases intacts dont ils ne peuvent ou refusent de se servir, parce que lesdits vases sont contaminés pour eux, ont pu les briser en milles pièces et terminer leur spoliation en mettant le feu à ce qu'ils ne pouvaient emporter. La civilisation a beau avoir parcouru d'immenses étapes et s'être répandue sur le monde presque entier, messieurs les voleurs par le fait même du vol se mettent en dehors des lois et de la civilisation et ils ont recours encore aujourd'hui exactement aux mêmes moyens que leurs ancêtres à toutes les époques de l'histoire. Il est donc complètement inutile de recourir à des idées philosophiques et religieuses qui n'ont rien à faire pour expliquer un fait physique à l'explication duquel suffisent d'autres faits si simples, mais qu'on ne veut pas admettre.

D'ailleurs le fait de la destruction des offrandes, comme dit M. de Morgan, peut-il s'expliquer par des idées religieuses et philosophiques ? Je ne crois pas pouvoir être accusé d'erreur en répondant catégoriquement que non, qu'une pareille explication est en dehors de tout ce que nous connaissons des mœurs égyptiennes, que prétendre arguer de l'origine des Égyptiens par de semblables coutumes, c'est tout simplement faire une pétition de principe et prouver la question par la question elle-même en dénaturant les faits. Tout d'abord si les offrandes étaient systématiquement détruites, comme le prétend M. de Morgan, comment se fait-il qu'on en ait trouvé d'intactes? Car j'en ai trouvé à Abydos et il en a trouvé lui-même à Neggadeh. Et mieux encore, s'il fallait détruire ces offrandes aux jours d'enterrement, pourquoi se donner la peine de les faire? Une telle conduite est contraire à la logique humaine, elle est incompréhensible et ce n'est pas trop s'avancer que de dire qu'elle n'a pas été tenue. Si M. de Morgan, comme l'a dit dans son

volume M. Wiedemann qui a beaucoup de lecture et qui connaît les
questions par lui traitées, si M. de Morgan avait expliqué la conduite
des hommes qu'il juge et précisément ce qu'il appelle destruction en
rappelant la coutume superstitieuse si répandue à travers le genre humain à toutes les époques de son histoire, laquelle coutume consiste à
brûler les objets afin que ces mêmes objets puissent parvenir en l'autre monde dans un état qui ressemble à peu près à celui dans lequel se
trouve le défunt, pour faire passer l'âme de l'objet au pouvoir de l'âme
de l'homme, alors j'aurais compris ce qu'il aurait voulu dire et je lui
objecterais seulement de s'être servi d'un mot impropre. Mais bien loin
de là, il parle de rendre, par la destruction, des objets matériels imma-
tériels pour la vie future en même temps que les corps! De semblables
mots ne signifient absolument rien et jurent de se trouver ensemble.

Il se peut très bien que l'idée de la transmission de la puissance sur
un objet au moyen de la flamme et de la fumée ait existé primitivement
comme elle exista plus tard en Égypte, et je crois même volontiers qu'elle
exista; mais ce n'est pas une raison pour qu'elle existât seule, indépen-
damment d'autres idées qui pouvaient avoir autant qu'elle droit de vie
et de circulation dans la vallée du Nil. S'il y a eu une idée rivale dans la
vallée du Nil, une idée qui rende compte de presque tous les faits de la
civilisation égyptienne, c'est le culte des ancêtres dans lequel se résuma
longtemps toute la religion de l'Égypte, jusqu'au Moyen, sinon jusqu'au
Nouvel Empire thébain. La destruction des objets offerts telle que la
comprend l'auteur de l'*Ethnographie préhistorique* heurte de front ce
culte universel, aussi bien chez les plus basses classes que chez les
plus grandes familles égyptiennes, aussi bien à la Ier dynastie qu'à la
XXXe. Comment expliquer cette universalité de temps, si l'on coupe
court aux idées qui en étaient tributaires, si l'on rend inutile ce culte
même en détruisant les objets? L'idée mère de tout ce culte des ancêtres
exprimé dans les actes funéraires est la suivante : on veut faire en sorte
que le *double* d'abord, l'âme ensuite, ne s'aperçoivent pas qu'ils aient
changé de vie, qu'ils se retrouvent au milieu des mêmes objets après la
mort que pendant la vie, qu'ils aient même une plus belle habitation après
le trépas que pendant leur existence terrestre : de là vient que le pharaon est entouré de ses officiers, qu'il a des revenus assurés pour sa

table de l'autre monde et cela en plus grande quantité qu'il n'en eut jamais sur terre; de même les grands seigneurs se voient au milieu de leurs occupations journalières et se livrent aux mêmes occupations au pays des *Doubles* ou des *Ames*, autant que cela était possible, et afin qu'on ne pût pas se méprendre sur la qualité et l'identité de leur personne, leurs noms et titres étaient gravés sur les parois de la tombe ou du sarcophage. On leur donnait après la mort autant que possible les mêmes ustensiles qu'ils avaient eus entre mains pendant la vie, et c'est pourquoi l'on a trouvé dans un grand nombre de tombes de toutes les époques tant d'objets ayant manifestement servi aux usages journaliers. On ne les détruisait donc pas; tout au contraire on avait un intérêt capital à ce qu'ils fussent intacts. Aussi cette particularité explique-t-elle parfaitement qu'on ait trouvé des objets intacts qui avaient été réparés antérieurement à leur dépôt dans la tombe, comme j'en ai trouvé dans ma première année de fouilles et comme je l'ai fait remarquer dans le premier volume de ce rapport. Pourquoi aurait-on pris soin de raccommoder des vases et de les déposer dans la tombe, si les objets eussent dû être détruits? On ne trouvera jamais de réponse satisfaisante à ce fait. Je sais bien que M. de Morgan dit que les tombes néolithiques ne contiennent que des objets entiers et qu'aucun ustensile n'était brisé lors de la mise du corps au tombeau; mais si je vois bien qu'il le dit, je ne vois pas qu'il ait droit de le dire. Tout d'abord aucun fait n'est venu corroborer la division qu'il a cru pouvoir faire entre les tombes préhistoriques et celles qu'il appelle néolithiques, indigènes et égyptiennes : si par indigènes, il entend des tombes précédant l'époque d'Osiris, il n'en a pas rencontré une seule qui remonte sûrement à cette haute époque et qui présente des caractères nettement distinctifs; si par égyptiennes, il entend des tombes remontant à l'époque de la conquête, laquelle serait l'époque même d'Osiris, les faits lui donnent le démenti le plus cruel, car j'ai rencontré à l'époque même d'Osiris, et ce volume en contiendra un exemple remarquable entre tous, les vases intacts mélangés aux vases brisés, les uns et les autres en quantité plus grande que tout ce que l'on a trouvé jusqu'ici. Que faut-il donc conclure de tout cela, si ce n'est que M. de Morgan a écrit des phrases qui n'ont aucun soutien, qu'il a confondu des faits ensemble, que tout entier à son système il s'est d'abord persuadé que ce système était réel, et qu'alors il y a fait des allusions et des applications qui ne peuvent pas résister à un sérieux examen? Tout d'abord il a eu tort d'appliquer à Abydos ce qu'il avait cru reconnaître à Neggadeh, et ce qu'il a cru reconnaître à Neggadeh, d'après ses observations personnelles et ses propres paroles, a été par lui expliqué tendancieusement sans tenir aucun compte des faits similaires trouvés en Égypte, et qu'il aurait fallu examiner d'abord, avant d'aller chercher au loin des exemples plus ou moins semblables. Je le répète en finissant, cette critique m'a semblé nécessaire scientifiquement; c'est parce que je ne veux pas, et ne peux vouloir que mes lecteurs et ceux de M. de Morgan croient que les fouilles d'Abydos aient livré quelques raisons de soutenir les systèmes de l'ancien Directeur général du service des antiquités en Égypte, que j'ai parlé. Quiconque chercherait une autre raison à ma conduite, serait complètement dans l'erreur. M. de Morgan est un homme d'une activité merveilleuse, qui abat beaucoup de besogne en peu de temps, un organisateur de mérite, toutes qualités qui ont leur valeur dans la vie ordinaire. Doué de connaissances spéciales étendues, ayant au suprême degré l'art de s'assimiler les idées d'autrui et croyant ensuite de très bonne foi qu'il les a eues de lui-même, il croit peut-être trop que l'activité peut suppléer à tout : il lui manque d'avoir fait les études solides qui permettent de soutenir les attaques les plus fortes, il ne sait pas fondre ensemble les idées qu'il a, et c'est réellement grand dommmage, car il a des idées. Dans son premier volume de *Recherches sur les origines de l'Égypte*, il lui arrive de dire que plus on remonte vers les temps lointains, plus on retrouve des idées religieuses pures [1]; dans le second, il trouve que les idées qui font détruire les objets annoncent une origine religieuse dénotant des idées philosophiques très avancées [2]; il suffira de citer ces deux phrases pour démontrer que l'auteur est absolument en dehors des données de la science.

Il demeure donc bien entendu entre mes lecteurs et moi que rien,

---

1. J. de Morgan, *Recherches sur les origines de l'Égypte*, I, p. 188, où les expressions sont beaucoup plus fortes.

2. Voir plus haut et même ouvrage, II, p. 152.

dans les fouilles faites dans la nécropole d'Abydos, n'étaie le système
de M. de Morgan. Ce qui précède a trait en général aux tombes explorées la première année à Om el-Ga'ab ; je pourrais y ajouter les fragments de vases et de poteries contenant des inscriptions coptes, mais
j'ai déjà fait valoir des raisons dans le premier volume de mon compte
rendu. Je n'ai à livrer ici au public que les raisons militant en faveur du
grand tombeau que j'ai fouillé pendant l'hiver 1896-1897. Tout d'abord,
je dois dire qu'au fond de l'une des chambres de ce tombeau, je trouvai
un fragment de pierre schisteuse ardoisière contenant des caractères
coptes écrits au charbon : ce fragment fut trouvé dans la chambre 24 de
la première partie, le 18 janvier, comme mon journal en fait foi à ce jour ;
mais dans les diverses opérations de l'emballage et du transport il s'est
égaré : aussi je ne fais que le mentionner et je ne le compte pas à preuve.
Dans une autre chambre, la 16e de la deuxième partie, on trouva abandonnée dans le sable une couffe encore bonne : comme cette chambre
m'avait demandé beaucoup de temps à cause des éboulements qui se
produisaient, on peut supposer que le même fait eut lieu et que le tra-
vailleur qui opérait en cet endroit, de peur d'être pris par le sable,
s'enfuit en laissant sa couffe. Cette couffe a exactement la même forme
et la même taille que celles dont on se sert encore actuellement à Abydos. J'ai entendu souvent mes visiteurs s'étonner que mes ouvriers
employassent d'aussi petites couffes, surtout si on les compare à celles
utilisées en d'autres endroits, et ils se montraient incrédules quand je
leur disais que je ne pouvais en obtenir de plus grandes. Cette trouvaille
prouve que les habitants actuels d'Abydos ont hérité la grandeur de
leur couffe de générations nombreuses et qu'il serait inutile d'aller à
l'encontre de ce legs de leurs aïeux. La couffe que je trouvai était faite
de fibres de palmier, non pas du palmier ordinaire, mais du palmier
doum : en la voyant, les indigènes se hâtèrent de me faire observer
la différence. Elle est exactement faite comme celles qu'on tresse aujourd'hui, mais les oreilles sont plus solides. Le fond est doublé de
fibres de palmier, et de fait elle a été plus résistante que celles de mes
ouvriers.

Au cours des fouilles on rencontrait fréquemment des cordes, des
ceintures, des fragments d'habits qui ne pouvaient avoir d'autre origine

qu'une origine copte et indigène. La connaissance des mœurs indigènes peut seule mener à de semblables constatations : il faut avoir vu travailler aux fouilles les habitants actuels d'Abydos pour comprendre l'origine de tous ces haillons disséminés dans la couche supérieure de sable. Pendant les mois d'hivers, les indigènes arrivent au travail la tête enfermée dans une grande étoffe qu'ils enroulent autour de leur chef : les riches ont le *tôb*, طوب qui est très cher, mais très chaud; les pauvres doivent se contenter de moins : j'ai trouvé des fragments de la riche étoffe et des fragments de cotonnade blanche assez grossière qui sert pour les malheureux. Ces deux sortes d'étoffes ne peuvent être aucunement prises pour les autres habits qui ne sont pas du tout de même qualité. Quand les ouvriers sont rendus à pied d'œuvre, ils commencent par se dépouiller de ce qui pourrait les gêner dans leurs mouvements, à moins qu'il ne fasse trop froid, ce qui arrive fréquemment; en tout cas, ils se ceignent à la ceinture à l'aide de cordes de palmier ou d'une plante textile, ou même avec un lambeau d'étoffe détaché d'habits qu'ils ne pouvaient plus porter : j'ai retrouvé corde de palmier ou de plante textile et ceintures d'étoffe, le plus souvent en cotonnade bleue. Quand ils se sont ceint les reins, ils ont encore à retenir les larges manches de leur robes ou *gallabiehs* et ils le font grâce à des ficelles où à une sorte de cordelière de plusieurs couleurs où le gris et le noir dominent, terminée par des glands, faite dans le même genre que nos embrasses de rideaux ; j'ai retrouvé cette dernière cordelière trois ou quatre fois, non pas intacte, mais en fragments que l'on ne pouvait méconnaître. Plus encore, j'ai vu bien souvent mes porteurs de couffes en montant, en tombant les uns sur les autres, laisser sur le terrain des bandes d'étoffe déchirées de leurs *gallabiehs* trop mûres soit par petits, soit par de grands fragments : j'ai retrouvé également des fragments d'étoffe bleue, en l'espèce de cotonnade, qui avaient été évidemment déchirés violemment et que l'on avait laissés sur le terrain parce qu'on n'en croyait pas la conservation utile ; il n'y avait aucun moyen de les confondre avec les ceintures que je viens de dire faites avec des fragments de ces mêmes cotonnades, car les fragments utilisés pour faire des ceintures avaient reçu des coutures afin d'être réduits au plus petit volume possible de manière

à être roulés en corde. Ceux de mes travailleurs qui portaient des caleçons, كسوة, les quittaient dès que le soleil était assez chaud, à moins
qu'ils ne les gardassent pour tout habit : ces caleçons sont faits de cotonnade blanche assez forte, ils sont serrés à la taille par un cordon; quelques-uns ont à l'extrémité des jambes de petites dents, ce qui est le
comble de la coquetterie et donne un air proplet à l'habit. Ces caleçons sont faits de deux morceaux de cotonnade réunis l'un à l'autre;
mais ils ne suffisent pas le plus souvent et il faut rapporter une pièce
entre les jambes, là où le vêtement doit avoir le plus d'ampleur; bien
souvent, presque toujours ce morceau rapporté est en cotonnade bleue.
Quand un fellah a mis une fois un habit en sortant de l'acheter au bazar,
il ne le quitte plus, car il va sans dire qu'il ne le fait pas laver, à moins
que ce fellah ne soit un prodige de propreté, il le porte jusqu'à extinc-
tion; l'étoffe devenue mûre se déchire, les fragments s'en perdent et
on ne les ramasse point, bien entendu : j'ai trouvé des fragments de
cette cotonnade que l'on ne peut aucunement confondre avec les autres
dont il a été question plus haut, j'ai même trouvé le morceau rapporté
dont j'ai parlé encore adhérent à la cotonnade blanche. Quelquefois, les
ouvriers sont assez riches pour se mettre par dessus leur *gallabieh*,
— quelques-uns en ont deux, même trois superposées les unes aux
autres afin de se mieux garantir du froid — une sorte de manteau en
laine qui n'est le plus souvent qu'un composé de haillons dont le men-
diant le plus misérable de France ne voudrait à aucun prix : cette étoffe
de couleur châtaigne, mais un peu moins foncée, forme ce que les anciens Coptes nommaient ⲉⲣϣⲱⲛ, c'est-à-dire une sorte de chemise où
il n'y a qu'un trou pour passer la tête et deux autres pour passer les
bras : j'ai perdu le nom actuel de ce vêtement : c'est tout simplement une
tunique faite comme les évêques en ont encore dans leurs habits de
cérémonie. J'ai retrouvé des fragments de cette étoffe de laine par di-
zaines au cours des fouilles. La coiffure des fellahs est une petite calotte
d'un tissu spécial très serré; ils la nomment *takieh*, طاقية, et dans leurs
moments de jeux enfantins, lorsqu'ils se poursuivent les uns les
autres, surtout le soir quand le signal a fait cesser la journée, il n'est
pas rare qu'ils la perdent et la laissent sur le terrain : j'ai retrouvé trois
ou quatre de ces *takiehs*. Ces détails montrent bien qu'à une certaine

époque, la nécropole d'Om el-Ga'ab, et particulièrement le tombeau
dont il s'agit dans ce second volume, a été interrogée par des fellahs
ayant exactement les mêmes habitudes, les mêmes habits qu'aujour-
d'hui. Si les trouvailles que je viens d'énumérer ne suffisent pas pour
désigner péremptoirement l'époque de la spoliation, elles suffisent
cependant pour montrer que vraisemblablement la spoliation a été faite
à une époque moderne, en tous cas qu'elle ne saurait être une œuvre
contemporaine de la déposition des corps dans cette tombe, surtout elles
suffisent pour montrer que cette spoliation se fit dans les mêmes circonstances, avec les mêmes moyens que les fouilles de nos jours.

Mais je ne trouvai pas seulement des fragments d'habits portés par les
simples soldats, je rencontrai encore assez fréquemment les traces des
capitaines qui commandaient l'entreprise de spoliation. La première
trace rencontrée de ces capitaines a trait au mode de transport dont ils se
servaient : quoique le site du tombeau ne fût pas très éloigné du village,
et moins encore des habitations élevées au milieu de la nécrople, cependant il eût été contraire à la dignité des chefs de faire à pied les trois
kilomètres qui les en séparaient ; jamais un chef ne doit aller à pied, c'est
contraire à toutes les règles de la hiérarchie sociale. Aussi les chefs de
l'entreprise se rendaient-ils au champ de leurs travaux montés sur
l'animal qui de tout temps en Égypte a été prédestiné à servir de mon-
ture, l'âne. Je le sais pertinemment, car j'ai trouvé plus de ving fois
des traces indiscutables de la présence de l'âne sur le lieu des fouilles.
J'ai en effet rencontré à toutes les profondeurs du travail, jusque dans
les décombres qui remplissaient les chambre, sdu crottin d'âne, des pots
où de mauvais plaisants, à moins que ce ne fussent des fanatiques,
avaient entassé ce crottin, et quand mes hommes retrouvaient ces vases
pleins, enchantés de leur découverte, ils n'avaient rien de plus pressé
que de me les apporter et d'en verser le contenu sous mes yeux : à mesure que le vase se vidait, leur figure s'allongeait, mais finalement ils
partaient d'un grand éclat de rire et se hâtaient de rejoindre leur poste.
J'imagine que si Ramsès II fit restaurer la nécropole, comme je l'examinerai dans le chapitre suivant, ce ne fut pas pour y faire déposer des
vases ou des pots remplis de crottin d'âne. L'âne avait sans doute le
loisir de vaguer à travers les travaux, comme le faisait non ânesse, ce

qui faisait dire aux fellahs que le pauvre animal s'intéressait aux fouilles : c'est pourquoi on a trouvé la présence de semblables vases ou de pareilles preuves dans toute l'étendue de la dépression et à toutes les profondeurs de la couche supérieure, jusque dans les chambres.

Et maintenant qui étaient les chefs de la spoliation ? En m'appuyant sur les trouvailles faites au cours des fouilles, je peux, je crois, dire avec certitude que c'étaient des moines. Les moines ne portent pas les mêmes habits que les simples fidèles ou les laïques : dans les *vies* des grands moines que j'ai publiées, il est à chaque instant parlé de leurs habits, notamment dans celle de saint Antoine où l'on énumère les principaux d'entre les habits des moines ou cénobites ; je connais de plus presque toutes les œuvres inédites de la littérature copte pour les avoir copiées dans les divers musées ou bibliothèques d'Europe ou d'Égypte, surtout j'ai vécu avec les moines contemporains dans leurs monastères d'Égypte : je peux donc savoir aussi bien que personne quels sont leurs habits, ceux dont on parle. Il suffit d'ailleurs d'avoir des yeux pour faire du premier coup des observations suffisantes quand on se trouve avec un moine copte. Les habits ordinaires des moines sont de couleur noire, couleur qui n'est jamais portée par les fellahs, chrétiens ou mahométans ; chez les supérieurs, cette étoffe noire est bordée d'un liseré violet. Beaucoup d'autres particularités pourraient être consignées ici si c'en était la place ; mais celles que je viens de noter suffisent amplement à mon but. Or, j'ai trouvé des fragments d'étoffe noire avec liseré violet. Il n'y a donc pas de doute possible. Cela est si vrai que mes ouvriers quand ils trouvaient des fragments d'étoffe mentionnés en premier lieu me disaient : « Ce sont les hommes d'autrefois qui ont pillé le tombeau ; vois leurs habits, leurs caleçons, leurs *gallabiehs*, leurs *takiehs*, leurs ceintures, leurs cordelières, etc. : tu ne trouveras rien ». Et quand ils trouvaient des fragments d'étoffe noire avec liseré violet, ils me disaient : « C'est comme le *gommos* », c'est-à-dire comme le supérieur, l'hégoumène du monastère d'Abydos », et ils ajoutaient : « Ce sont les *Roumani* qui ont fait cela ! » et ils ne se trompaient pas, car par ce mot de *Roumani* ils entendent les habitants de l'Égypte sous la domination grecque. Je peux démontrer scientifiquement que la spoliation n'a pas eu lieu avant le VIe siècle, car Moyse dit avoir bâti le monastère d'Aby-

dos au moment où un pareil acte était regardé comme d'une audace
inouïe, puisque le culte égyptien était encore en pleine vigueur; d'un
autre côté, dès la première moitié du vii⁰ siècle les Arabes conquirent
cette partie de l'Égypte, et l'occasion ne devait plus se représenter où
les chrétiens seraient assez maîtres dans le pays pour tenter une pareille
spoliation. Enfin, si l'on se rappelle ce que j'ai dit dans le premier volume des récits qui se trouvent dans la *vie* de Moyse, si on rapproche des
faits que je viens d'énumérer les passages auxquels je fais allusion, l'on
sera sans doute persuadé que la spoliation eut pour chefs le moine Moyse
et ses principaux compagnons. Si l'on pouvait encore hésiter un seul
moment à croire cette spoliation le fait de Moyse, l'on admettra certainement en tout cas qu'elle se produisit dans la période comprise entre
l'établissement du christianisme à Abydos et les vingt-cinq ans ou trente
ans qui suivirent l'arrivée des Arabes en Égypte.

Le lecteur trouvera peut-être que j'ai apporté à la démonstration que
je voulais faire bien de la minutie et il observera sans doute que j'en
avais eu beaucoup moins dans le premier volume de ce compte-rendu.
Il est vrai que la première année je n'avais pas cru bon de rapporter
tous les faits que j'avais observés au cours de mon travail, croyant
que, devant ceux que j'avais cru devoir donner, on ne douterait pas des
auteurs de la spoliation; mais en présence d'affirmations contraires,
de systèmes uniquement fondés sur ce qui me semble faux, il m'a paru
que je devais, à ce que je crois la vérité, de rassember tous ces petits
faits qui, les uns ajoutés aux autres, forment un faisceau redoutable aux
hypothèses mal venues, présentées comme le dernier mot de la science.
Dès le mois de janvier 1897, je savais qu'il en serait ainsi, qu'on rejet-
terait mes découvertes à l'arrière-plan sous le prétexte que d'autres monuments avaient été découverts, plus anciens que ceux mis au jour à
Om el-Ga'ab, sans qu'on eût de preuve de cette ancienneté plus grande,
ni de la classification que je crois imaginaire entre les tombes
dites préhistoriques et celles dites des conquérants égyptiens. Je me
mis alors silencieusement à noter tous les faits qui venaient à ma connaissance les uns après les autres, à les assembler, à les coordonner sans

parti pris, mais ayant vu de très bonne heure la signification qu'ils prenaient, et c'est pourquoi aujourd'hui, après les avoir notés, assemblés, coordonnés, étudiés et analysés, je dis simplement ce qui me paraît être la vérité, sans parti pris, comme j'aurais soutenu l'opinion contraire, si cette opinion contraire m'avait paru soutenable. De plus, j'ai été éclairé par les découvertes de la troisième année et par l'identification que ces découvertes m'ont permis de faire au sujet de la tombe qui m'occupe. Si j'avais constaté que le tombeau que j'examine en ce moment eût été incendié, qu'on n'y eût trouvé aucun vase intact ou complet, aucune provision de n'importe quelle sorte, j'aurais sans le moindre doute soutenu l'hypothèse de M. de Morgan et ne me serais pas enquis d'autre chose ; mais comme je n'ai pas trouvé trace d'incendie, que j'ai rencontré au contraire des vases intacts en petit nombre, il est vrai, et un fort grand nombre de fragments dont la présence en certains endroits bien limités plaide contre la théorie adverse ; comme en plus j'ai rencontré des traces non équivoques de la spoliation du monument par les Coptes, je le dis comme je l'ai trouvé, et ce n'est pas ma faute si je ne puis adopter les conclusions d'une hypothèse que rien ne me semble soutenir.

Le grand monument d'El-Khôr a donc été spolié par les moines coptes unis aux indigènes d'Abydos, puisque j'ai trouvé des preuves matérielles de leur passage, sans trouver quoi que ce soit qui puisse plaider une contraire opinion. Mais ce n'est pas assez de pouvoir indiquer avec certitude quels ont été les auteurs de la spoliation, je peux encore aller plus loin et dire avec détails comment eut lieu la spoliation, comment elle fut conduite et par où elle commença, et c'est ce que je vais tâcher de faire avec le plus de détails possible provenant des observations que j'ai faites au cours des fouilles, que je crois bonnes, sans empêcher personne de les trouver mauvaises.

Je crois tout d'abord que le monument était presque intact, qu'il était facilement abordable lors de la spoliation et que les spoliateurs n'eurent aucune peine à en trouver l'entrée parce qu'il était ouvert à ses deux extrémités. Qu'il fût presque intact au moment de la spoliation, c'est ce qu'il est permis de conclure de son intégrité actuelle : si je l'eusse

trouvé complètement ruiné, je n'aurais pu assurer que les spoliateurs
le rencontrèrent presque intact, puisque je ne l'aurais pu savoir sans
crainte de m'aventurer trop loin ; mais comme il est encore dans son
intégrité presque entière, il faut bien que les spoliateurs l'aient trouvé,
puisqu'ils l'ont laissé dans cet état. Je n'ai pas été obligé d'aller au bas
des chambres chercher les traces des fondations des murs pour en
dresser le plan : les murs étaient encore tous debout, ainsi que je le
constaterai tout au long, et chambre par chambre, dans le chapitre suivant ; mais je dois dire que trop souvent les spoliateurs avaient ruiné ces
murs pour les sonder. Toutefois, grâce à la nature des matériaux employés dans la construction, il me semble plus que croyable que le
monument avait déjà souffert de la ruine par le temps en un assez
grand nombre d'endroits : j'ai en effet trouvé en certaines chambres
des murs ayant reçu une poussée, s'étant étalés et ayant ainsi rempli
une partie des corridors. Comme ce fut précisément sous ces murs
étalés que je rencontrai des objets intacts, je crois pouvoir avec assez
de raison en tirer la conséquence que, si ces objets ont échappé aux
spoliateurs, c'est qu'ils leur ont été cachés par les murs éboulés. D'ailleurs, je peux dire que la spoliation ne me semble pas avoir été faite
avec beaucoup de soin, car j'ai trouvé un certain nombre d'objets en
cuivre, et des plus beaux, à l'entrée des chambres qui n'avaient aucune
partie de leurs murs éboulés. Si l'on veut se rappeler que dans la *vie* de
Moyse il est dit que son œuvre néfaste fut contrecarrée par les indigènes
de la ville sainte d'Osiris [1], peut-être sera-t-on tenté de croire que
l'un des effets de cette opposition fut la hâte apportée à la spoliation, à
moins de croire que les spoliateurs aient dédaigné de propos délibéré
tous les objets de métal. Le lecteur choisira telle raison qui lui semblera
la meilleure pour expliquer ce fait.

J'ai dit aussi que les spoliateurs trouvèrent l'entrée libre et parfaitement connue d'eux : cela demande explication. La *toiture* du monument

---

1. E. Amélineau, *Monuments pour servir à l'histoire de l'Égypte chrétienne aux* IVe, Ve
et VIe *siècles* dans les *Mémoires publiés par les membres de l'École du Caire*, t. IV,
2e fasc., p. 684-685.

existait encore en un grand nombre d'endroits : je trouvai les chevrons encore encastrés dans les murs d'appui, et cela dans un grand nombre de chambres. Par conséquent les spoliateurs, s'ils eussent découvert le tombeau par en haut, comme j'étais obligé de le faire puisqu'il avait été comblé de sable, auraient dû faire disparaître les chevrons mal équarris et trop rapprochés les uns des autres pour permettre à un homme de taille moyenne de passer entre eux, de se retourner dans son travail et de passer sa couffe à celui qui l'aurait prise d'en haut, sans compter que semblable travail aurait été complètement impossible à mesure qu'on se serait approché du pavé de la chambre. Par conséquent, ce n'est pas par le haut que les spoliateurs commencèrent leur œuvre de dévastation. S'ils ne la commencèrent pas par le haut, ils ne purent la commencer que par la porte et cette porte ils la connaissaient par expérience. Pour prouver ce que j'avance, il me faut entrer dans un certain nombre de détails que je demande la permission de faire passer sous les yeux du lecteur. Quoique le tombeau fût recouvert par des chevrons qui furent peut-être recouverts eux-mêmes par des branches de palmier, les chevrons n'étaient pas adhérents les uns aux autres, et les branches de palmier, s'il y en eut, durent assez vite perdre leurs feuilles : le sable qui venait du désert ou de la plaine, apporté et charrié par les vents violents qui sont très fréquents dans cette partie de l'Égypte, je le sais trop par expérience, le sable pouvait donc pénétrer librement dans les chambres, et cela dès une époque ancienne. On comprend donc très bien que la nécropole d'Abydos, et spécialement celle d'Om el-Ga'ab, fût dans un triste état lors de la visite de Ramsès II en Abydos, ainsi que nous l'apprend l'inscription dédicatoire du temple de Séti Ier, si elle parle de cette nécropole. D'année en année, le sable aura pénétré plus facilement dans les chambres, peut-être les aura-t-il comblées, peut-être même aura-t-il surpassé le faîte des murs et la toiture des chambres. Cependant ce dernier point n'est pas certain. En tous cas, comme on n'a pas commencé l'investigation des chambres par le haut, il faut bien qu'on soit entré dans le monument par la porte qui y donnait accès à chaque extrémité. Ces portes autant qu'on en peut juger à l'heure actuelle

consistaient en deux plans inclinés qui permettaient de descendre jusqu'au sol des chambres. Elles avaient été marquées pour l'office qu'elles
remplissaient, par une simple ouverture qu'indiquait une solution de
continuité des deux murs. On entrait ainsi par le haut, comme dans
presque tous les tombeaux de cette époque, car les escaliers sont très
rares et il n'y a d'exemple jusqu'ici de plan incliné que dans le monument qui m'occupe. Il n'est pas vraisemblable que ces deux portes
eussent été entièrement comblées; si elles l'avaient été, les indigènes
d'Abydos avaient dû conserver par tradition la connaissance de la double
entrée. Si bien qu'ils n'eurent pas à la chercher. Le culte des ancêtres
qui était encore pratiqué aux derniers temps de l'empire égyptien à
Om el-Ga'ab s'opposait en effet à ce que l'entrée fût comblée par le
sable, tandis qu'on pouvait parfaitement exercer les actes de ce culte
dans des chambres à peu près remplies par le sable.

Les spoliateurs commencèrent leur œuvre par la partie nord du
monument : je conclus cette affirmation de ce fait, à savoir que les premières chambres du nord ne contenaient aucun objet, sinon des bouchons en terre et des fermetures en pierre calcaire, de grands vases en
pierre ou en terre que je n'ai pas trouvés. Ces premières chambres
furent sans doute fouillées avec beaucoup d'attention ; mais cette attention se relâcha à mesure que l'on avança dans l'œuvre entreprise. Puis
à mesure qu'on allait plus avant dans le tombeau immense qu'il s'agissait de spolier, au lieu de porter les débris en haut de la dépression,
sans doute par la porte, on les vida dans les chambres déjà explorées,
on bâtit des murs au-dessus des murs primitifs et des portes qui empê-
cheraient les descentes de sable, car le sable est le plus ennuyeux des
ennemis dans de semblables fouilles. Pour construire ces murs et ces
portes, on employa d'immenses briques prises dans des monuments
remontant sans doute à la XVIIIᵉ ou à la XIXᵉ dynastie, car c'est bien
la taille des briques de cette époque florissante; mais je dois dire que
ce point est seulement une impression personnelle puisque je n'ai pas
trouvé de brique estampillée au nom de tel ou tel Pharaon. Ces murs et
ces portes élevés par les spoliateurs n'étaient pas homogènes : à côté des

briques et mélangées avec elles se trouvaient de grosses pierres informes dont quelques-unes pouvaient à peine être soulevées par plusieurs hommes aux muscles vigoureux ; à dessein ou par hasard quelques-unes de ces lourdes pierres, les plus lourdes de préférence avaient été jetées ou étaient tombées dans certaines chambres et y avaient brisé un grand nombre d'objets : on épargnait ainsi du temps. Ces murs et ces portes bâtis dans l'intérieur du tombeau m'ont été très utiles, car je me suis servi des matériaux utilisés antérieurement pour mener mon œuvre à bonne fin : on voyait que mes ouvriers avaient de ce genre de travail une grande habitude, et ils ne manquaient jamais de me dire en trouvant un mur ou une porte : *Roumani,* c'est-à-dire les Grecs du Bas-Empire, mot par lequel ils désignent les chrétiens ce cette époque. D'ailleurs personne parmi eux, soit Copte, soit musulman, ne cherchait à comprendre pourquoi cette sauvage spoliation avait eu lieu : ils se bornaient tous à la constatation de faits immédiats tombant sous leur perception. Au fond, qu'est-ce que cela pouvait leur faire ? Ils regrettaient cependant que tant et de si belles antiquités eussent été brisées, alors qu'il eût été si simple de les laisser intactes où elles étaient et ils les auraient trouvées en fouillant, les auraient vendues à des marchands contre de belles et bonnes piastres !

Il n'y avait presque point de chambres où l'on n'eût bâti de ces murs par assises froides, car les murs étaient souvent ébranlés, et où l'on n'eût fait des portes dans les corridors afin de pouvoir fouiller tout à son aise. Mais ce n'était point seulement sur les murs intérieurs et dans les baies des corridors qu'on avait élevé ces barrages contre le sable, c'était bien plus encore sur les murs extérieurs, nord, est et ouest. Au mur sud je n'ai absolument rien trouvé, et ce m'est une nouvelle preuve que les fouilleurs ont exactement suivi le même chemin que je devais suivre plus tard. Au côté nord, le mur construit par les spoliateurs avait un mètre de plus en hauteur et cela se comprend très bien, car les ouvriers employés au déblaiement des premières salles avaient à jeter hors du monument les décombres qu'ils enlevaient, et ces décombres ajoutés à ceux qui existaient déjà devaient atteindre une assez grande hauteur ;

il fallait donc pour les contenir élever un mur plus haut que sur les
autres côtés. Quand on trouva le premier mur, la pensée générale fut que
l'on avait rencontré les murs du monument funéraire : il fallut déchanter
par la suite et ce n'est qu'un mètre environ plus bas qu'on finit par rencontrer les murs élevés par les constructeurs du tombeau, mais qui
différaient du tout au tout par les matériaux employés et par le mode de
construction. Le mur nord avait été construit entièrement en briques :
les murs est et ouest comprenaient au contraire un grand nombre de
pierres brutes et de fragments de vases en pierre mélangés aux briques.
La hauteur de ces murs était loin d'atteindre celle du mur nord : dans
leur plus grande élévation ils ne dépassaient pas $0^m,50$ ou $0^m,60$. Ils n'a-
vaient pas été construits trop solidement, mais à la hâte, car dès qu'on
enlevait une partie du sable inférieur, le sable supérieur filtrait à travers
les interstices et emportait toute la construction : il me fallait refaire
à nouveau ces murs afin de retenir les avalanches de sable prêtes à descendre sur la tête des travailleurs. Le mur est ne semble pas avoir présenté d'aussi grandes difficultés que le mur ouest, car c'est dans une
des chambres occidentales que fut trouvée la couffe dont j'ai déjà parlé
et qui fut abandonnée sans doute par l'ouvrier qui s'en servait au moment d'un éboulement. D'ailleurs j'ai une autre preuve de cette difficulté : j'ai déja dit avoir fait creuser une tranchée à peu près au milieu de
la longueur du monument ; cette tranchée fit découvrir une sorte d'escalier en pierre, à ce que je crus tout d'abord ; mais cet escalier prétendu
se trouva être en réalité un mur bâti en retrait avec des pierres grossièrement taillées, si même elles avaient été travaillées. Sans doute en
cet endroit, afin de faciliter l'enlèvement du sable supérieur et prévenir les éboulements on aura fait cette construction que j'ai retrouvée encore en place. Peut-être le mur de débris à l'ouest du monument
ne présentait-il pas la même assiette solide que du côté est, peut-être
encore plus vraisemblablement le vent du Nord ébranlait-il plus facilement ce vaste amas de sable et de débris, toujours est-il que c'est surtout du côté ouest que sont venus le plus fréquemment les plus forts
éboulements.

La fouille fut-elle simultanée sur plusieurs points ou bien fut-elle successive? Je serais assez porté à croire qu'on la fit d'abord porter en même temps sur plusieurs points et qu'ensuite on abandonna cette manière de travailler à cause des nombreuses difficultés qu'elle entraînait. J'ai trouvé en effet au-dessus des premières chambres tout un enchevêtrement de murs certainement construits par les spoliateurs, puisque les matériaux étaient différents de ceux des murs primitifs; ces murs se coupaient presque à angle droit suivant les autres murs antiques : tout à coup ils cessèrent et je n'en ai plus rencontré de semblables. Cette particularité peut sans doute s'expliquer comme je l'explique, mais aussi elle peut recevoir une tout autre explication; c'est pourquoi je la donne pour ce qu'elle vaut. Ce qu'il y a de bien certain c'est que ces murs transversaux s'appuyant sur les portes construites dans les corridors cessèrent bientôt et que je ne les ai plus retrouvés.

Que les spoliateurs n'aient pas été conduits seulement par le fanatisme religieux, mais encore par le désir de s'emparer des objets précieux qu'ils pourraient rencontrer, c'est ce que prouve leur conduite en un grand nombre de circonstances. Non seulement ils nettoyaient avec autant de soin qu'ils le pouvaient faire les chambres qu'ils exploraient, mais encore ils sondaient les murs et y creusaient de larges trous pour s'assurer que le mur ne contenait aucun métal précieux qu'ils pourraient convertir en lingots. En plusieurs endroits que j'indiquerai au cours de ce compte-rendu des travaux exécutés par mes ouvriers, j'ai vu qu'ils ne s'étaient pas encore contentés de sonder les murs, mais qu'ils avaient brisé le pavé des chambres et y avaient creusé des tranchées sur plusieurs mètres de longueur et sur un mètre de profondeur. La soif de l'or et de l'argent peut seule expliquer de pareilles aberrations, car les Égyptiens n'avaient pas coutume d'enterrer au-dessous du sol des tombes les objets précieux qu'ils consacraient aux défunts qui avaient quitté la vie avant les oblateurs. Les premières chambres du second monument, à l'est, près de l'entrée, étaient presque entièrement saccagées de la sorte et les fouilleurs avaient voulu avoir, comme on dit, le cœur net sur cette question d'objets précieux à trouver dans le tombeau. Ils en furent sans doute pour leur travail. Leur conduite est très compréhensible quand on sait que la recherche des trésors a été de tout temps une maladie endémique en Égypte et quand on connaît les histoires merveilleuses fidèlement transmises de père en fils que débitaient les Coptes et qui nous ont été conservées jusque dans les *vies* de leurs plus illustres moines, comme ce Daniel de Scété dans la *vie* duquel on raconte tout au long l'histoire d'un carrier qui trouva un trésor en débitant sa pierre — comprenez en fouillant les tombeaux qui lui servaient de carrière — qui s'en alla tout droit à Constantinople où il acheta la charge de grand vizir, qui se mit alors à faire tout le mal en son pouvoir et à molester les humbles, qui perdit sa charge à la suite de révolutions où ses ennemis triomphèrent et qui revint en son village en Égypte où Daniel de Scété le retrouva un beau jour. Aujourd'hui encore cette même soif de l'or et de l'argent brûle la poitrine des fellahs égyptiens et leurs oreilles ne sont pas assez grandes pour entendre de semblables histoires, toutes les fois qu'on les leur veut débiter.

Toutefois, j'ai rencontré plusieurs fois des témoignages non équivoques de lassitude ou de négligence dans la spoliation et c'est alors que j'ai eu la chance de trouver des objets intacts, ainsi que je l'ai déjà dit plus haut. Si les spoliateurs avaient voulu se donner la peine de regarder sous les murs éboulés, ils auraient vu les vases qu'avaient recouverts les éboulis et les auraient brisés tout comme ils brisaient les autres. Heureusement qu'ils ne l'ont pas fait. Cependant ils semblent avoir dédaigné de propos délibéré tous les objets en métal, c'est-à-dire en cuivre rouge, qu'ils ont laissés en place et dont ils ne semblent avoir détruit que quelques-uns, ainsi que je le dirai au cours du chapitre relatif aux objets trouvés. Pourquoi ce dédain ou cette insouciance? C'est ce qu'il est impossible de savoir exactement : peut-être pourrait-on croire que les objets en cuivre ne pouvaient pas être utilisables à cause de leur peu d'épaisseur, et que par conséquent ils n'avaient aucun prix aux yeux des spoliateurs : mais quelques-uns de ces vases avaient une épaisseur assez grande pour qu'on les utilisât, en tout cas ils pouvaient recevoir et contenir des grains et remplir parfaitement l'office de corbeilles. Aussi ne puis-je voir la raison qui a fait que les spoliateurs ont épargné ces objets, car je n'ai presque pas trouvé de fragments de métal dans tout le tombeau et j'ai trouvé un assez grand nombre d'objets intacts. On avait même pris soin d'écarter les objets de cette sorte trouvés au cours de la spoliation afin qu'ils ne gênassent pas les ouvriers : c'est ainsi qu'ils avaient mis sur le haut d'un pilastre les 1.220 petits objets trouvés en un même jour vers 4 heures du soir.

Il y a toute une autre série d'objets qui ont été négligés par les spoliateurs, ce sont des grandes caisses de graines qui se trouvaient dans la seconde partie du tombeau. Dans les chambres encore assez nombreuses qui contenaient ces graines, après avoir vu ce que renfermaient les premières de ces caisses et s'être rendu compte de leur peu d'utilité pratique, ils se contentèrent de jeter dans l'intérieur des chambres de grosses pierres qui brisaient les poteries quand il y en avait et laissèrent les caisses sans plus s'en occuper. Cependant quelques-unes de ces caisses contenaient quelques vases intacts. Tout cela me conduit à penser que la spoliation du monument fut menée hâtivement et ne fut pas aussi sérieuse que celle des tombes en la nécropole d'Om el-Ga'ab, surtout que celle du tombeau d'Osiris. Peut-être faudrait-il en conclure que les habitants d'Abydos se seraient préoccupés à la fin de la destruction de ces antiques tombeaux, l'honneur de leur cité, surtout de l'horrible pillage de la tombe où était conservée la tête du *Dieu Grand*, c'est-à-dire d'Osiris, le palladium de leur ville et la source de leur richesse. On pourrait sans doute le conclure du passage de la *vie* de Moyse dans lequel il est raconté que les habitants dressèrent des embûches à ceux qui travaillaient dans la montagne[1]. Mais ce ne peut être là qu'une hypothèse que ne vient étayer aucun fait tangible : ce qu'il y a de bien certain, c'est que le tombeau n'était pas ruiné en toutes ses parties, comme on aurait pu s'y attendre. Peut-être aussi en faudrait-il chercher la cause dans ce fait si humain, que les escouades de travail-

---

1. Cf. E. Amélineau, *Monuments pour servir à l'histoire de l'Égypte chrétienne aux ive ve et vie siècles, dans les Mémoires publiés par les membres de la mission du Caire,* t. IV, fasc. 2, p. 684-685.

leurs étaient plus zélées les unes que les autres, plus fanatisées, ou même qu'une escouade n'avait pas toujours la même ardeur au soleil ou pendant les ouragans, la pluie, le vent, pendant l'été que pendant l'hiver, car cette spoliation dura des mois entiers et peut-être des années.

Quoi qu'il en soit, il semble bien certain d'après ce que j'ai dit que les spoliateurs eurent à recombler le monument avec du sable ou des débris : en admettant même que les chambres fussent toutes remplies par le sable jusqu'au toit, il en fallait bien d'autre pour les recouvrir des 7 ou 8 mètres de sable qui les recouvraient lorsque je les découvris. En effet, si l'on pensait que le vent et les ouragans eussent pu combler le tombeau sans autre aide extérieure, je demanderais la permission de faire observer que sur tous les côtés le tombeau était entouré de hautes murailles ayant environ 2 mètres en hauteur, peut-être plus, et que le vent apportant le sable et le balayant, à moins qu'il ne soufflât en grande tempête, ne pouvait s'élever au-dessus de ce mur, que d'ailleurs les fragments disposés en tas à diverses profondeurs et les vases en pierre grossière et nombreux trouvés en divers endroits et presque à la surface de la dépression montrent assez évidemment par eux-mêmes que la couche de sable apportée par le vent ne fut pas trop épaisse et atteignit à peine 1 mètre au maximum, puisque, comme je l'ai rapporté dans le chapitre précédent, mon ânier trouva de nombreux vases à une profondeur moindre. Je croirai donc assez volontiers que les spoliateurs après avoir entièrement exploré le tombeau le recouvrirent de cette épaisse couche de sable que j'ai déjà signalée, qu'ils le versèrent par dessus les chambres, par dessus les poutres de bois qui formaient la toiture des chambres et que j'ai encore trouvées en place toutes les fois que l'état du mur le permettait. Cette manière de faire peut seule expliquer comment on trouva quelques-uns de ces chevrons piqués verticalement dans la couche de sable. Où prit-on le sable nécessaire pour combler ainsi le tombeau ? On n'eut guère que l'embarras du choix, soit auprès, soit au loin. En tout cas on atteignit aussi sûrement le but poursuivi que si l'on eût employé le feu : les objets que renfermait encore cet immense tombeau sont restés intacts en attendant l'heure de reparaître à la lumiè

J'arrête ici ce chapitre : je crois en avoir assez dit pour éclairer la ligion du lecteur même le plus avide de détails et j'espère que je le ai assez fourni de preuves qu'il en a été comme je l'ai dit; s'il ne se s pas suffisamment édifié, qu'il réserve son jugement jusqu'à plus am information, s'il peut l'obtenir.

CHAPITRE QUATRIÈME

Le monument que j'entreprends de décrire était un tombeau, le fait est certain puisque, outre que la nécropole d'Om el-Ga'ab ne contenait que des tombeaux et que ce monument d'El-Khor n'était éloigné que d'une centaine de mètres à peu près, j'ai trouvé les squelettes que je devais y trouver dans la seconde partie de ce monument. Il se divisait en deux parties bien distinctes et par la construction architecturale et par la destination, comme aussi par les objets qu'il contenait autant que je peux en juger par ceux que j'y ai découverts. Qu'il y eût ainsi deux parties fort distinctes, c'est ce que montre le mur mitoyen interrompant tout à coup les corridors et faisant une construction tout à fait nouvelle de la seconde partie avec un plan différent; c'est ce que donne aussi à penser le fait qu'il y avait deux entrées, l'une au nord, l'autre au sud. Mais, peut-on me dire, ces deux entrées et cette différence de plan dans la construction montrent bien qu'il y avait non seulement un tombeau, mais réellement deux tombes adossées l'une à l'autre. Ce fut ma première pensée alors que j'eus achevé l'exploration de toutes les salles qui composent cette tombe immense, la plus grande que l'on connaisse actuellement en Égypte; mais à la réflexion je vis que la chose était impossible. En effet dans toute la première partie du monument on rencontra seulement deux ossements, et il n'y avait pas un seul endroit dans cette première partie ou l'on ait pu placer un cadavre. Toutes les chambres étaient remplies par des mobiliers somptueux et dans aucune d'elles on n'a trouvé trace du plus petit cercueil que ce soit. Or, dans presque toutes les tombes d'Om el-Ga'ab, dans toutes les tombes royales sans exception, les squelettes trouvés étaient renfermés dans des caises en bois de cèdre ou de conifère ; pourquoi donc les squelettes trouvés dans le plus beau tombeau de la nécropole auraient-ils été dépourvus de cette particularité ? Au contraire les deux seuls squelettes que j'ai rencontrés dans cet immense monument l'ont été au fond de la seconde partie, sous les murs et près d'une salle manifestement désignée par sa construction extraordinaire à servir de salle d'enterrement, ou, pour m'exprimer autrement, en vue d'y déposer des corps. Cette raison m'a paru péremptoire et j'ai abandonné l'idée première qu'il pouvait y avoir deux tombeaux.

Mais le changement de plan et l'irrégularité de la construction ? Je dois dire tout d'abord que cette irrégularité de construction existait aussi bien dans la première que dans la seconde partie. En effet, pourvu qu'on jette les yeux sur le plan total du monument tel que je le donne ici, on s'apercevra facilement qu'il y a deux trapèzes adossés l'un à l'autre. Le premier trapèze a une aire spéciale et aussi le second, mais tous deux ont la forme trapézoïdale. D'où peut provenir cette différence ? Elle provient selon moi de la forme même qu'avait l'immense fosse préparée dans la montagne pour recevoir le monument. L'on ne saurait s'attendre, à une époque aussi reculée que celle à laquelle remonte ce tombeau, que les ouvriers chargés de préparer cette fosse aient pu la creuser régulièrement sur une étendue de plus de quatre-vingts mètres, car on avait plus creusé encore en longueur qu'on n'a utilisé pour faire le tombeau, et l'ouvrage fut tout d'abord irrégulier dans sa préparation. Peut-être pourrait-on supposer aussi que la constitution géologique de la montagne s'opposait à ce que le creusement préparatoire fût régulier ; mais je ne crois pas qu'on doive accorder grande attention à une semblable raison : outre que le sol de la montagne ne semble pas et sans doute n'est pas différent en cet endroit par sa constitution géologique de ce qu'il est dans toute la région voisine d'Om el-Ga'ab et dans toute celle d'El-Khor, car toute la nécropole offre la même constitution géologiquement parlant, du moins à l'apparence, on ne peut demander à des hommes n'ayant jamais ou presque jamais jusqu'alors, travaillé en de telles proportions d'avoir la même sûreté de coup d'œil qu'après une expérience multiple et prolongée. A la vérité les autres tombes royales, quand on les a soigneusement construites sont presque régulières, notamment celles que j'ai rencontrées dans ma troisième campagne de fouilles ; mais les ouvriers n'avaient à opérer que sur un terrain relativement restreint tandis que la tombe dont je parle est au moins quatre fois grande comme la plus grande de celles rencontrées jusqu'ici. Cette différence dans le travail préparatoire explique donc à elle seule la différence dans le résultat obtenu. Ce ne fut qu'après avoir achevé la construction de la première partie que les ouvriers employés à la maçonnerie s'aperçurent qu'ils ne pouvaient plus continuer leur œuvre dans les mêmes dimensions et qu'ils durent changer à la fois et les lignes de leurs murs et leur plan, l'espace dont ils disposaient n'étant pas assez grand pour maintenir les deux corridors, ou inversement étant trop grand pour ne comporter qu'un seul corridor avec deux rangées de chambres, selon qu'ils commencèrent par le nord ou par le sud. Par conséquent la construction devait être irrégulière dans le plan si elle était irrégulière dans les murs.

Quoiqu'on ne saurait exiger une orientation bien précise en de telles circonstances, cependant j'ai voulu savoir quelle était, d'après la boussole, l'orientation du monument. Plaçant ma boussole sur le mur est, je vis qu'il faisait avec le Nord véritable un angle de 19° 45' ; de même le mur ouest faisait un angle de 18° 30'. Placée sur le mur sud, elle me fit voir que l'angle sud-est mesurait 62° et que l'angle sud-ouest mesurait au contraire 73°. De même le mur nord formait à peu près les mêmes angles avec les murs est et ouest. D'où le lecteur pourra conclure d'abord que le mur est devrait être appelé plus proprement mur nord, le mur ouest mur sud, le mur nord mur est et le mur sud mur ouest, s'il fallait s'en rapporter aux indications de la boussole, et secondement que la figure trapézoïdale n'était pas régulière. Cependant, comme il faut bien user d'expressions courantes et que le mur est regardait à peu près l'est et les autres de même, je continuerai d'appeler ce mur mur est, et les autres de même, après avoir ainsi informé le lecteur que ce mur est n'est que conventionnellement à l'est. De même la première partie du tombeau n'affecte la forme du trapèze que d'une manière générale, tandis que, si l'on prend des mesures rigoureuses, on s'aperçoit bien que les deux bases ne sont pas uniformément parallèles parce que les angles ne sont pas égaux.

La première partie du monument, si l'on en juge par ce qui en reste, était construite d'une manière plus architecturale, si je peux employer ce terme, que la seconde et peut-être avait-elle été un peu plus soignée. Le plan est simple : une ouverture donne entrée dans le monument et débouche sur trois chambres, ou plutôt trois antichambres : cette porte n'était pas exactement située au milieu du mur nord : elle était plus rapprochée de l'est que de l'ouest. Les trois antichambres étaient suivies à l'est et à l'ouest de deux chambres plus petites que les autres qui composaient le tombeau. Presque en face de la première et de la troisième antichambre se voyaient deux corridors permettant l'entrée des chambres qui les bordaient dans toute leur longueur. Au bout du corridor était une pièce intentionnellement parallèle au mur nord et qui n'avait aucune ouverture permettant de communiquer avec la partie sud. A l'est le corridor donnait entrée sur une seule ligne de chambres; à l'ouest au contraire, le corridor courait entre deux lignes de chambres qui se faisaient à peu près vis-à-vis. Ce plan, quoique simple était cependant assez compliqué : ce qui le rend très difficile et même impossible à reproduire tel qu'il existe en réalité d'après les chambres mises au jour, c'est la diversité extrême des mesures, car pas un mur n'est régulièrement bâti : l'esprit de l'homme concevait déjà des choses que sa main ne pouvait exécuter.

Le plan est encore rendu plus artistiquement recherché par l'emploi de pilastres avec retraits et avancées qui, non seulement divisent le mur nord en un certain nombre de chambres particulières, mais qui encore déterminent les trois faces des murs et séparent les chambres avec un faux air de piliers. C'est là surtout que les erreurs des constructeurs, constatées par des mensurations aussi minutieuses que je les pouvais faire, ont été déployées dans tout leur éclat; mais malgré tout, ce

simple pilastre annonce un progrès réel; car il démontre que les
hommes de ce temps reculé avaient à cœur d'orner leurs maisons autant qu'ils le pouvaient faire. Quand on compare ce tombeau à celui
d'Osiris qui était certainement antérieur au moins d'un demi siècle,
on voit qu'il y a réellement progrès marqué. Dans celui d'Osiris, comme
le lecteur le verra amplement dans le volume suivant et comme il pourra
s'en rendre un compte suffisant soit dans la troisième brochure que j'ai
publiée sur les résultats de ma troisième campagne, soit dans la succincte
monographie que j'ai consacrée au tombeau d'Osiris, l'emploi du pilastre est déjà commencé, mais de la façon la plus irrégulière encore,
mis dans telle chambre, omis dans telle autre sans qu'il y ait eu de
raison soit pour soit contre. Au contraire, dans le monument que
j'entreprends de décrire, surtout dans la première partie, toutes les
chambres sont faites de la même manière, comportent l'emploi du
même ornement architectural et en sont également décorées. Il y a
déjà la perception de ce fait qui est devenu une des lois de l'architecture, qu'une même égalité doit se remarquer dans les diverses parties
d'un même plan architectural, car de la diversité naîtrait une horrible
confusion et le goût serait choqué, fût-ce d'un amas de richesses inutiles, quand ce ne serait pas d'un emploi non général et de l'absence
non générale aussi d'un ornement.

La seconde partie du monument partait du côté sud et le fond avait
comme mur mitoyen le mur qui terminait aussi la première partie; mais
cette seconde partie était plus resserrée que la première, car les murs
rentraient intérieurement de 0^m,50 de chaque côté. Après une entrée
en plan incliné qui allait jusqu'à l'entrée de deux chambres par lesquelles on pénétrait dans deux autres, une de chaque côté, venait un corridor courant entre deux rangées de cinq chambres chacune, avec des
pilastres, comme précédemment; puis venait une porte très peu large
menant aux chambres les plus secrètes du tombeau. Le plan tel que je
l'ai reproduit ici ne donne sans doute pas l'apparence du monument tel
qu'il avait été construit : il était si ruiné et les murs avaient subi de
telles poussées, que les fouilles ont été très pénibles et que pour saisir

8

le plan véritable il aurait fallu tout détruire, responsabilité que je n'ai pas voulu endosser. Cependant on voit bien que la grande salle située à l'extrémité était entourée à l'est de quatre chambres irrégulières, à l'ouest de quatre chambres non moins irrégulières et dont les trois dernières étaient complètement murées. Une chambre permettait d'entrer dans celles de l'est et dans la seule qui ne fût pas murée à l'ouest, puis dans une autre chambre qui précédait la chambre sépulcrale. Aucune de ces chambres ne contenait de pilastre, sauf la première à l'est où ils étaient irrégulièrement placés. De même les chambres du commencement, le long du plan incliné de l'entrée, sauf aussi l'une d'elles où il était employé irrégulièrement; mais il est juste de dire que je n'ai pu vérifier s'il n'y en avait pas de l'autre côté dans la chambre correspondante, à cause de l'état de destruction de ces chambres.

Ces détails d'ensemble une fois donnés, je dois entrer dans le détail.

Contrairement à ce que j'ai observé pendant les deux années de fouilles à Om el-Ga'ab, pendant les hivers 1895-1896 et 1897-1898, pendant lesquelles j'ai trouvé des tombeaux dont l'importance m'était annoncée par des épaisseurs extraordinaire de murs, le tombeau que j'examine n'avait pas les murs extérieurs d'une épaisseur correspondante : le mur nord n'était épais que de $0^m,66$ et les murs est et ouest que de $0^m,52$ environ. La montagne n'avait été préparée que sur ces dimensions : elle touchait presque immédiatement les murs qui y avaient été pour ainsi dire appliqués. Nous sommes ainsi fort loin de l'épaisseur de 3 mètres qu'avait le tombeau d'Osiris et surtout de l'épaisseur de plus de 4 mètres qu'avait le tombeau de *Den*. Peut-être faut-il en chercher la cause dans ce fait que le tombeau immense que je décris était isolé au milieu de la plaine sablonneuse, tandis que ceux qui viennent d'être cités étaient entourés de petits tombeaux de tous les côtés.

La porte du tombeau était située dans le mur nord, à peu près vis-à-vis du commencement de l'ouverture du corridor 6, car le mur du côté est n'avait que $6^m,87$, pendant que du côté ouest il atteignait $8^m,90$, ce qui avec l'ouverture de la porte donne une longueur totale de $16^m,79$. Cette porte était-elle précédée d'une première chambre contenant soit un escalier, soit un plan incliné permettant d'atteindre le sol du tombeau ? Je ne le crois pas pour les raisons que voici : la montagne n'avait pas été creusée et parée à plus de 0^m,40 de l'extrémité nord des deux murs est et ouest de cette porte, et ces 0^m,40 ne sauraient suffire ni pour un escalier, ni pour un plan incliné. L'intervalle entre le parement de la montagne et l'ouverture de la porte était encombré de briques qui n'étaient pas de la même dimension que les briques de cette époque jusqu'à une hauteur de 1^m,60 environ. C'est donc une preuve que ces briques avaient été apportés par les spoliateurs pour combler l'entrée, et que cette entrée consistait simplement dans l'ouverture laissée à la porte, ce qui semblera sans doute incommode à nos habitudes modernes, mais ce qui est tout à fait conforme aux habitudes de l'ancienne Égypte, pour ne pas parler de cette époque reculée, car les puits conduisant aux tombeaux cachés dans le sous-sol n'avaient pas d'escalier et l'on y devait descendre comme on pouvait jusqu'à des profondeurs de plus de 10 mètres, ce qui n'est qu'un jeu même pour les fellahs de nos jours. Si le lecteur voulait que je lui cite d'autres exemples de faits semblables, je lui dirais que tous les tombeaux étaient ainsi faits, sauf les trois exemples où j'ai trouvé un escalier, le tombeau de *Den*, le tombeau inconnu aux deux petits escaliers et le tombeau d'Osiris. Nous serions donc obligés de sauter du haut des murs en bas, ou plutôt du haut de la montagne jusqu'au niveau du sol de la tombe, soit d'une hauteur d'environ 2^m,60 de haut, ce qui n'est pas énorme. Une autre preuve qu'il n'y avait pas de chambre, c'est que sur les murs sud de cette chambre, c'est-à-dire sur la partie adaptée au mur nord des chambres intérieures, il n'y avait aucune trace de crépissage à la chaux, crépissage qui existait jadis et qui est encore fort visible dans toutes les chambres et tout au long des murs. Ainsi il n'y avait pas d'autre entrée. La porte avait peut-être des pilastres sur chacun de ses murs, mais, comme il y avait eu démolition de chaque côté, je ne puis rien affirmer.

CHAMBRE 1.

La chambre numéro 1 n'était guère qu'une sorte de vestibule irrégulier. La raison pour laquelle j'en fais une des chambres du tombeau, c'est que toutes les chambres sont indiquées par l'emploi du pilastre avançant sur la largeur de la chambre, et que c'est bien ici le cas. Le mur nord de cette chambre est coupé en deux parties par la porte A ; à l'ouest il y a $1^m,44$ jusqu'au pilastre de la chambre numéro 2, lequel est en avancée de $0^m,135$; à l'est il y a seulement une longueur de $0^m,30$, puis vient l'avancée du pilastre qui est de $0^m,12$, ce qui donne comme longueur totale du mur nord $3^m,60$, y compris la porte, large de $1^m,86$. Le mur nord a une hauteur de $2^m,35$. La chambre est large d'environ $2^m,23$. Le mur sud ne subit aucune interruption dans cette chambre : du pilastre qui sépare cette chambre de la chambre 2 à celui qui le sépare du corridor 6 et de la chambre 4, il a $3^m,32$. Les retraits et les avancées des deux pilastres sont de $0^m,13$, et c'est précisément la mesure moyenne de tous les retraits ou avancées que j'aurai à signaler au cours de ce chapitre : à vrai dire, il y a des différences, quelques retraits n'étant que de $0^m,11$ au lieu de $0^m,12$, pendant que les avancées sont de $0^m,14$ et quelquefois, mais rarement, de $0^m,15$; aussi dorénavant je n'indiquerai plus les mesures de ces retraits ou de ces avancées que dans le cas où ils seront inférieurs à $0^m,11$ ou supérieurs à $0^m,15$, car alors la construction sera assez irrégulière pour être notée spécialement. Cette chambre était sans doute couverte en bois comme les autres ; mais la place des soliveaux en bois n'existait plus, ce que le lecteur verra de lui-même en comparant la hauteur de la chambre avec la hauteur moyenne du tombeau, qui est de $2^m,60$.

CHAMBRE 2.

Le pilastre nord-est a une longueur de $0^m,54$, puis le mur rentre et la chambre s'étend vers l'ouest pendant $2^m,23$: ce mur nord a une hauteur également de $2^m,35$. Au-dessus de ce mur était un autre mur bâti en retrait contenant 13 lits de briques rapportées par les spoliateurs. La chambre a $2^m,23$ de largeur, ainsi que toutes celles qui sont rangées au nord d'ouest en est, soient les cinq premières. Le mur sud commence par un pilastre long de $0^m,57$, puis vient une avancée qui doit entrer dans le calcul de la longueur de ce mur et qui est de 0^m,13, puis une porte large de 2^m,15 et un retrait du pilastre ouest de la porte du corridor 10 qui est de 0^m,12, ce qui fait pour la longueur totale du mur sud 2^m,10 s'il n'eût pas été interrompu. Comme le lecteur peut le voir, le pilastre sud de cette chambre a 0^m,03 de plus que le pilastre nord, et je le prie de vouloir bien accorder son attention à ces légères différences qui lui montreront l'irrégularité de la construction. Quoique cette chambre n'ait pas une plus grande élévation que la précédente, j'y ai cependant trouvé les chevrons qui formaient la couverture ou peut-être qui la supportaient. Peut-être en était-il de même pour la chambre précédente, bien que je n'aie pas retrouvé la place où ces chevrons s'appuyaient sur le mur; dans la chambre numéro 2, il n'y avait pas non plus trace de cette place, parce que les chevrons, au lieu d'être placés du nord au sud l'étaient de l'est à l'ouest et devaient ainsi s'appuyer sur une autre pièce de bois placée à chaque extrémité du nord au sud. Ce sont précisément les pièces de bois servant de soutien qui étant venues à manquer pour une raison ou pour une autre ont fait tomber les chevrons d'une manière à peu près perpendiculaire, comme je les ai retrouvés dans la chambre numéro 3 qui, elle, avait les chevrons de sa couverture placés du nord au sud, lesquels ne pouvaient pas basculer et retomber de manière à se piquer perpendiculairement dans le sable.

Chambre 3.

Cette chambre commençait au nord-est par un pilastre ayant 0^m,575 de longueur et le mur nord suivait le retrait pendant 3^m,28. A cette distance il rencontrait le mur ouest qui avait une longueur de 2^m,20 au bout desquels il rencontre le mur sud qui a une longueur de 3^m,29 avant l'avancée du pilastre longue de 0^m,56. La hauteur de cette chambre fournie par le mur ouest est de 2^m,60. Cette chambre était couverte par des solives en bois placées, comme je viens de le dire, du nord au sud et s'appuyant solidement sur les deux murs dans des trous pratiqués dans la maçonnerie des murs et très profonds comme j'aurai l'occasion de le dire au cours de ce chapitre. Comme j'aurais pu le constater dès cette chambre — ce que je n'ai pas fait, je dois le dire ici en toute vérité — car les trous dans lesquels reposaient les bouts des chevrons m'en auraient fourni l'occasion si je les avais examinés aussi attentivement que j'aurais dû le faire, le monument que je déblayais n'était pas construit en briques, mais en terre battue. Ainsi les chevrons encastrés dans les murs avaient au-dessus d'eux une légère partie du mur qui était ou trop mince ou trop épaisse pour une brique. Si je ne vis pas cette particularité de la construction tout d'abord, c'est que je n'étais point préparé à trouver un monument construit de la sorte, puisque tous les tombeaux que j'avais rencontrés étaient construits en briques, ce que j'avais parfaitement pu constater malgré la présence d'une sorte de pisé qui recouvrait le mur en briques et formait une sorte de crépi. En outre ce crépi me sembla si bien conservé dans les premières chambres du monument que je n'eus pas d'autre occasion d'observer la matière dont le mur était formé. De plus encore les trous dans lesquels les bouts des chevrons étaient enfoncés et reposaient sur le solide étaient presque hermétiquement remplis et, comme je voulais autant que possible sauvegarder tout ce qui restait du monument, par conséquent laisser en place ce qui s'y trouvait, je ne fis pas examiner plus soigneusement la matière des murs. J'aurais eu tort, si par la suite je n'avais pas rencontré une preuve palpable et irréfutable que toute la première partie de ce monument tout au moins avait été construite en terre battue. Cette terre battue, tous mes lecteurs le comprendront aisément, n'avait pas eu besoin de recevoir un crépi qui aurait servi à masquer les joints des briques, puisqu'il n'y avait pas de joints : on s'était borné à passer sur la terre battue une couche probablement de lait de chaux qui existait et existe encore à l'heure actuelle. Cependant il peut se faire qu'on ait enduit les murs d'une sorte de crépi en terre battue plus fine que celle qui composait les murs.

Je ne quitterai pas cette chambre sans faire deux observations, la première ayant trait aux chevrons de la toiture, la seconde au sol du tombeau. Les chevrons de la chambre numéro 2, ai-je dit, étaient placés d'ouest en est ou *vice versa*. Ils pouvaient être ainsi placés de deux manières, ou reposer à plat sur la pièce de bois, mise du sud au nord ou s'emboîter dans cette pièce de soutien, soit à simple mortaise, soit à chevêtre. Je n'ai pas trouvé un seul exemple que les pièces de bois sur lesquelles s'appuyaient les chevrons aient reçu une simple mortaise, à plus forte raison une chevêtre : les dits chevrons reposaient simplement à plat sur la pièce de bois transversale qui les soutenait. Les constructeurs n'avaient pas senti le besoin de rendre leur construction solide, quoiqu'ils connussent parfaitement l'art de mortaiser le bois, de faire des tenons et des chevilles, puisque j'ai rencontré dans ce même tombeau des caisses en bois qui étaient façonnées de manière tout au moins solide. Ils n'ont pas eu grand tort puisque leur œuvre a duré plus de huit mille ans, ce que n'ont pas fait les charpentes les plus solides. J'aurai au cours de ce chapitre ou du suivant l'occasion d'expliquer tout au long pourquoi je crois à cette longue durée, en cherchant si oui ou non il y a eu restauration. Quant au sol du tombeau, il était également en terre battue, assez bien nivelé et reposait sur un lit de sable beaucoup plus foncé de couleur que le sable jaune trouvé dans les chambres du tombeau ou à la surface. En un grand nombre d'endroits j'ai pu le constater, car les ouvriers n'étaient pas toujours certains d'être parvenus au sol du tombeau, mais ils s'apercevaient de suite qu'ils avaient dépassé le fond quand ils trouvaient le sable. Il en était de même pour les murs principaux de l'édifice : j'ai remarqué bien souvent qu'ils étaient construits sur le sable, un sable de même couleur que celui dont je viens de parler, très différent du sable ordinaire, ayant une couleur se rapprochant du rouge, si bien qu'ils me semblaient suspendus en l'air. Je me suis dit, tout d'abord, que ce pouvait être la mollasse de la montagne qui s'était désagrégée et qui était peu à peu devenue du sable; mais outre qu'il y avait une consistance remarquable dans la mollasse parée pour recevoir les murs du monument, cette couche de sable était trop profonde pour n'être due qu'au désagrégement du grès de la montagne. Je sais très bien que les anciens Égyptiens avaient l'habitude aux temps historiques de mettre une couche de sable rouge sous les murs de leurs temples, non en guise de fondation, mais par respect pour les coutumes reçues de leurs pères dont les premières habitations avaient été au désert : je me demande seulement si je me serais trouvé en présence de cette coutume rituelle dès cette époque, ou si simplement les ouvriers qui avaient préparé la tombe dans la montagne n'avaient pas creusé trop profondément et s'ils n'avaient pas dû remplir les vides en quelques endroits avec du sable. Entre cette double hypothèse, je serais assez naturellement porté à choisir la première, mais mon sentiment n'est qu'une affaire purement personnelle.

Cette chambre 3 avait au-dessus des murs anciens reçu un autre mur construit en grandes briques étrangères au travail de l'époque du monument, et j'ai pu à son occasion remarquer un fait qui démontrera bien que de semblables murs sont dus aux spoliateurs. Ce mur ajouté n'allait pas jusqu'à l'angle des murs primitifs, mais s'arrêtait au second chevron de la toiture avant d'arriver à l'angle formé par les murs nord et ouest. Or, si ce mur eût été l'œuvre, je ne dis pas des hommes qui construisirent cet immense tombeau, mais de restaurateurs, il n'y a nul doute qu'ils n'eussent pris soin de le commencer à l'angle même formé par les deux murs nord et ouest, car il serait impossible de voir la raison qui les aurait fait agir de la sorte, tandis qu'on la comprend très bien de la part des spoliateurs. Ces derniers n'avaient besoin de former un mur en retrait, comme était celui dont il est question, que pour arrêter l'envahissement du sable et ce mur n'a été construit en retrait que pour briser la poussée résultant de l'accumulation du sable. Comme le sable ne tombait pas d'un seul coup, on ne l'a construit qu'au fur et à mesure des besoins : c'est ainsi que les fellahs s'y prennent toujours. Comme le sable ne coulait pas à l'angle parce que sans doute on ne l'y jetait pas en quantité suffisante d'abord et que ce ne fut qu'après la complète exploration de cette chambre qu'on n'eut plus aucune crainte de le jeter, on n'éprouva pas le besoin de conduire le mur jusqu'à l'angle. Du côté ouest, les premières chambres n'ont pas de mur construit de la sorte ; c'est que la montagne était plus élevée de ce côté nord-ouest que du côté sud-ouest, qu'elle servait ainsi de muraille elle-même et qu'on arrêtait le sable du haut au moyen de pierres ou simplement en détournant le courant pour le reporter d'un autre côté, ou peut-être à l'occasion en employant de grandes pièces d'étoffes, soit leurs *tôb*, soit leurs *gallabiehs*, leurs caleçons, etc., en un mot tout ce qui leur tombe sous la main dans ce pressant besoin. J'ai vu agir ainsi des centaines et centaines de fois. C'est pourquoi je fais entrer cette manière de faire au nombre des hypothèses nécessaires à l'explication des faits.

Le hasard des fouilles qui furent menées avec plus d'activité du côté ouest que du côté est, soit qu'il y eût plus d'ouvriers, soit que les ouvriers déployassent plus de zèle que dans l'escouade est, me fit commencer l'exploration du tombeau par cette chambre 3 ; je la continuai ainsi jusqu'à l'éxtrémité est, dans les chambres 2, 1, 4 et 5, ainsi que le porte le plan très imparfait publié dans ma brochure sur les fouilles de l'hiver 1896-1897 [1]. Mais en donnant une description complète et aussi exacte que possible de mes travaux pendant cette même année et du monument découvert, j'ai dû commencer par le commencement, c'est-à-dire par l'entrée du monument sans me préoccuper de l'ordre dans lequel j'avais trouvé et exploré les chambres. Celui qui dirige les fouilles est obligé trop souvent de subir les exigences du temps et des ouvriers qu'il conduit : tous ceux qui ont opéré dans de semblables circonstances savent à quoi s'en tenir là-dessus.

CHAMBRE 4.

Je reviens maintenant à l'est de la porte A et je trouve une autre chambre, puis une seconde, comme j'en ai trouvé deux à l'ouest ; il y avait ainsi deux chambres de chaque côté de la première. Le mur nord de cette chambre, après le pilastre qui est long de $0^m,79$ a en longueur $1^m,95$. Le pilastre du mur sud qui est d'une longueur de $0^m,815$ aboutit sans retrait et sans avancée au mur ouest du corridor 6, lequel court jusqu'à l'extrémité de cette première partie du monument. Ce pilastre forme avec ce mur un angle droit, autant que les ouvriers purent

---

1. E. Amélineau, *Les nouvelles fouilles d'Abydos*, 1896-1897, p. 23. Paris, Leroux.

le faire avec exactitude. Il est suivi de la porte permettant l'entrée du corridor 6, laquelle a 1ᵐ,98 d'ouverture en haut et seulement 1ᵐ,95 dans le milieu et le fruit s'accentue encore plus bas. Comme le lecteur s'en apercevra facilement en examinant le plan, les deux pilastres ne sont pas placés exactement vis-à-vis l'un de l'autre, et la construction de cette chambre est tout à fait irrégulière : les deux montants des pilastres sont surtout d'une irrégularité patente, et les mesures données ici ne sont que des mesures moyennes. La largeur de cette chambre est de 1ᵐ,85 entre les pilastres. Comme dans la chambre 1, on ne voit plus l'emplacement des chevrons de la couverture, soit qu'il n'y en eût pas, ce qui serait étonnant, soit que le mur ait été détruit trop bas, quoique la hauteur soit toujours de 2ᵐ,35 environ. Pour en finir une bonne fois avec cette question de la couverture des chambres, il se peut que les chevrons aient eu à supporter de longues feuilles de palmier qui complétaient ainsi la toiture, comme dans les deux tombeaux que j'ai rencontrés à l'est de la grande colline en 1895-1896[1], mais je ne peux en apporter aucune preuve certaine, sinon que tous les tombeaux en étaient recouverts, ou du moins toutes les chambres, ainsi que j'aurai l'occasion de l'expliquer tout au long dans le troisième volume de cet ouvrage, sauf le tombeau d'Osiris qui avait une cour ouverte où s'exerçait le culte.

CHAMBRE 5.

Cette chambre était la dernière du côté est du tombeau comme la chambre 3 était située à l'extrémité ouest. Le pilastre qui la commençait au côté nord avait une longueur de 0ᵐ,57 et le mur proprement dit avait une longueur de 3ᵐ,96. Ce fut ce mur qui fit voir le premier les ravages de la spoliation : il était détruit sur une longueur de 1ᵐ,60 environ aux deux tiers de la hauteur. Il aboutissait à un mur droit qui était long de 2ᵐ,24, plus large de 0ᵐ,04 que le mur correspondant à l'ouest de la chambre 3. Le mur est était suivi du mur sud qui avait 3ᵐ,05 jusqu'au pilastre, qui était long de 0ᵐ,58. La largeur de la salle

1. E. Amélineau, *Les nouvelles fouilles d'Abydos*, 1895-1896, t. I, p. 136.

entre les deux pilastres qui n'étaient pas exactement situés en face l'un de l'autre était de 1ᵐ,90. La hauteur des murs de cette salle est exactement la même que celle des autres salles avoisinantes déjà vues, c'est-à-dire 2ᵐ,35. Les chevrons de la couverture se voyaient encore par leurs extrémités dans les trous des murs : comme ceux de la chambre 3, ils étaient disposés du nord au sud. Il y en avait onze de mesures inégales et inégalement distants les uns des autres. Je n'ai pas cru bon de prendre les mesures de tous les chevrons que je voyais ainsi placés dans les murs; cependant je ne pouvais négliger absolument cette disposition si curieuse et qui à elle seule prouvait la haute antiquité du monument ou tout au moins les commencements de la charpente dans les constructions : aussi le lecteur trouvera-t-il les mesures se rapportant à ce sujet plus loin, à propos du corridor 6 où j'ai mesuré jusqu'à vingt-deux de ces chevrons ainsi inégaux et inégalement distants les uns des autres. Il est donc prié d'attendre encore quelques instants.

Si maintenant le lecteur veut joindre les unes aux autres les diverses mesures des murs nord de ces cinq chambres, il trouvera un total de 16ᵐ,79, et s'il fait la même opération pour le mur sud des mêmes chambres il trouvera 16ᵐ,65 d'où une différence de 0ᵐ,14 entre les deux murs. Il se peut parfaitement que les mesures aient été mal prises, qu'elles soient inexactes, car j'étais absolument seul pour faire face à toutes les éventualités et j'avais dû décider un fellah à prendre les mesures avec moi et tenir l'extrémité du rouleau : demander l'exactitude en de pareilles circonstances, c'est peut-être se montrer trop exigeant; mais il se peut très bien aussi que ces mesures soient relativement exactes et qu'il y ait entre les deux murs la différence que donne le calcul. Le lecteur ne doit donc pas se montrer surpris de l'écart que je suis le premier à constater ; car nous aurons trop souvent l'occasion d'en constater d'autres. Pour peu que les murs rentrent d'un côté et s'écartent de l'autre, il serait facile de se rendre compte d'un écart de 0ᵐ,30 ou de 0ᵐ,40 sur une longueur totale de près de 16 mètres, et cependant cet écart est beaucoup moindre.

Corridor 6.

Ce corridor commence à la chambre 4 et va jusqu'à la fin du monument; il n'a qu'un seul mur, à l'ouest, et ce mur est ininterrompu
jusqu'à son extrémité. Du côté est, il n'y a d'autre mur que les faces
ouest des murs latéraux formant la série de dix chambres qui bordent
ce corridor. La largeur du corridor varie de chambre à chambre
soit que le mur ouest de ce corridor ait été dégradé ou irrégulièrement construit, soit au contraire que cette irrégularité ou cette dégradation doivent être reportées au compte des murs latéraux partageant
les chambres. Le montant du pilastre est faisant vis-à-vis au mur ouest
a une longueur de 0^m,85 et une avancée après retrait de 0^m,12. La
largeur de ce corridor est égale à l'ouverture de la porte, c'est-à-dire
qu'elle a 1^m,98. Le mur ouest avait eu au commencement du corridor,
c'est-à-dire dans un endroit où il n'avait pas subi de destruction, une
épaisseur de 0^m,78, soit une coudée et demie, si l'on donne à la coudée
royale une longueur de 0^m,52. C'est ce mur qui a le plus subi de démo-
litions, de poussées et d'affaissements, ainsi que j'aurai l'occasion de le
faire observer; mais à son commencement il était à peu près intact et
j'y ai pu observer la position des chevrons et leur espacement. Dans la
chambre 7 et suivantes, les chevrons s'appuyaient sur les murs nord et
sud ; dans le corridor ils devaient naturellement être placés d'ouest en
est, puisqu'il n'y avait pas de murs sud et nord; ils s'appuyaient tous
sur le mur ouest, mais le mur est n'existait qu'en partie et les chevrons
ne trouvaient aucun mur d'appui quand ils devaient aboutir à l'ouverture de la porte ; aussi étaient-ils disposés de manière à venir s'appuyer
sur le chevron le plus rapproché du corridor, si bien qu'il y avait enchevêtrement des chevrons les uns sur les autres, sans qu'il y eût chevêtre. Grâce à la conservation de ce mur ouest, j'ai pu mesurer avec le
plus de précision qu'il m'a été possible, les distances des chevrons entre
eux et la largeur des pièces de bois employées. Sur la porte d'entrée
du corridor, des pièces de bois étaient placées un peu au-dessus des
autres. La première d'entre elles au-dessus de la porte était placée à

0ᵐ,30 de l'extrémité nord du mur ouest et mesurait 0ᵐ,10 de largeur.
Le second était situé à 0ᵐ,13 plus loin et mesurait également 0ᵐ,13 de
largeur. Le troisième était placé à 0ᵐ,08 au-dessous du niveau du second
et touchait celui-ci : il avait 0ᵐ,24 de largeur. Le quatrième était situé à
une distance de 0ᵐ,19 et avait 0ᵐ,25 de large. Le cinquième était placé à
une distance de 0ᵐ,11 et avait 0ᵐ,33 de largeur. Le sixième était à une
distance de 0ᵐ,10 du précédent et mesurait 0ᵐ,22 de large. Le septième
était à 0ᵐ,08 plus au sud et n'avait pas moins de 0ᵐ,38 de largeur. Le
huitième était à 0ᵐ,39 du précédent et avait une largeur de 0ᵐ,16. Le
neuvième était distant du huitième de 0ᵐ,08 et n'avait que 0ᵐ,14 de large.
Le dixième était éloigné de 0ᵐ,23 du précédent et avait 0ᵐ,19 de largeur.
Le onzième était placé à une distance de 0ᵐ,18 du dixième et avait seulement 0ᵐ,15 de large. Le douzième n'était éloigné que de 0ᵐ,07 et avait
une largeur de 0ᵐ,16. Le treizième était distant du précédent de 0ᵐ,25
et avait aussi une largeur de 0ᵐ,16. Le quatorzième était à 0ᵐ,12 du
treizième et avait 0ᵐ,30 de large. Le quinzième était éloigné du précédent de 0ᵐ,17 et n'avait que 0ᵐ,15 de large. Le seizième était à 0ᵐ,13 du
quinzième et avait une largeur de 0ᵐ,19. Le dix-septième n'était qu'à
0ᵐ,09 du seizième, et avait 0ᵐ,19 en largeur. Le dix-huitième n'était
également qu'à 0ᵐ,09 du précédent et avait une largeur de 0ᵐ,18. Le
dix-neuvième était à 0ᵐ,14 du dix-huitième et avait une largeur de
0ᵐ,37. Le vingtième était éloigné de 0ᵐ,03 du précédent et avait 0ᵐ,16
de large. Le vingt-et-unième était placé à une distance de 0ᵐ,24 du précédent et n'avait que 0ᵐ,08 de largeur. Le vingt-deuxième était à 0ᵐ,14
du vingt-et-unième et avait également 0ᵐ,14 de largeur. Après ce vingt-
deuxième chevron, le mur occidental commence à avoir été démoli et
les effets de la démolition se sont fait sentir jusqu'à la fin du mur. Je
n'ai donc plus retrouvé trace des chevrons de la couverture, et par conséquent, je n'ai pu en prendre la mesure ni constater la distance qui
les séparait les uns des autres. D'ailleurs, ce que j'ai dit ici à propos de
ce corridor se retrouve exactement dans les chambres avec des différences, cela va sans dire ; mais ce sont précisément ces différences qui
constituent l'unité dans l'agencement des chevrons, parce qu'on les

plaçait où l'on pouvait. Ces détails suffiront, j'espère, à contenter les archéologues ou les architectes que le sujet intéressera.

Chambre 7.

Cette chambre était située à l'extrémité est du monument en seconde ligne. Le mur nord partant de l'est avait une longueur de 3 mètres. Après une avancée épaisse de $0^m,136$, et un pilastre long de $0^m,57$ vient un retrait et une seconde avancée dont j'ai déjà donné la mesure précédemment dans le corridor 6. Le mur est a $2^m,19$ de longueur et le mur sud $2^m,92$. Le pilastre sud après une avancée a $0^m,60$ de longueur. La hauteur de cette salle est la même que la hauteur de la salle 5, c'est-à-dire $2^m,35$. Les murs nord et sud ont une particularité curieuse : si l'on mesure l'épaisseur du mur aux pilastres elle est de $1^m,12$ pour le mur nord, et seulement de $0^m,57$ à l'extrémité est du même mur; au sud, cette épaisseur est de $1^m,13$ au milieu des pilastres et d'environ $0^m,50$ pour le reste du mur. Or, si l'on ôte le surplus de maçonnerie que donnent les pilastres du mur nord, c'est-à-dire le pilastre sud de la chambre 5 et le pilastre nord de la chambre 7, soit $0^m,15$ pour la chambre 5 et $0^m,13$ pour la chambre 7, en tout $0^m,28$, de l'épaisseur du mur nord aux pilastres on a $0^m,84$, tandis que l'épaisseur du mur nord à l'extrémité est n'est que de $0^m,57$. Il en faudrait donc conclure que ce mur d'ouest en est allait en s'amincissant. En effet la largeur totale de la chambre est donnée par le mur est, elle est de $2^m,19$; près des pilastres cette même largeur n'est plus que de $2^m,13$ et seulement de $1^m,85$ entre les pilastres. De même dans la chambre 5, la largeur du mur est ou de la chambre au fond est de $2^m,24$; entre les deux pilastres le calcul devait donner une largeur de $1^m,96$, tandis qu'en réalité elle n'est que de $1^m,90$. Il y a donc perte régulière d'environ $0^m,06$ dans chacun des murs qui sont plus épais à l'ouest et moins épais à l'est. Cette chambre 7 était couverte par dix chevrons dont les extrémités reposaient sur les murs nord et sud; ils étaient de grosseur variable et placés à des distances inégales. Le bois, je peux le dire dès à présent, jouait donc un grand rôle

dans la construction. Aussi pourrait-on se demander si les ouvertures
des portes n'étaient pas fermées avec des portes en bois. Cette question,
si on la faisait, devrait se résoudre par la négative : je n'ai jamais rencontré un vestige quelconque d'une pièce de bois pouvant appartenir
à une porte, et de plus il n'y avait pas trace, si petite qu'on puisse
l'imaginer, des entailles nécessaires pour placer la porte, la faire adhé-
rer aux murs et la faire tourner sur elle-même afin de pouvoir pénétrer
dans la chambre. D'ailleurs nous trouverons dans la seconde partie du
monument une preuve péremptoire qu'il n'y avait rien de semblable à
une porte, car nous trouverons des chambres avec des caisses en bois
occupant toute la surface inférieure de la chambre et débordant dans le
corridor, ce qui n'aurait pu être s'il y avait eu des portes.

Chambre 8.

Cette chambre se trouve après le mur ouest du corridor oriental,
c'est-à-dire au milieu du monument, et je dois avertir le lecteur que je
suivrai dans la description de toute cette première partie du monument le même ordre, c'est-à-dire d'est en ouest, revenant aux
chambres est quand j'aurai achevé les chambres occidentales. Le pilastre nord de l'ouverture, venant après un retrait de $0^m,105$ et une
avancée de $0^m,12$ avait une longueur de $0^m,56$; il était suivi du retrait
habituel. Le mur nord proprement dit avait une longueur de $3^m,34$. Le
mur est était long de $2^m,31$. Le mur sud avait en longueur $3^m,40$, avant
de faire une avancée qui avait $0^m,59$ de longueur. La largeur de la
chambre avant les pilastres n'était plus que de $2^m,12$, et entre les pilastres $1^m,87$. La hauteur de la chambre était la hauteur ordinaire que
nous avons déjà trouvée quand les murs n'ont subi qu'une très légère
démolition, à savoir $2^m,35$ ou $2^m,40$: dorénavant je ne prendrai plus la
peine de noter cette hauteur, à moins qu'elle ne soit ou plus grande ou
plus petite. La chambre était recouverte par onze chevrons placés
comme d'ordinaire.

Corridor 9.

Ce corridor donnait passage entre les deux séries de chambres qui le bordaient : il aboutissait à l'extrémité de cette première partie du monument et s'arrêtait naturellement alors. Pour ce corridor, comme pour le corridor 6, je ne donnerai que les mesures des pilastres de chacun des murs donnant sur le corridor, et la distance entre les pilastres qui se font vis-à-vis. Le pilastre du mur nord de la chambre 8 commençait par un retrait de $0^m,12$, suivi d'une avancée de $0^m,10$ et avait $0^m,84$ de longueur. A ce pilastre était opposé celui du mur nord de chambre 10, commençant par un retrait long de $0^m,11$, une avancée ordinaire et avait $0^m,85$ de long. Les deux pilastres étaient séparés par une ouverture de $2^m,15$, celle même de la porte. Les murs n'avaient qu'une hauteur de $2^m,25$. Je me contenterai pour chaque chambre de la mesure des pilastres nord, car les pilastres sud deviendront les pilastres nord de la chambre suivante. La largeur du corridor ira toujours en diminuant. Observons aussi que la longueur du corridor à l'est est plus petite qu'à l'ouest, $3^m,85$ contre $4^m,01$, preuve évidente que les pilastres, et par conséquent les murs des deux chambres opposées n'étaient pas exactement placés vis-à-vis les uns des autres.

Chambre 10.

Le pilastre intérieur du mur nord de cette chambre, après un retrait et une avancée ordinaire mesurant $0^m,56$ au milieu de sa hauteur; mais en haut il n'avait plus que $0^m,55$, tandis que dans sa partie inférieure il mesurait $0^m,575$. Le mur nord avait une longueur de $3^m,35$; le mur ouest était long de $2^m,32$. Le mur sud avait une longueur de $3^m,24$ au bout desquels est une avancée de $0^m,12$, puis un pilastre de $0^m,59$ en haut et de $0^m,57$ en bas, suivi d'un nouveau retrait de $0^m,11$ et d'une avancée de $0^m,115$. La largeur entre les deux pilastres intérieurs est de $1^m,97$, et comme les deux avancées ne sont épaisses que de $0^m,225$, la largeur de la chambre avant les pilastres n'était donc plus que de $2^m,12$

environ, ce qui accuse une perte de plus de 0^m,20 sur la largeur, par
conséquent sur l'épaisseur des murs à mesure qu'ils se rapprochent de
l'ouest. Cette chambre avait une couverture de douze chevrons, placés
et se trouvant dans des conditions analogues à celles que j'ai déjà eu
l'occasion de faire observer.

CHAMBRE 11.

Le pilastre intérieur du mur nord venait après un retrait ordinaire
et une avancée de 0^m,115; il avait 0^m,58, et était suivi d'un retrait.
Le mur nord proprement dit avait 2^m,83 de longueur, le mur est
2^m,13 et le mur sud 2^m,73 au bout desquels est une avancée de 0^m,54
et le pilastre qui suit a 0^m,56. Cette chambre m'a offert la plus
grande hauteur qu'il m'ait été donné d'observer, car elle avait 2^m,73 de
haut, et ce devait être sans doute la hauteur originelle du monument.
La largeur de la chambre entre les deux pilastres intérieurs nord et sud
n'est plus que de 1^m,87 ; elle n'était donc plus que de 2^m,11 environ
avant les pilastres, ce qui ne comporte pas une grande différence ; mais
il se peut que je n'aie pas rencontré les véritables murs primitifs. La
chambre avait une couverture de onze chevrons.

CORRIDOR 6.

Le pilastre du mur nord de la chambre 11 donnant sur le corridor
venait après un retrait de 0^m,13 et une avancée de 0^m,125 ; il avait
une longueur de 0^m,845. La distance qui le séparait du mur ouest
était de 1^m,96. J'ai déjà parlé des chevrons qui le couvraient et de leur
disposition.

CHAMBRE 12.

Le mur nord de cette chambre, à partir de son extrémité est a une
longueur de 3^m,43 jusqu'à l'avancée de 0^m,12 qui précède le pilastre,
long de 0^m,57, suivi d'un retrait et d'une avancée ayant tous deux
0^m,11. Le mur ouest a 2^m,19 de longueur, et le mur sud 3^m,41 jusqu'à
l'avancée qui est de 0^m,14, puis vient le montant qui a 0^m,56 envi-

ron, suivi d'un retrait et d'une avancée de 0ᵐ,12. La largeur de la chambre entre les pilastres intérieurs est de 1ᵐ,94, ce qui montre suffisamment que la largeur avant les avancées des pilastres n'était plus de 2ᵐ,19, mais seulement de 2ᵐ,10. La chambre avait une couverture de douze chevrons de tailles différentes et irrégulièrement placés.

Corridor 9.

Le pilastre du mur nord de la chambre 12 faisant face au pilastre nord de la chambre 13, après un retrait et une avancée de 0ᵐ,10, avait une longueur de 0ᵐ,82. Le pilastre qui était vis-à-vis dans le mur nord de la chambre 13 avait de son côté, après un retrait de 0ᵐ,11 et une avancée de 0ᵐ,12, une longueur de 0ᵐ,84. La largeur existant entre ces deux pilastres était de 2ᵐ,08 ; cette mesure comparée avec les précédentes montrera péremptoirement l'irrégularité de la construction. Depuis le commencement nord de ce corridor, jusqu'aux retraits précédant les pilastres sud de cette chambre 13 avec la chambre 12, ou ne core des pilastres des murs nord des chambres 15 et 16, il y avait 6ᵐ,83 du côté est du corridor et 6ᵐ,95 du côté ouest. Jusqu'ici, je n'ai pas eu l'occasion de parler de la toiture de ce corridor 9 : cette occasion ne se présente pas davantage en ce moment , car je n'ai pas rencontré trace des chevrons puisqu'il ne reposaient que sur le haut des murs et que les murs opposés les uns aux autres avaient subi trop de dégâts pour avoir pu conserver encore quelque trace que ce pût être des chevrons de la couverture. Cependant, ces chevrons ont dû exister autrefois puisque tout le tombeau était recouvert. De plus, comme naturellement ils avaient besoin de points d'appui, en dehors des murs opposés les uns aux autres, ils devaient reposer snr les chevrons des autres chambres placés du nord au sud, tandis qu'eux-mêmes avaient dû être disposés d'est en ouest.

Chambre 13.

Après le retrait du pilastre donnant sur le corridor, retrait de 0ᵐ,11 et une avancée égale, le pilastre intérieur du mur nord avait une

longueur de 0^m,56, et le mur continuait pendant une longueur de
3^m,23. Ce mur avait conservé presque toute sa hauteur, car en le
mesurant j'ai trouvé 2^m,71 de hauteur. Le mur ouest avait une longueur de 2^m,24 ; le mur sud était long de 3^m,40 au bout desquels, après
une avancée de 0^m,10, venait un pilastre long de 0^m,56, suivi d'un retrait
de 0^m,12 et d'une avancée de 0^m,10. La largeur de cette chambre entre
les pilastres est de 1^m,93. On distinguait encore parfaitement l'emplacement de dix chevrons de la couverture ; mais comme les murs étaient
détruits par endroits sur un espace assez grand pour qu'il pût avoir
autrefois contenu des places pour d'autres pièces de bois, il est hors de
doute que les chevrons dépassaient le nombre que je viens d'écrire.

Chambre 14.

Le pilastre intérieur du mur nord de cette chambre après un retrait
de 0^m,12 et une avancée de 0^m,10, avait une longueur de 0^m,60 ; après
un retrait de 0^m,125, le mur nord continuait pendant 2^m,59. La longueur du mur est était de 2^m,40 et celle du mur sud de 2^m,53 jusqu'à
l'avancée qui atteignait ici 0^m,215 et au montant qui avait 0^m,58 et qui
était suivi d'un retrait de 0^m,11 et d'une avancée de 0,125. La largeur
de la chambre avant les pilastres n'est plus que de 2^m,14, ce qui constitue une perte de 0^m,26, et entre les pilastres elle n'est plus que de 1^m,82.
Ce dernier chiffre est trop fort, de 0^m,02, sur celui que donne le calcul ;
mais je prie le lecteur de considérer toujours l'irrégularité inhérente à
toutes les parties de la construction. Cette chambre avait subi plus de
dégradations que les précédentes ; aussi les traces des chevrons de la
couverture ont-elles disparu presque complètement et à peine si l'on
en voit seulement deux.

Corridor 6.

Le pilastre faisant face au mur ouest mesure 0^m,845, puis vient un
retrait de 0^m,13 et une avancée de 0^m,115. La distance entre ce pilastre
et le corridor est de 2 mètres. Je n'aurais plus rien à dire sur cette
partie du corridor, si je ne devais ici mentionner que presque à

toutes les chambres, dans ce corridor et dans le corridor 9, on avait bâti
des murs transversaux allant du pilastre du mur nord au mur ouest ou
du pilastre ouest de la chambre est au pilastre est de la chambre ouest
du corridor 9. Ces murs n'avaient le plus souvent que $1^m,15$ ou $1^m,20$ de
hauteur : ils étaient droits, ou quelquefois affectaient la forme d'un arc.
Tant que la chose fut possible on les construisit en grosses et larges
briques ; quand on n'en eut plus la possibilité, on employa toutes les
pierres qui se prêtaient à ce genre de construction, et presque toutes s'y
prêtent, puisqu'on remplissait les vides de briques brisées et qu'on les
étayait avec du sable par derrière, comme le faisaient toujours mes ouvriers ayant à exécuter le même travail. Ce sont ces murs, je le redis,
car je crois déjà l'avoir dit, qui m'ont facilité la tâche difficile de
fouiller et d'explorer cette immense construction.

Chambre 15.

Le pilastre du mur nord intérieur de cette chambre, après un retrait
de $0^m,11$ et une avancée de $0^m,12$, mesure $0^m,56$ et offre un retrait de
$0^m,135$; le mur nord qui suit a une longueur de $3^m,27$. Le mur est a
$2^m,34$, et le mur sud $3^m,19$, jusqu'à l'avancée qui a $0^m,19$ et au pilastre
long de $0^m,62$, lequel est suivi d'un retrait et d'une avancée ayant
tous deux $0^m,13$. La largeur de la chambre avant les pilastres est de
$2^m,23$, et entre les pilastres seulement de $1^m,85$. Il y a encore apparence
de dix chevrons dans la toiture, mais ce nombre n'est qu'un minimum.
Le mur sud de cette chambre a reçu une forte poussée, il s'est affaissé et
étalé, et c'est là que pour la première fois je me suis aperçu que toute
la première partie de ce monument avait été construite en terre battue.
Les mesures du mur sud ont pu subir de ce chef des erreurs sensibles
quoique je me sois spécialement appliqué à les prendre aussi exactes
que j'en avais la possibilité.

Corridor 9.

Le pilastre du mur nord de la chambre 15 est de $0^m,83$; il est suivi
d'un retrait de $0^m,11$ et d'une avancée de $0^m,12$. Le même pilastre nord

de la chambre 16, après un retrait et une avancée ordinaires est de
0^m,85. La largeur entre ces deux pilastres est de 2^m,30 ; mais cette
largeur inusitée provient de ce que les deux murs ont été en partie
détruits et de ce que les mesures données sont celles qui existent actuellement et non pas celles qui existaient primitivement. La longueur
de cette porte du corridor, à partir de l'avancée du pilastre nord de la
chambre 16, jusqu'à l'avancée du même pilastre à la chambre 19 est
de 2^m,11 à l'ouest et à peu de chose près la même à l'est du corridor.

Chambre 16.

Le pilastre intérieur du mur nord, après un retrait de 0^m,12 et une
avancée de 0^m,115, a une longueur de 0^m,57 ; puis vient un retrait
de 0^m,12 et le mur nord proprement dit a 3^m,15 de longueur. Le
mur ouest a une longueur de 2^m,24, et le mur sud de 3^m,20, jusqu'à
l'avancée qui est de 0^m,25 et le pilastre a une longueur de 0^m,60 : il est
suivi d'un retrait de 0^m,16 et d'une avancée de 0^m,13. Ce mur sud a subi
une poussée, ce qui a empêché de prendre la largeur de la chambre
avant les montants, car je n'ai pas cru qu'on ait atteint seulement le commencement du mur : on a dû le dépasser. La largeur entre les pilastres
de cette chambre est de 1^r,85. Les murs sont détruits en partie dans
leur hauteur, et il n'y avait plus apparence que de trois chevrons pour
toute la couverture. Les mesures de cette chambre et celles de la précédente nous font voir que les chambres deviennent de plus en plus dé-
molies. Malheureusement cet état de choses ne fera guère que s'empirer
à mesure que nous irons vers l'extrémité de cette première partie du
monument.

Chambre 17.

Le pilastre intérieur du mur nord, après un retrait de 0^m,13 et une
avancée de 0^m,13, avait 0^m,58 de longueur ; il était suivi d'un retrait de
0^m,19, et le mur proprement dit avait 2^m,45. Le mur est était long de
2^m,37 et le mur sud n'avait que 2^m,25 avant l'avancée qui était de 0^m,12
et un pilastre de 0^m,59 suivi d'un retrait de 0^m,25 et d'une avancée de

$0^m,14$. La largeur de la chambre avant les deux pilastres est de $2^m,17$ et entre les deux pilastres de $1^m,90$. Je n'ai pas aperçu trace d'un seul chevron de la couverture, ou tout au moins je n'en retrouve pas trace dans mes notes.

CORRIDOR 6.

Le pilastre du mur nord faisant face au mur ouest, après un retrait de $0^m,10$ et une avancée de $0^m,12$ mesure $0^m,86$. La largeur du corridor entre le pilastre et le mur ouest est de $1^m,99$. A peu près au milieu du mur sud intérieur du corridor les spoliateurs avaient construit un mur en briques, afin d'empêcher la descente du sable et les inconvénients qui en résultaient au milieu de leur travail. Pour avoir la mesure de ce pilier, j'ai dû faire enlever les lits supérieurs de briques ; puis je l'ai fait reconstruire au pilastre nord afin d'examiner ce qu'il pouvait cacher. Du commencement de ce corridor au mur ainsi construit il y avait environ $12^m,96$.

CHAMBRE 18.

Le pilastre nord intérieur, après un retrait et une avancée, mesurant tous deux $0^m,13$, avait une longueur de $0^m,595$; il était suivi d'un retrait de $0^m,155$, et le mur nord proprement dit suivait ayant une longueur de $3^m,23$. Le mur est avait $2^m,19$, et le mur sud $3^m,15$. Ce mur était presque entièrement détruit et avait dû éprouver une perte sensible ; on voyait encore l'avancée qui était de $0^m,14$, mais le pilastre n'a pu être mesuré parce qu'il était complètement détruit. En de pareilles circonstances, on comprendra facilement que je n'ai pu trouver la moindre trace des chevrons de la couverture. La largeur de la chambre a pu être prise avant les pilastres ; elle est de $1^m,99$; mais entre les pilastres elle n'est plus que de $1^m,63$, chiffre très faible si l'on tient compte de la perte parallèle des chambres précédentes.

CORRIDOR 9.

Le pilastre ouest du mur nord de la chambre 18, regardant celui situé

à l'est du mur nord de la chambre 19 est de $0^m,905$. Enfin, le pilastre
est du mur nord de la chambre 19 est de $0^m,87$. La largeur du corridor
entre les deux pilastres est de $1^m,84$.

CHAMBRE 19.

Le pilastre intérieur du mur nord, après un retrait et une avancée qui
n'ont pu être mesurés à cause de la dégradation du mur, a $0^m,55$; il est
suivi d'un retrait de $0^m,21$, après lequel le mur proprement dit s'étend
sur $3^m,02$ de longueur. Le mur ouest à $2^m,13$. Tout le mur sud est entièrement détruit et il n'y a pas eu possibilité d'en prendre utilement
les mesures. Il n'y a pas, cela va sans dire, apparence du moindre chevron de la couverture.

CHAMBRE 20.

Cette chambre était démolie au nord, au sud et à l'est. Le mur nord
n'avait plus que $0^m,75$ de hauteur et le mur sud $1^m,50$ environ ; le mur
est avait seulement $1^m,17$, lorsque la hauteur totale de la chambre devait
être de $2^m,62$, car on voyait à cette hauteur des traces blanchâtres de
crépi qui étaient restées à une partie du mur demeurée en place. Ces
mesures ne sont que des mesures *maxima*, c'est-à-dire qu'elles ont été
fixées dans l'endroit où les murs susdits présentaient une plus grande
hauteur continue ; car le mur nord n'avait en moyenne que $0^m,50$ de
hauteur et le mur sud $0^m,75$. Pour la longueur, le mur nord n'avait plus
que $2^m,05$ de long, le mur est $2^m,10$ et le mur sud $2^m,75$. Il ne saurait
être question des mesures des retraits, des avancées de ces pilastres,
car ces particularités architecturales n'existaient pas ; de même aussi, il
va sans dire que les chevrons de la toiture avaient depuis longtemps
disparu. Cette chambre, le lecteur le comprendra aisément, fut de même
que celles qui lui étaient semblables, très difficile à explorer : les sables
retombaient à chaque instant sur les ouvriers et l'on ne put qu'avec les
plus grandes difficultés mettre sur pied les murs nécessaires aux
fouilles.

CORRIDOR 6.

Le mur ouest de ce corridor s'était étalé d'une manière extraordinaire et en s'étalant il avait formé une sorte de cachette dans laquelle il avait enfermé un certain nombre de très beaux vases. Quoique le mur nord de la chambre 20 ait été démoli en cette chambre, cependant sur la face de ce mur opposée au mur ouest du corridor, il y avait encore des restes de pilastre après un retrait de 0ᵐ,12 et une avancée de 0ᵐ,135 : les restes du pilastre accusèrent une longueur de 0ᵐ,58 et étaient suivis d'un retrait informe ayant 0ᵐ,155. La largeur du corridor entre le mur ouest et le pilastre était de 1ᵐ,90 environ. De la porte — à l'extérieur — dont j'ai parlé à la partie précédente de ce corridor, jusqu'à la partie du mur ouest sur laquelle tombait la perpendiculaire du mur sud de la chambre 20, il y avait 2ᵐ,65 environ, qui ajoutés aux 12ᵐ,96 trouvés précédemment, faisaient une longueur 15ᵐ,61 pour ce corridor.

CHAMBRE 21.

Cette chambre était complétement détruite et il a été absolument impossible d'en prendre les mêmes mesures qu'aux autres chambres précédentes. Je viens de dire que le mur ouest du corridor 6 s'était étalé : s'il s'était étalé du côté du corridor, le lecteur comprendra qu'il n'avait pu le faire sans s'étaler encore dans l'intérieur de la chambre 21, puisque ce mur était mitoyen ; cependant c'était celui qui offrait la meilleure conservation. Tout ce qui restait du mur nord mesurait en longueur 3ᵐ,54 ; naturellement on ne voyait plus traces de retrait, d'avancée ou de pilastre. Le mur est avait 1ᵐ,75 de longueur ; et le mur sud 2ᵐ,85 jusqu'à l'endroit où l'on voyait les restes d'une avancée grâce au crépissage ; mais cette avancée ne pouvait être mesurée parce qu'elle avait subi un mouvement en avant. De l'endroit où j'ai distingué ces restes jusqu'à un autre endroit où j'ai retrouvé aussi les restes du retrait primitif, lequel n'a pu être mesuré pour les mêmes raisons, il y avait 0ᵐ,75, et des restes du retrait jusqu'à la fin du mur il y avait environ 0ᵐ,22, ce qui donne pour longueur totale du mur sud

3^m,82, ce qui cadre assez bien avec les mesures des chambres précédentes aux mêmes murs. La hauteur de ces divers murs était à peu de chose près la même que dans la chambre 20. Naturellement, je n'ai pas rencontré la plus petite trace des chevrons employés dans la couverture.

CORRIDOR 9.

La chambre 22 étant dans le même état que la précédente, les murs ayant subi une poussée et s'étant étalés, les deux pilastres avec leurs retraits et leur avancées n'existent plus, et les murs nord des deux chambres, dans leurs parties est et ouest se sont avancés l'un vers l'autre et le corridor n'a plus que 0^m,96 de large. Aux pilastres nord on avait bâti une sorte de porte avec les débris provenant des murs éboulés, et de cette porte jusqu'aux murs sud il y avait environ 2^m,48. Cette partie du corridor était plus large au sud qu'au nord, auprès des pilastres sud — ou les pilastres nord des chambres 24 et 25 — il y avait 1^m,09 d'ouverture.

CHAMBRE 22.

Cette chambre était aussi entièrement détruite, les murs ayant subi une poussée et s'étant étalés. Cependant on voit encore le pilastre intérieur du mur nord, lequel pilastre mesure 0^m,65 de longueur. Ce mur nord est long de 3^m,15. On voit encore le retrait à l'ouest de ce pilastre, mais on ne pouvait plus le mesurer. Le mur ouest a 1^m,55 de longueur. Au mur sud, il n'y a pas la plus petite trace de retrait, d'avancée ou de pilastre, et dans sa longueur totale il mesure 4^m,10, ce qui est en désaccord avec les mesures des murs intacts qui précèdent. Tous ces murs n'ont plus que 0^m,94 en hauteur. Malgré ce peu de hauteur, j'ai cependant retrouvé les traces des douze chevrons qui constituaient la couverture, car la poussée avait fait étaler la partie inférieure des murs en laissant presque intacte la partie supérieure, pour la simple raison que cette partie inférieure offrait moins de résistance que l'autre. Près de l'entrée la largeur de la chambre était de 1^m,60.

Chambre 23.

Cette chambre était détruite en ses murs nord et sud; mais le mur est avait encore conservé sa hauteur normale. Les pilastres avec leurs retraits et leurs avancées n'existaient plus, parce que les deux murs avaient subi une forte poussée. Le mur nord avait $3^m,30$ de longueur, le mur est $2^m,06$ et le mur sud $2^m,90$ environ. Dans ce dernier mur, il y avait encore trace d'une avancée. A l'extrémité des murs nord et sud, la chambre avait $1^m,29$ de large. Ce fut dans cette chambre que je trouvais le premier témoignage de l'emploi de grosses pierres roulées d'en haut pour faire avancer plus vite l'œuvre de destruction. Près de l'extrémité du mur sud allant vers le corridor, il y avait une grosse pierre mesurant $0^m,46$ de long sur $0^m,54$ de large et $0^m,62$ de hauteur : elle était placée du nord au sud. Cette pierre avait dû facilement avoir raison du peu de consistance des murs; elle avait vraisemblablement été jetée du mur nord et avait roulé jusqu'au mur sud, faisant effondrer le mur et brisant tout sur son passage. Ce ne sera pas le dernier exemple d'un semblable procédé de destruction que j'aurai à signaler au cours de la description des chambres de ce tombeau, malheureusement. Il n'y avait plus aucune trace des chevrons formant la couverture de cette vingt-troisième chambre.

Corridor 6.

Le pilastre avec ses retraits et son avancée n'existe plus sur la partie du mur nord regardant le mur ouest du corridor, nous le savons déjà et nous en connaissons les causes. De même le mur ouest a subi une poussée et s'est étalé, si bien qu'il n'y a plus entre ce mur ouest et le pilastre opposé qu'une distance de $0^m,95$. Il s'élargit du côté sud, car entre le mur sud de la chambre 23 et le mur ouest il y a $1^m,16$; mais cette largeur est loin d'être celle qui aurait dû exister. De la partie où la perpendiculaire longeant le mur sud de la chambre 20 tombait sur le mur ouest jusqu'à celle où tombe la perpendiculaire tombant du même mur de la chambre 23, il y a une distance de $3^m,29$, qui ajoutés aux $15^m,61$ déjà trouvés font $18^m,90$ pour longueur totale du corridor jusqu'à ce point.

Comme je faisais déblayer cette partie du corridor je m'aperçus que le mur sud de la chambre 23 était loin de correspondre aux murs sud des chambres qui auraient dû lui être opposés derrière le mur ouest et je cherchai à m'en assurer autrement que par mes yeux. Je me servis pour cela de ma boussole magnétique que je plaçai sur le mur nord de la chambre 25 et je trouvai que ce mur formait avec le nord vrai un angle de 75° 30′ en allant du côté est; puis alors, mesurant la perpendiculaire de ce mur sur le mur est de la dépression, je trouvai qu'elle tombait à 1ᵐ,04 du mur sud de la chambre 23 et formait un angle de 68°.

CHAMBRE 24.

Cette chambre était complètement détruite : les murs s'étaient étalés sous la poussée subie, si bien que la chambre n'avait plus que 1ᵐ,11 de largeur. Au contraire les murs nord et sud avaient une épaisseur anormale, car le premier était épais de 1ᵐ,75 et le second de 1ᵐ,15. Ces murs, en s'étalant, avaient recouvert tous les objets et en même temps les avaient tous brisés, car c'étaient des poteries. La hauteur du mur sud n'était plus que de 1ᵐ,15 environ. Le mur nord avait 3ᵐ,30 de longueur et le mur sud 3ᵐ,43. A la porte d'entrée, la chambre n'avait plus que 0ᵐ,92. Près de l'angle nord-est de la chambre, on pouvait encore apercevoir un trou formé pour recevoir l'extrémité des chevrons de la toiture : j'eus la curiosité de le mesurer et je vis qu'il avait une profondeur de 0ᵐ,81, ce qui était considérable.

CORRIDOR 9.

D'après ce qui précède, le lecteur se sera déjà rendu compte qu'il n'y avait plus au mur nord de la chambre 24 ni retrait, ni avancée, ni pilastre, et comme le mur correspondant de la chambre 25 était absolument dans le même état, il ne doit pas espérer que je puisse lui en fournir ici la moindre mesure. Du côté du pilastre sud la largeur du corridor était de 0ᵐ,61, mais du côté nord, malgré que la partie précédente de ce même corridor allait en s'élargissant vers le sud, c'est-à-dire vers le nord de la partie que j'examine présentement, vis-à-vis de l'extrémité sud de ces mêmes murs les deux pilastres existants s'étaient presque rejoints et il n'y avait plus aucune ouverture dans la partie inférieure du corridor. Depuis le point indiqué plus haut jusqu'à la porte que je fis élever par mes ouvriers pour l'exploration au commencement des murs sud des chambres 24 et 25, il y avait une distance de 3ᵐ,62.

CHAMBRE 25.

Cette chambre est complètement démolie. Le mur nord avait subi une poussée et s'était étalé jusqu'à complète jonction avec le mur nord de la chambre 24 : autant que j'ai pu le mesurer, ce mur avait une longueur de 4ᵐ,55. Le mur sud opposé avait 4ᵐ,30 de longueur jusqu'à un certain endroit où un chevron du corridor était tombé, le seul dont j'aie trouvé la place, car il était encore placé d'ouest en est. Le mur ouest avait 1ᵐ,68 de long et seulement une hauteur de 1ᵐ,85. Ce sont là tous les détails que j'ai pu noter sur cette chambre.

Je fis mesurer après le déblaiement de cette chambre, la largeur totale de la partie travaillée de la dépression où avait été construit le monument que j'explorais, car il me semblait que cette largeur diminuait considérablement : je trouvai qu'elle n'était plus que de 15ᵐ,18 au lieu de 16ᵐ,79, ce qui accusait une diminution de 1ᵐ,61.

CHAMBRE 26.

Cette chambre était encore en plus mauvais état que les précédentes, si la chose était possible, et il en était de même de la partie du corridor située vis-à-vis. Aussi je ne séparerai pas la description de cette chambre de celle du corridor.

CORRIDOR 6.

Le corridor était coupé en deux par un mur en forme d'arc. La partie du mur ouest antérieure à ce mur était haute de 1ᵐ,08, puis par dessus jusqu'à une hauteur de 1ᵐ,50 on avait construit un mur grossier dont les briques avaient été indifféremment posées, soit dans le sens de leur

longueur, soit dans le sens de leur largeur. Des pierres se trouvaient
au milieu des briques, et aussi une brique cuite. Il y avait cinq lits de
briques. On voyait encore au milieu des briques deux chevrons, et deux
autres étaient posés sur la partie supérieure du mur, au-dessous des
briques. De l'endroit marqué précédemment jusqu'à l'extrémité extérieure du quatrième chevron, il y avait $1^m,42$, ce qui faisait une longueur
totale de $20^m,32$ pour le corridor jusqu'à ce point. Ce corridor n'avait
plus que $0^m,75$ de largeur. Le mur nord de la chambre 26, à l'extrémité
opposée au mur ouest du corridor avait $1^m,50$ jusqu'à l'arc de cercle qui
y touchait. Au-dessous de ce mur en arc de cercle, on voyait des fragments de chevrons et les deux murs, le nord de la chambre 26 et le mur
ouest du corridor, se joignaient presque complètement. Au milieu, le
mur en arc de cercle reposait sur un lit de sable, puis venaient six lits
de briques et le mur avait une hauteur de $0^m,95$. A mesure qu'il pénétrait
dans la chambre 26 il devenait plus large. Cette chambre était remplie
de briques jusqu'au sol, et même de briques crues, sans que les murs
offrissent la plus petite trace d'incendie. Dans l'état où je le trouvai, le
mur est avait une longueur de $0^m,79$ seulement, quand primitivement il
avait au moins 2,19 ; le mur nord, autant qu'on le pouvait mesurer, était
long de $3^m,19$. La porte d'entrée n'avait plus que $0^m,54$ de large. Les chevrons de la toiture étaient tombés à terre dans le sens de la longueur des
murs et il n'y avait aucune trace de retrait, ni d'avancée, ni même de pilastre. Tout le mur sud était détruit aux trois quarts et l'on avait élevé un
mur en briques sur ce qu'il en restait, afin d'empêcher le sable de descendre. Pour réussir à en prendre les mesures, j'ai été obligé de faire
obstruer l'entrée par un mur, et ainsi j'ai pu obtenir pour le mur sud de
la chambre 26 une longueur de $3^m,01$. De l'autre côté du mur en arc de
cercle, le mur ouest était encore plus bas que celui qui précédait, et
entre le mur sud de la chambre 26 et le mur ouest du corridor, il n'y
avait plus que 0,62 de largeur. Cette partie du corridor, à partir du point
indiqué plus haut, a $1^m,08$ de longueur, ce qui fait $2^m,50$ pour la longueur
totale et qui porte la longueur du corridor à $21^m,40$.

Chambre 27.

Cette chambre était encore détruite presque aussi complètement que la précédente. Au moment du déblaiement elle n'avait que 0^m,74 de large. Les murs étaient hauts de 0^m,70, 0^m,80 et de 1 mètre. A la porte, la chambre avait seulement 0^m,86 de largeur. Les chevrons de la couverture étaient tombés à terre et l'un d'eux sur deux vases en calcaire schisteux ardoisier, à peu près vers le commencement du corridor. Le mur nord de cette chambre avait dans l'état actuel 3^m,60 de longueur et n'avait pas moins de 1^m,05 de largeur. Le mur est avait une longueur de 1^m,72 environ et le mur sud de 3^m,50. Il n'y avait pas trace d'avancées, de retraits ou de pilastres.

Corridor 9.

Comme la chambre 28 était dans le même état que la chambre 27, les pilastres n'existaient plus dans les parties opposées des murs nord. Par suite de l'étalement des murs, la largeur du corridor était réduite à 0^m, 70. Pour la longueur du corridor, depuis l'endroit où je l'avais arrêtée jusqu'à un bâton qui devait me servir de point de repère, il y avait 2^m,82.

Chambre 28.

Tous les murs de cette chambre avaient subi une poussée et s'étaient étalés par-dessus les objets que renfermait la chambre en les brisant. Le mur nord avait 3^m,62 de longueur et était épais de 1^m,45. Le mur ouest avait 1^m,62 de long et le mur sud également 3^m,62. L'ouverture de la porte était large seulement de 0^m,91. Il n'y avait pas trace d'avancées, de retraits, de pilastres, ni des chevrons de la couverture.

Chambre 29.

Cette chambre était un peu moins détruite que celles que je viens de décrire et de mesurer. Ainsi le mur est avait une longueur de 1^m,40, car on apercevait très bien les extrémités aux angles nord et sud à cause du crépi qui recouvrait les murs. Le mur nord qui avait subi une poussée et s'était étalé avait une largeur de 1ᵐ,45, quoique primitivement en un certain endroit il fût seulement large de 0ᵐ,72; la longueur était primitivement de 3ᵐ,22; mais actuellement il n'a plus que 2ᵐ,61. De même le mur sud avait primitivement une longueur d'au moins 2ᵐ,98; actuellement il n'a plus que 2ᵐ,68. Ainsi quoique la destruction ait été quelque peu moindre, elle a été cependant encore trop grande. Il n'y avait pas la plus petite trace de retraits, d'avancées, de pilastres ou de chevrons.

CORRIDOR 6.

Le pilastre faisant face au mur ouest avait naturellement disparu dans la destruction. Entre le mur nord de la chambre 29 et le mur ouest du corridor, il n'y avait qu'une distance de 0ᵐ,53 : le mur ouest était en grande partie éboulé. L'éboulement avait cependant respecté les chevrons de la toiture, car il y avait encore trace de onze de ces chevrons. La largeur du corridor vers le mur sud s'élevait à 1ᵐ,05. De la marque précédemment faite jusqu'à l'endroit où la ligne prolongée du mur sud de la chambre atteignait le mur ouest du corridor il y avait 2ᵐ,87, ce qui donne une longueur totale pour ce corridor de 23ᵐ,27.

CHAMBRE 30.

Cette chambre était encore détruite en grande partie : les murs avaient subi une poussée et s'étaient étalés : le mur nord était encore épais de 1ᵐ,86, ce qui ne laisse pas que d'être une épaisseur considérable pour d'aussi petites chambres. La chambre était large de 0ᵐ,81 dans l'état ou je l'ai trouvée, et les murs n'avaient que 1ᵐ,21 de hauteur. On avait construit un barrage en briques un peu après l'entrée de la chambre, et de cette porte au mur est le mur nord mesurait 2ᵐ,36 et le mur sud 2ᵐ,41. On avait élevé le barrage au-dessus de la terre qui remplissait la chambre, ce qui montre sans doute que la dite chambre n'avait pas été fouillée complètement avec tout le soin désirable. En totalité, le mur nord avait 3ᵐ,19 de longueur, le mur sud 3ᵐ,51 et la porte était large de 1ᵐ,08. Il ne s'est rencontré aucune trace de retraits, d'avancées, de pilastres, ou de chevrons pour la couverture.

CORRIDOR 9.

Les pilastres des côtés n'existaient plus, les murs étant éboulés de
chaque côté de cette partie du corridor dans les chambres 30 et 31
Entre les pilastres nord-est et nord-ouest, il y avait une distance de 0^m,75,
donnant la largeur actuelle du corridor. De l'endroit marqué précédemment jusqu'à l'extrémité extérieure de la porte construite par mes ouvriers entre les deux murs sud, il y avait une longueur de 2^m,65.

CHAMBRE 31.

Cette chambre, quoiqu'elle n'eût ni retraits, ni avancées, ni pilastres
était cependant dans un état relatif de conservation après celles qu
viennent de passer sous les yeux du lecteur. Les poussées, et par conséquent l'étalement des murs, avaient été beaucoup moins considérables
aussi le mur nord n'avait plus, près de l'angle nord-ouest, qu'une épaisseur de 1^m,03. Ce même mur nord avait 3^m,90 de long, le mur ouest
2^m,33 et le mur sud 3^m,86. A l'entrée, la chambre était large de 1^m,18
mais je dois dire qu'on avait augmenté la largeur primitive en fouillant.

CHAMBRE 32.

Cette chambre participait elle aussi à l'état de conservation relatif que
je viens de signaler et l'on pouvait parfaitement en reconnaître la largeur primitive : la hauteur de la chambre était de 2^m,64. Le mur nord
a 3^m,08 de long, le mur est 2^m,62 et le mur sud seulement 2^m,23 en l'état
actuel, c'est-à-dire si on le prend en haut où l'on voit encore les traces
du crépi. Le mur nord n'avait intérieurement que 2^m,60 de longueur,
c'est-à-dire mesuré de l'est jusqu'au pilastre, bien que l'on ne voie pas
trace de retrait ou d'avancée, à cause de l'affaissement produit par la
poussée. Actuellement ce même mur nord a encore 1^m,58 d'épaisseur.
On distinguait encore les traces de cinq des chevrons de la couverture.
Au bas des murs, l'ouverture de la porte en cette chambre était de 1^m,12.
Comme je remarquais depuis les dernières chambres de ce corridor
que l'espace entre les murs est et ouest allait s'affaiblissant, j'ai voulu
savoir quel il était et j'ai trouvé pour cette chambre et pour la partie du
corridor situé vis à vis qu'il y avait une distance de 3^m,16.

CORRIDOR 6.

Le pilastre est encore absent, et du mur nord de la chambre 32 au mur ouest il n'y a plus que 0ᵐ,60 : cette petite distance provient de l'étalement du mur et de la diminution de la largeur du monument; mais cette distance se trouve portée à 1ᵐ,30 entre le mur sud de la chambre et le mur ouest du corridor. Ce même mur ouest avait conservé en haut des traces de crépi et l'on voyait que de ces traces il s'était étalé de 0ᵐ,65 vers la chambre 32. De l'endroit où j'ai arrêté précédemment ma mesure jusqu'à celui que je marquai, il y avait une distance de 3ᵐ,24 qui, ajoutés au chiffre trouvé précédemment, portait la longueur totale du corridor à 26ᵐ,01.

CHAMBRE 33.

Cette chambre était détruite en très grande partie. Quand je l'ouvris elle n'avait que 1 mètre de largeur : rien ne pouvait mieux prouver la poussée des murs, car ils étaient tombés de l'avant d'au moins 0ᵐ,60 en formant des cachettes que je fis visiter. Au fond de la chambre était une grosse pierre venant de la montagne, ayant 1 mètre de large environ, 0ᵐ,70 de longueur et une hauteur que je n'ai pu mesurer parce qu'on n'a pu remuer cette énorme pierre enfoncée dans la terre des murs démolis. Lors de l'ouverture de cette chambre, les murs n'avaient plus que 1ᵐ,10 d'élévation. Du côté du mur nord, il y avait une autre pierre assez grosse dont je n'ai pas pris les dimensions. Le mur nord avait 3ᵐ,20 de longueur et le mur est seulement 1ᵐ,10; le premier avait 1ᵐ,86 d'épaisseur et le second 1ᵐ,40. Le mur sud mesurait 3 mètres environ. Il n'y avait pas la moindre trace de retraits, d'avancées, de pilastres ou de chevrons pour la toiture.

CORRIDOR 9.

Les spoliateurs avaient construit une double porte, l'une au nord, l'autre au sud de cette partie du corridor; elles n'étaient éloignées l'une de l'autre que de 0ᵐ,55. Comme j'en avais fait moi-même construire une

autre avant d'avoir rencontré la première, il y en eut trois pendant
quelques instants. Entre les piliers nord-est et nord-ouest, à cause des
murs éboulés, il y avait 0m,89 de distance; mais au commencement des
piliers sud, la distance était de 1m,05. Le corridor, depuis l'endroit où
s'était précédemment arrêtée la mensuration jusqu'à la première brique
intérieure de la porte sud, mesurait 2m,95 de longueur.

Chambre 34.

Cette chambre est dans le même état que la précédente : les murs
s'étaient affaissés et, en s'étalant, avaient recouvert les objets placés en
dessous. Il y avait dans cette chambre, comme dans l'autre, d'énormes
pierres qui en tombant avaient brisé les poteries qui se trouvaient dans
la chambre. La largeur de la chambre n'était, par suite de la poussée et
de l'étalement des murs, que de 0m,80. Seul le mur ouest avait à peu de
chose près conservé sa hauteur primitive, car il avait 2m,28 d'élévation.
Le mur nord avait 3m,86 de longueur, 1m,28 de hauteur et 1m,90 d'épaisseur; le mur sud était long de 3m,33 et haut de 1m,16. Le mur ouest avait
la largeur de la chambre, c'est-à-dire seulement 0m,80. Il va sans dire
qu'il n'y avait apparence ni de retraits, ni d'avancées, ni de pilastres,
ni de chevrons pour la couverture.

Chambre 35.

Cette chambre était située à l'extrémité de la première partie du monument : elle était en partie détruite comme les précédentes. Les murs
nord et sud en leur milieu n'étaient plus séparés que par une distance
de 0m,75, mais le mur est avait encore 2m,08 de longueur : quoique
écrasé, il est encore haut de 2m,43 environ, tandis que le mur nord n'a-
vait plus qu'une élévation de 0m,60 en moyenne. Ce dernier a une longueur de 2m,70 et une épaisseur d'au moins 1m,50. On voyait encore pris
dans le mur est où ils n'auraient pas dû se trouver, trois chevrons, l'un
au-dessous de l'autre, le premier à 0m,91 du faîte de ce mur, le second plus bas de 0m,25 et le troisième à 0m,10 sous le second. Le mur
sud a 4m,55 de long jusqu'à la porte bâtie par les Coptes, à l'entrée de la

chambre 36 : le mur ne s'arrêtait pas là, car il continuait jusqu'au mur ouest de la chambre 37 et, comme dans la chambre 35, avait seulement $1^m,08$ d'élévation.

CORRIDOR 5.

Entre le mur nord-est de la chambre 35 et le mur ouest du corridor, la distance n'était que de $0^m,70$, parce que les murs s'étaient étalés. Au fond de ce corridor on trouva une sangle d'âne telle que celles dont on se sert encore aujourd'hui, témoignage du passage des spoliateurs. A l'extrémité ouest de la chambre 35 et dans le corridor était une grosse pierre rougeâtre sous laquelle le mur s'était écrasé. Le mur du corridor se continuait jusqu'à une porte donnant entrée dans la chambre 36 : le mur avait $2^m,20$ de longueur depuis la partie à laquelle s'était arrêtée la mensuration, et la porte était large de $1^m,13$, ce qui donne $3^m,33$ pour la fin du corridor et ces $3^m,33$ ajoutés aux $26^m,61$ déjà trouvés donnent pour la longueur totale du corridor $29^m,94$. En tenant compte de l'indécision des mesures on peut dire même que le corridor avait environ 30 mètres de longueur. Le mur ouest était épais de $1^m,24$; il était surmonté d'un mur en briques où l'on avait fait entrer des fragments de vases en pierre. Il supportait les restes de neuf chevrons. La porte construite par les Coptes dans l'ouverture donnant accès vers la chambre 36 avait $0^m,96$ d'épaisseur. La hauteur du mur sud près de cette porte n'était que de $0^m,96$.

CHAMBRE 36.

Comme les précédentes cette chambre est ruinée ; le mur nord à son extrémité ouest avait seulement $0^m,91$ de hauteur ; le mur sud $1^m,07$ près de la porte est, c'est-à-dire donnant sur le corridor 5 ; $1^m,02$ au milieu et $1^m,12$ près du corridor 9. La partie de la chambre avoisinant le corridor est avait une largeur de $1^m,02$. Près de ce corridor on avait élevé une porte en briques n'ayant qu'un seul lit de briques en épaisseur et cette épaisseur était de $0^m,16$. Le mur nord avait $3^m,85$ de long et il avait près du corridor occidental une épaisseur de $1^m,50$. A la porte ouest, la chambre avait une largeur de $0^m,93$. Le mur sud s'avançait vers l'ouest de $4^m,80$ jusqu'à une marque faite au cours du déblaiement. Les chevrons de la toiture étaient tombés sur le sol de la chambre.

CORRIDOR 9.

Entre les deux murs nord-est et nord, il y avait seulement une distance de $0^m,93$. De la brique mentionnée plus haut jusqu'au mur sud il y avait $2^m,76$. Le mur sud continuait jusqu'au mur ouest, sans l'ombre d'un pilastre de séparation.

CHAMBRE 37.

Cette chambre n'était détruite qu'en partie. En l'état actuel le mur nord a $3^m,60$ de long; le mur sud depuis l'endroit marqué mesure $3^m,86$. Le mur ouest a $2^m,07$ de longueur et il a une élévation de $2^m,27$. Ce mur ouest avait reçu une poussée sur $1^m,57$ et sous la terre étalée se trouvait une couche de pots brisés. Le mur nord était haut de $1^m,40$ et le mur sud de $1^m,35$. La porte d'entrée avait $1^m,16$ de largeur dans l'état où elle était lors de l'ouverture de la chambre. On voyait encore les restes de quelques chevrons de la toiture, mais aucune trace de pilastre, de retrait au d'avancée. Si maintenant l'on ajoute les deux mesures données précédemment du mur sud avec celle qui vient d'être notée, on obtient une longueur de $13^m,21$, longueur moindre que celle que j'obtins en mesurant avec mon rouleau l'étendue travaillée à la fin de cette première partie et qui était de $13^m,80$, ce qui prouve bien qu'il ne faut pas ajouter une foi absolue à des mesures prises en de semblables circonstances.

Tout faisait croire que le tombeau était achevé; mais je remarquai avec surprise que les deux murs est et ouest continuaient encore, quoiqu'ils subissent une perte dans la largeur, et je vis que je n'avais encore exploré que la première partie du monument.

A la fin de cette première partie je pris l'orientation de la construction. Je plaçai ma boussole sur le mur est et ce mur faisait avec le nord vrai un angle de $19°45'$; je la transportai ensuite sur le mur ouest et ce mur faisait à son tour avec le nord vrai un angle de 18° 30'. Ils n'étaient donc pas parallèles. Placée sur le mur sud, elle témoignait que l'angle fait par ce mur avec le mur est était de 62°; de même j'obtins pour le mur ouest un angle de 73°. Les angles n'étaient donc pas droits, ni même égaux.

Si le lecteur veut maintenant se reporter aux dimensions de la chambre 5, il verra que la largeur de toute la série des cinq premières chambres est fournie par le mur est qui a 2^m,24 de largeur, qui ajoutés aux 29^m,96 de la longueur du corridor, aux 0^m,66 de l'épaisseur du mur nord et à 1^m,50 d'épaisseur du mur mitoyen entre les deux parties du tombeau, donnent une longueur totale, pour la première partie construite, de 34^m,32.

Les murs est et ouest avaient à peu près la même épaisseur, une coudée, soit 0^m,52. Je ne peux pas prétendre après toutes les irrégularités que j'ai eu à signaler dans la construction qu'en toutes leurs parties les murs aient eu la même épaisseur, car je dois dire en toute sincérité que je n'ai pas mesuré l'épaisseur des murs extérieurs de toutes les chambres de l'est ou de l'ouest : j'ai pensé que les mesures une fois prises n'avaient plus besoin d'être renouvelées. J'ai peut-être eu tort, mais j'avoue que je ne vois pas bien quelle utilité plus grande on eût pu retirer d'une mensuration renouvelée.

Le lecteur en considérant la largeur du monument en son commencement, soit 16^m,79 et en la comparant à la largeur de cette première partie à son extrémité, soit 13^m,80, verra qu'en largeur le monument construit avait perdu 3 mètres environ dans cette première partie. D'après les mesures qui précèdent, il aura pu se convaincre qu'en chaque chambre les dimensions subissaient progressivement une perte qui était plus grande en une chambre que dans une autre, et cela des deux côtés est et ouest. Comme la perte totale doit se répartir sur les deux côtés, soit 1^m,50 environ de chaque côté, et qu'il y avait une série de onze chambres à l'est comme à l'ouest, cette perte ne pouvait guère être supérieure en moyenne à 0^m,14, et par conséquent il eût été très admissible que je ne l'eusse pas observée, si je n'avais pas remarqué, à l'extrémité de la première partie, que la diminution était sensible, ce que me montra péremptoirement la mensuration du mur de cette première partie.

Maintenant qu'était cette première partie du tombeau soudainement limitée par le mur sud dont il vient d'être question? Je n'ai pas à dire présentement ce que j'ai trouvé dans ces 37 chambres de la première partie du monument, mais je dois dire ce que je n'y ai pas rencontré. Si cette première partie eût été un tombeau, ce qui aurait pu être le cas si j'eusse eu affaire à deux tombeaux accolés, je n'aurais pas manqué d'y trouver une chambre qui eût l'apparence d'une chambre à sarcophage, une caisse tout au moins en bois ou une caisse en pierre dans laquelle on eût déposé le corps au jour de l'enterrement, si je n'eusse pas rencontré le squelette lui-même ou partie du squelette. Je dois le constater ici, je n'ai pas rencontré la plus petite chambre qui fût destinée à recevoir la caisse de bois ou la caisse de pierre, pas la plus petite trace de la caisse en bois ou de la caisse de pierre, pas le plus petit indice de squelette ou de partie du squelette. Pendant toute la durée des fouilles de cette première partie du monument, je ne rencontrai que trois ossements, deux dans la couche supérieure de décombres, un autre au fond d'une chambre : tous les trois étaient des ossements d'animaux, dont deux de gazelle. Il faut donc conclure que cette première partie de la construction n'était pas destinée à recevoir le corps du défunt. Nous verrons que la seconde au contraire était manifestement construite pour cet usage. Cette première partie était donc simplement destinée à contenir les approvisionnements et les mobiliers entassés pour l'usage du défunt ou des défunts, car ces défunts, comme nous le verrons en son lieu, étaient au nombre de deux.

CHAPITRE V

Le plan de la seconde partie du monument était bien loin d'être aussi simple que celui de la première partie, si j'en juge d'après ce qu'il m'est apparu à la suite des fouilles ; mais peut-être dans la réalité primitive était-il moins compliqué qu'il ne m'a semblé l'être. Il est assez difficile d'en juger, car l'entrée et les deux premières chambres à droite étaient tellement ruinées que je n'ai pu en prendre que des mesures tout à fait relatives et que je n'ai pu juger de la disposition des deux chambres que par comparaison avec les chambres 4 et 5 qui leur faisaient vis-à-vis à gauche de l'entrée et qui, elles, sont bien conservées. De même à l'extrémité de cette seconde partie, la chambre qui précédait la chambre sépulcrale a été ruinée de telle manière que je n'ai pu en savoir la forme : elle porte le numéro 19 et ne devait point avoir la forme que je lui ai attribuée sur le plan, car le plan ne donne que l'apparence des travaux que j'ai opérés en fouillant et en tâchant d'arriver à connaître la forme de cette chambre, ce à quoi je ne puis me flatter d'être parvenu. Les trois chambres situées à l'ouest de la chambre sépulcrale, c'est-à-dire les chambres 26, 27 et 28 étaient tellement ruinées et saccagées que je dois faire exactement les mêmes réserves que pour la chambre 19. Dans toute cette seconde partie du monument que je décris, il n'y avait, outre la chambre sépulcrale, que les quatre chambres du côté est, toute la partie intermédiaire et les deux dernières chambres du côté ouest qui eussent été bien conservées et dont il n'était pas difficile de saisir le plan quand on avait des yeux. Je devais à la vérité de faire cette déclaration avant de faire passer sous l'œil du lecteur ce qu'il me reste à lui dire.

La dépression ellipsoïdale avait été creusée sans doute beaucoup plus au sud qu'il n'y en avait eu besoin pour la construction du monument dont il s'agit : c'est ce qu'on peut conclure avec certitude de la présence d'une quantité considérable de sable qui se trouvait au sud du monument. Je fis enlever le sable à la partie supérieure sur une dizaine de mètres environ jusqu'à la profondeur des murs du monument; puis quand j'eus trouvé les murs extérieurs du monument du côté sud, c'est-à-dire l'entrée de cette seconde partie, que je fus convaincu que ces murs ne continuaient plus, je fis creuser plus bas que la partie supérieure des murs, sur une longueur d'environ 4 mètres afin de m'assurer s'il n'y avait pas une autre tombe à côté de cet immense tombeau dont je venais d'achever l'exploration. Je m'arrêtai en trouvant que le sable devenait tellement consistant que l'on ne pouvait avoir aucun doute sur la nature du terrain : c'était bien la montagne. Par conséquent, je devais en conclure que les constructeurs du monument après avoir creusé et préparé la tombe sur une longueur plus grande que celle nécessitée par la construction, s'étaient vus obligés de remplir de sable, tout au moins jusqu'à la hauteur des murs, la partie qu'ils avaient préparée en trop et dont ils n'avaient pas besoin. Ils avaient en effet dû le faire pour pouvoir entrer dans la tombe qu'ils avaient construite, y déposer les corps et les approvisionnements nombreux que l'on y plaça. J'arrive maintenant à la description de l'entrée de cette tombe extraordinaire, entrée non moins extraordinaire elle-même que la tombe.

Cette entrée était fort étroite puisqu'elle n'avait guère que $1^m,03$ de largeur. Elle était indiquée par l'arrêt complet du mur sud de la tombe à l'est et à l'ouest, pendant $1^m,03$. Elle formait ainsi une sorte de corridor qui n'avait pas moins de $11^m,26$ de longueur jusqu'aux deux murs sud qui précédaient les deux chambres 6 et 8 en laissant au milieu l'entrée du corridor 7. Nous sommes ainsi bien loin des $0^m,40$ taillés dans la montagne nord précédant la porte donnant entrée dans la chambre 1 de la première partie du monument. Des deux murs qui bordaient ce corridor, seul celui de l'ouest était bien conservé et mesurait $10^m,16$; celui de l'est était rasé jusqu'au sol et tout était dans un tel état de ruines

que je fus longtemps avant de comprendre ce qu'il y avait dans la réalité primitive. Je voyais en effet que toute la partie intérieure du corridor, sur une étendue de près de 6 mètres, exactement 5^m,86, était
remplie de matériaux tellement adhérents les uns aux autres que je ne
pus douter un seul instant qu'ils ne fissent partie de l'ancienne construction, d'autant plus qu'ils me semblaient avoir les mêmes dimensions que les briques trouvées dans les tombeaux de la même époque.
Étaient-ce bien des briques ? En les examinant de plus près, je pus en
douter et je vis que je me trouvais exactement devant les mêmes ma·
tériaux que dans la première partie du monument. Du côté ouest l'emploi de ces matériaux était limité par le mur : du côté de l'est je ne
trouvais pas ce mur, mais tout à coup l'on descendait profondément sur
une pente qui me stupéfia. Évidemment il y avait là une autre chambre ;
mais pourquoi cette pente? pourquoi surtout cette hauteur si grande
en avant du mur ouest qui m'apparaissait? Je vis alors que cette hauteur allait en s'élevant vers le sud et en s'abaissant vers le nord, et je
me dis que sans doute il y avait là une sorte d'escalier entre deux murs.
Dès que cette idée me fut venue, et je dois ajouter qu'en de semblables
travaux il faut savoir reconnaître du premier coup d'œil en présence de
quel fait on se trouve, car si l'on continue de déblayer et d'enlever
tous les matérianx, on détruit peu à peu ce qui existe et l'on ne peut
plus savoir, parce que l'on ne peut plus voir ce qui existait; donc dès
que cette idée d'un escalier me fut venue, j'arrêtai tout à coup les travaux dans cette partie du monument et je fis examiner avec tout le soin
possible, par mes meilleurs ouvriers et sous mes yeux, la composition
de cet escalier. Les ouvriers déblayèrent donc aussi doucement qu'ils
le purent cette partie du monument, mais, quand on eut enlevé tous les
décombres, ils n'aperçurent aucune trace d'escalier : au contraire, tous
les matériaux étaient en quelque sorte soudés les uns aux autres et
s'abaissaient graduellement depuis l'ouverture jusqu'au sol du tombeau,
sans qu'il y eût trace de quelque marche que ce fût. La constatation de
ce fait ne me laissait qu'une conséquence à tirer, à savoir que l'on entrait dans cette seconde partie du tombeau par un plan incliné, ayant

13

au moins 5^m,86 de long, mais pouvant en avoir plus, soit 7 ou 8 mètres·
Quant à savoir la dimension exacte en longueur de ce plan incliné,
c'est ce qu'il est impossible actuellement à cause de la trop grande destruction, soit du fait des spoliateurs, soit du fait de mes ouvriers, car
ils avaient enlevé trop de décombres lorsque je leur défendis de continuer de la sorte. A son extrémité nord, le plan incliné de l'entrée
aboutissait à trois portes, l'une à l'est, l'autre à l'ouest et la troisième
au nord. Le mur ouest avait 1^m,60 d'épaisseur, et j'ai donné la même
épaisseur au mur est sur le plan qui accompagne cette relation. Je dois
faire observer que ce couloir allait en s'élargissant et qu'arrivé en face
des deux portes la largeur était de 1^m,87 au lieu de 1^m,01 près de l'ouverture.

CHAMBRE 2.

On entrait dans cette chambre par la porte située à l'extrémité du
couloir en plan incliné constituant l'entrée de cette seconde partie du
monument. Cette porte avait sans doute 0^m,91 de large, comme celle qui
lui faisait face et qui donnait entrée dans la chambre 4. Un seul de ses
murs était conservé dans un état qui permettait de prendre des mesures
exactes, à savoir le mur nord. Le mur est, le mur ouest et le mur sud
n'existaient plus ; ils s'étaient étalés le mur ouest vers le mur est, et le
mur sud vers le nord de cette chambre et le sud de la chambre 3. La
porte d'entrée était obstruée jusqu'à une hauteur de 0^m,50 ou 0^m,60 par
les débris du mur ouest et je n'ai pu parvenir à voir où commençait ce
mur ouest qui sert en même temps de mur est pour le couloir d'entrée.
Le mur est présentait un phénomène particulier : à partir de 1^m,37 du
mur nord, la partie sud de ce mur s'était en quelque sorte détachée de
la maçonnerie et s'était avancée vers le mur ouest d'un seul bloc tout
en laissant une partie des matériaux dans le mur est. Il y avait eu un
semblable phénomène à l'ouest, si bien que les murs s'étaient presque
rejoints, recouvrant tout le sol et qu'il n'y avait plus qu'environ 0^m,50
où l'on pût voir le sol de la chambre. Le glissement d'une partie
du mur est et son étalement m'ont permis de voir qu'ici la construc-

tion n'était pas homogène, car il m'a semblé qu'une partie de ce mur avait été construite en terre pendant qu'une autre partie avait été bâtie en mauvaises briques : les deux avaient été recouvertes d'un crépi en terre sur lequel on avait étendu du lait de chaux. Il m'a été complètement impossible de savoir quelle était la hauteur des murs est, ouest et sud, comme aussi leur épaisseur. Le mur nord avait un pilastre précédé et suivi d'un retrait et d'une avancée : l'avancée était de 0^m,13, le pilastre avait une longueur de 0^m,60, était suivi d'un retrait de 0^m,17 et le mur allait vers l'est sur une longueur de 2^m,72. Le mur est avait 4^m,80 de longueur jusqu'au mur sud, c'est-à-dire jusqu'à l'endroit où avait dû se trouver le mur sud. Je n'ai pu mesurer le mur sud, parce que je n'ai pu savoir où il s'arrêtait réellement, car il devait être interrompu par une porte permettant d'entrer dans la chambre 3. Comme ces deux chambres dans leurs parties mensurables ont des mesures presque exactement semblables à celles des parties correspondantes des chambres 4 et 5, et qu'en particulier la porte venant de la chambre 4 à la chambre 5 a 0^m,84 d'ouverture, il me semble que je puis attribuer cette ouverture à la porte qui menait de la chambre 2 à la chambre 3. De même le mur ouest n'aurait pas présenté d'avancée et de pilastres dans la chambre 2, car le mur est correspondant n'en présente pas dans la partie correspondante; mais comme le même mur est en présente à la porte menant dans la chambre 5, il est probable que le mur ouest des chambres 2 et 3 avait également un pilastre vis-à-vis la porte donnant entrée de la chambre 2 dans la chambre 3 et le pilastre devait avoir une longueur correspondant à l'épaisseur du mur, soit quelque chose comme 0^m,49. L'avancée étant de 0^m,11, l'ouverture de la porte de 0^m,84 et le mur sud correspondant de la chambre 4 ayant 1^m,56 de longueur, je ne me tromperai pas beaucoup en disant que le mur sud de la chambre 2 avait sans doute des mesures analogues. Cette chambre devait être recouverte par des chevrons, car les chambres correspondantes de l'ouest l'étaient, ainsi que nous le verrons; mais il n'en restait plus traces. Maintenant d'où pouvait provenir ce glissement des murs l'un vers l'autre à un angle d'environ 60°? La com-

paraison avec les chambres correspondantes de l'ouest nous en offre
la raison : les murs des chambres situées à l'ouest de cette seconde
partie étaient construits en talus : il est donc fort facile de comprendre
pourquoi les murs étalés de la chambre 2 avaient encore conservé
cette même forme de talus. La hauteur du mur nord de cette chambre
était de 2^m,71, ce qui donnera sans doute la hauteur des autres murs.
Le mur est offrait encore une particularité analogue à celle du mur
ouest de la chambre 4 : ce mur ouest rentrait sur le mur ouest des
chambres précédentes, je veux dire que la largeur construite devenait
tout à coup moindre de ce fait qui existait également à l'est. Le calcul
donne en effet pour la largeur des chambres 6, 7 et 8 qui suivent immédiatement, près du mur sud des chambres 4 et 2, une longueur de
11^m,41, tandis que pour les chambres 2 et 4, avec le couloir 1, nous ne
trouvons plus que 8^m,91, d'où une différence de 2^m,50. Par conséquent
les murs est et ouest extérieurs ont dû rentrer chacun l'un vers l'autre
d'environ 1^m,25 : les chambres qu'ils clôturent sont en effet très peu
larges si on les compare avec celles qui précèdent.

Chambre 3.

Cette chambre était complètement détruite, et cela en presque tous
ses murs. Nous savons déjà que les murs nord et ouest n'existaient
plus; le mur est n'avait conservé qu'une toute petite partie de sa hauteur primitive et le mur sud seul avait à peu près conservé sa hauteur,
quoiqu'il eût cependant souffert de la démolition. Les spoliateurs pour
pouvoir mener à bout leur œuvre de destruction avaient dû rebâtir les
murs est et sud : ils l'avaient fait en utilisant les pierres brutes qui
s'étaient trouvées sous leurs mains. Toute la chambre était remplie de
débris ayant assez bien l'aspect de briques, mais qui n'en étaient pas.
Je n'ai pu mesurer que le mur est qui avait 4^m,80 de longueur environ.
Le mur sud avait 2^m,65, si bien que tout l'élargissement du monument jusqu'à la fin des chambres 2 et 4 portait sur le corridor presque
seul. Cette chambre m'offrit une particularité curieuse : à 0^m,32 de la
porte d'entrée du monument, et à la même distance du mur sud, com-

mençait une tranchée faite par les spoliateurs : elle était profonde de
plus de 1 mètre, large de 0^m,50 et longue de 1^m,90. Il est pour moi évident
que les spoliateurs arrivant du côté nord du tombeau et se trouvant
dans la dernière chambre, déçus dans leurs espérances, se seront
acharnés sur cette chambre et auront voulu savoir si l'on n'avait pas
caché les objets précieux sous le sol de la chambre. J'ai retrouvé d'autres faits analogues dans les divers tombeaux que j'ai explorés, dans le
tombeau d'Osiris notamment. On pourrait aussi se poser une question
à l'occasion de ce fait : y avait-il pour la construction des tombeaux, de
même que pour la construction des temples ou des maisons importantes
de l'ancienne Égypte, des dépôts de fondation ? Les spoliateurs avaient-
ils connaissance de ce fait par la tradition reçue des ancêtres et ne serait-
ce point en vertu de cette connaissance qu'ils auraient agi de la sorte ?
On peut le supposer, mais aucun fait ne permet jusqu'ici de résoudre
cette question par l'affirmative et c'est une question que seule pourra
résoudre l'expérience. Pour ma part, je me propose de faire au courant
de ma quatrième campagne de fouilles des travaux qui me permettront
sans doute de savoir à quoi m'en tenir.

Chambre 4.

L'entrée de cette chambre se trouvait au bout du couloir 1. La porte mesurait 0^m,97 d'ouverture. La chambre était bien conservée, sauf la hauteur
des murs. Le mur nord seul avait un pilastre, comme dans la chambre 2.
Ce pilastre après une avancée de 0^m,13 avait 0^m,68 de long; il était suivi
d'un retrait de 0^m,11 et le mur allait vers l'ouest pendant une longueur
de 2^m,60. Le mur ouest a une longueur de 4^m,78 environ : il est bâti en
talus et l'hypoténuse du talus a 1^m,41. Près de l'angle nord-ouest, le
mur nord a 0^m,83 d'épaisseur. Le mur sud n'a que 1^m,56 de longueur
jusqu'à la porte qui a 0^m,84 de large et qui est suivie d'un pilastre dans
le mur est s'avançant de 0^m,11 ce qui donne pour la longueur totale de
ce mur 2^m,51. Le pilastre devrait donner l'épaisseur du mur sud, mais
cette épaisseur est plus grande, elle a 0^m,62. Le mur est, y compris la
porte donnant entrée dans cette chambre 4, a une longueur de 4^m,75

depuis le mur nord jusqu'à l'avancée du pilastre de la porte de la chambre 5. Les hauteurs respectives des murs sont $1^m,88$ pour les murs sud et est, $1^m,94$ pour les murs ouest et nord. Les murs avaient été grossièrement faits et le crépissage avait été très sommaire. Quoique la chambre fût en bon état, on avait cependant bâti, au dessus des murs en terre, de petits murs composés de quatre lits de briques; même au mur sud une seule partie du mur dans l'épaisseur avait reçu des briques et le reste était en terre et avait été lissé.

Chambre 5.

Cette chambre est détruite en partie sur le dessus des murs, en particulier sur le mur ouest; sur les murs anciens on a bâti des murs en briques sans crépissage et c'est dans ces briques que sont pris les chevrons de la couverture. Cette construction suffit à elle seule pour montrer qu'à une époque indéterminée il y a eu restauration. Le fond de la chambre était rempli de briques par dessous lesquelles étaient les objets que contenait la chambre. Au nord, la porte d'entrée avait été obstruée par un mur qui la bouchait, et un mètre plus loin on en avait bâti un second pour déblayer la chambre. Le mur nord, haut de $2^m,15$, épais de $0^m,62$, comme je l'ai déjà dit, a une longueur de $1^m,55$ qui ajoutée à l'ouverture de $0^m,84$ et un retrait qui est seulement de $0^m,10$ donne une longueur de $2^m,50$ environ. Le mur ouest a une longueur de $4^m,90$ et la même hauteur que le mur nord : il a été construit en talus. Le mur sud est haut de $2^m,18$ et long de $2^m,05$ en haut et de $2^m,03$ en bas, la différence provenant de ce que le mur a été aussi bâti en talus. Le mur est avait $1^m,80$ de hauteur sans compter $0^m,70$ de plus par l'adjonction d'un mur en briques; il avait une longueur de $4^m,80$. La différence que je viens de noter dans la longueur du mur sud peut provenir de deux causes, ou d'une construction à dessein ou d'une poussée : comme les murs sont entièrement conservés, il ne saurait s'agir ici d'une poussée; par conséquent il faut se résoudre à admettre qu'ils ont été formés de la sorte à dessein. Quel était ce dessein ? C'est ce que personne ne peut savoir, à moins que ce n'ait été en vue de consolider les murs contre la poussée du sable. Le lecteur doit se rappeler en effet ici ce que je lui dit plus haut, à savoir que l'on avait creusé la montagne en trop grande longueur, c'est-à-dire plus qu'on n'en avait eu besoin pour la construction du monument, et que l'on avait rempli le trop avec du sable : ce sable dut exercer une poussée et c'est pour éviter et contrecarrer cette poussée qu'on avait construit les murs en talus afin de leur donner une résistance plus grande en les asseyant plus solidement. C'est du moins une solution qui me paraît assez vraisemblable de cette question. En ce cas, les hommes avaient déjà des connaissances pratiques assez étendues sur l'art de bâtir.

Cette chambre était couverte d'est en ouest par dix-neuf chevrons dont j'ai trouvé les extrémités encore en place dans le mur ouest. Le premier était placé à $0^m,07$ du mur nord et avait $0^m,12$ de large : ce premier chevron lors de la restauration n'a pas trouvé place au-dessus du premier lit de briques où sont la plupart des autres mais au-dessus du cinquième. Le second est à $0^m,05$ du premier, au-dessus de la première brique et a une largeur de $0^m,20$. Le troisième suit le second à une distance de $0^m,09$: il est large de $0^m,07$ environ et se trouve également placé au-dessus du premier lit de briques. Le quatrième est situé au-dessous du premier lit de briques, immédiatement sur le mur, à $0^m,14$ du second et en partie au-dessous du troisième : il a une largeur de $0^m,19$. Cette disposition est à elle seule une preuve qu'il y a eu restauration de cette chambre 5. Le cinquième est à $0^m,06$ du précédent; il est large de $0^m,16$ et avait une hauteur de $0^m,22$ environ. Le sixième était placé à $0^m,15$ du cinquième, au-dessus des deux premiers lits de briques : il a une largeur de $0^m,10$. Le septième est situé sur le mur même à $0^m,39$ du précédent et occupe une largeur de $0^m,29$. Le huitième est éloigné de $0^m,18$ du septième; il est placé au-dessus du premier lit de briques et a une largeur de $0^m,11$. Le neuvième, placé sur le mur à $0^m,15$ du huitième, a une largeur de $0,12$. Le dixième, placé également sur le mur ancien, à $0^m,12$ du précédent, est large de $0^m,19$. Le onzième est éloigné du dixième de $0^m,12$ et large de $0^m,14$; il est placé au-dessus des deux premiers lits de briques. Le douzième, au-dessus des mêmes lits de briques, à une distance de 0^m,09 du onzième, est large de 0^m,14. Le treizième est à 0^m,14 du douzième, au même niveau, et large de 0^m,12. Le quatorzième, au-dessus du premier lit de briques, à 0^m,22 du précédent, est large de 0^m,25. Le quinzième, au même niveau que le quatorzième, en est éloigné de 0^m,10 et a une largeur de 0^m,07. Le seizième est placé sur le mur à une distance de 0^m,14 du quinzième : il était large de 0^m,15 et haut de 0^m,23. Le dix-septième était placé au-dessus des deux premiers lits de briques, touchant le seizième, large de 0^m,11 et n'ayant qu'une hauteur de 0^m,05. Le dix-huitième était placé sur le premier lit de briques, au-dessous du précédent, à une distance de 0^m,40 et avait une largeur de 0^m,18. Ce dernier est éloigné du mur sud, ou de l'angle sud-ouest, de 0^m,16. Le dix-neuvième se trouvait au-dessus du mur sud, à une distance de 0^m,34 du commencement du mur intérieur et le trou que l'on voyait encore avait une largeur de 0^m,12 ; mais je dois dire que je n'y ai pas trouvé trace de bois, quoiqu'on en ait trouvé d'assez nombreuses sur le même mur, ce qui m'a semblé une preuve assez concluante de l'existence de ce bois.

La boussole placée perpendiculairement au mur ouest fait avec le nord vrai un angle de 22° 30'. Au mur est servant de mur mitoyen avec le couloir d'entrée, elle donne un angle de 27° 30'. Au mur est de la chambre 3, elle donne un angle de 11° 15'. Du mur ouest intérieur du monument au mur est intérieur, il n'y a plus que 8 mètres. Je n'ai malheureusement pas pris d'autres angles, à l'extrémité nord des chambres 2 et 4, parce que je me suis aperçu trop tard que les murs avaient subi une rentrée très grande, alors qu'ils étaient complètement recouverts.

Avec ce couloir, les deux chambres construites de chaque côté font le premier plan, si je puis parler de la sorte, de cette seconde partie du monument : la construction s'élargissant soudain, le plan devait être modifié et nous allons voir qu'il l'a été. En effet une série de cinq chambres vient se ranger de chaque côté d'un corridor comparativement large. Pour en rendre compte je ferai ce que j'ai déjà fait pour la première partie de ce monument : je commencerai par la chambre est, poursuivrai par la partie du corridor comprise entre les deux chambres

et j'achèverai par la chambre située à l'ouest pour revenir ensuite à
l'est.

CHAMBRE 6.

Les murs de cette chambre sont bien conservés au sud et au nord, et
il n'a été nécessaire lors de la restauration que de les exhausser d'un
lit de briques : le mur est est un peu plus ruiné. Pour arrêter le sable dé-
coulant de la partie des décombres se trouvant à l'est, les spoliateurs
avaient été obligés de bâtir un mur en pierres brutes parmi lesquelles
étaient entrées seulement trois grandes briques : ce mur avait 1 mètre
d'élévation et il était bâti en retrait. Le mur sud, après une avancée de
$0^m,115$, avec pilastre long de $0^m,59$, suivi d'un retrait de $0^m,15$, a une
longueur de $3^m,98$. Le mur est a $2^m,20$ de longueur dans sa partie supérieure, mais je dois dire qu'il y avait un fruit très visible : il était
haut de $2^m,64$. Le mur nord a $4^m,13$ de long, mais il a du fruit; après
une avancée de $0^m,15$, vient le pilastre long de $0^m,57$, suivi d'un retrait
de $0^m,12$. La largeur de la chambre était avant les pilastres de $1^m,93$ et
entre les pilastres de $1^m,63$. Le mur nord avait $0^m,62$ d'épaisseur près
de l'est, d'où l'on peut conclure après examen de ces mesures, que le
phénomène déjà constaté à propos des murs des chambres correspondantes dans la première partie du monument se reproduisait semblable
pour celles-ci. Il y avait encore possibilité de constater la présence de
15 chevrons pour la couverture.

CORRIDOR 7.

La porte de ce corridor était obstruée par un mur en briques ayant
la hauteur des deux murs nord-est et nord-ouest, solidement construit
avec du mortier : les briques étaient larges. Je considère ce mur comme
ayant été bâti par les restaurateurs. Au devant de ce mur, en venant du
nord, les spoliateurs qui sans doute ne croyaient pas trouver la porte
obstruée, avaient bâti un autre mur en briques non cimentées, preuve
péremptoire que la spoliation avait marché du nord au sud. Les pilastres sud-est, après une avancée de $0^m,12$, avaient $0^m,72$ et un retrait

de $0^m,11$. Le pilastre sud-ouest avait une avancée de $0^m,13$, il était long de $0^m,75$ et suivi d'un retrait également de $0^m,13$. Entre les deux pilastres sud-est et sud-ouest il y avait uue distance de $2^m,03$; entre les pilastres nord-est et nord-ouest dont les mesures seront données par la suite, il y avait une distance de $2^m,26$, d'où l'on peut conclure que le corridor était de $2^m,26$.

Chambre 8.

C'est peut-être cette chambre qui m'a donné le plus de mal pendant tout le déblaiement de ce monument : le sable est tombé d'en haut à trois ou quatre reprises différentes entraînant les murs sous son poids. Le mur nord est tombé trois fois; le mur ouest qui était ruiné à une profondeur d'environ 1 mètre a donné beaucoup de mal pour être refait. Il est descendu de la colline de décombres ouest plus de 40 mètres cubes de sable. Ce qui restait des murs avait reçu de terribles poussées, surtout le mur sud qui était loin d'être régulier. Le mur sud après une avancée de $0^m,13$, un pilastre de $0^m,615$ et un retrait de $0^m,19$ allait rencontrer le mur ouest après $3^m,96$. Le mur ouest était long de $1^m,85$ et haut de $2^m,20$ en l'état actuel. Le mur nord, qui à l'angle nord-ouest a une épaisseur de $0^m,90$ environ, est long de $4^m,01$ jusqu'à l'avancée de $0^m,15$ précédant le pilastre long de $0^m,58$ lequel est suivi d'un retrait de $0^m,11$. La largeur de la chambre avant les deux pilastres est de $1^m,93$; elle n'est plus que de $1^m,55$ entre les deux pilastres. Il n'y avait pas trace des chevrons de la couverture.

Chambre 9.

Il a été très difficile de déblayer cette chambre, quoiqu'elle fût dans un bon état de conservation : le vent qui agitait l'atmosphère à l'époque du déblaiement faisait à chaque instant tomber de là colline de gros paquets de sable et l'on a eu beaucoup de peine à élever le mur est de manière à prévenir ces chutes et l'envahissement de la chambre. Le mur sud après le retrait de $0^m,105$ du pilastre du corridor, une avancée de $0^m,12$, un pilastre long de $0^m,56$ et un retrait de $0^m,21$, avait une lon-

gueur de 4ᵐ,20 jusqu'au mur est. Le mur est avait une longueur de
2ᵐ,07, et une hauteur de 2ᵐ,66. Le mur nord, en partant du mur est,
avait une longueur de 4ᵐ,25, jusqu'à l'avancée de 0ᵐ,21, laquelle était
suivie d'un pilastre long de 0ᵐ,56, puis d'un retrait de 0ᵐ,12 et d'une
avancée de 0ᵐ,13, laquelle allait rejoindre le pilastre du corridor. Avant
les pilastres, la chambre avait 2ᵐ,28 de largeur, ce qui montre ou que
les murs s'étaient étalés près du mur est, ou que cette chambre était
construite à l'inverse des autres; entre les pilastres, la largeur n'était
plus que de 1ᵐ,84. Le mur nord près de l'angle nord-est avait environ
0ᵐ,60 d'épaisseur, ce qui détruit la première hypothèse, et il en faut
conclure que cette chambre était bâtie à l'inverse des autres. Elle était
couverte par 16 chevrons très inégalement répartis le long des murs
nord et sud.

CORRIDOR 7.

Les pilastres de ce corridor n'étaient pas bâtis vis-à-vis les uns des
autres, ni au sud, ni au nord. Le pilastre sud-ouest offre une différence
de perpendiculaire de 0ᵐ,11 avec le pilastre sud-est, et le pilastre nord-
ouest une différence de 0ᵐ,17 avec le pilastre nord-est. Le pilastre sud-
est est long de 0ᵐ,925, et celui du sud-ouest de 0ᵐ,81, ce qui explique
jusqu'à un certain point les différences qui viennent d'être constatées.
Ces pilastres n'étaient point crépis; mais à 0ᵐ,25 au nord du pilastre
sud-ouest le crépi blanc reparaît de nouveau. Entre les pilastres sud,
la longueur du corridor estde 2ᵐ,18, entre les pilastres nord de 2ᵐ,25.

CHAMBRE 10.

Cette chambre était à peu près conservée, sauf la partie ruinée du mur
sud qui avait reçu une poussée et présentait un grand trou à 1 mètre
environ du pilastre le terminant. Cette chambre avait tout l'air d'avoir
été réparée hâtivement, car il n'y avait pas trace de crépissage blanc et
le crépi en terre n'était pas uni : le travail de restauration avait donc été
mal fait et hâtif. Le fait est qu'elle a été ruinée à une certaine époque.
Le mur sud après un retrait non crépi précédant le pilastre du corridor

est de 0^m,12, une avancée de 0^m,125 et un pilastre de 0^m,57 suivi d'un retrait de 0^m,14, avait 4 mètres de longueur jusqu'au mur est, lequel était long de 2 mètres et haut de 2^m,56. Le mur nord, à partir de l'angle nord-ouest, est long de 3^m,85 jusqu'à l'avancée qui est de 0^m,13 ; le pilastre a 0^m,62 de longueur, il est suivi d'un retrait de 0^m,14 où reparaît le crépi blanc et d'une avancée de 0^m,13, laquelle rejoint le pilastre du corridor. La largeur de la chambre avant les pilastres était de 2^m,02 et entre les pilastres de 1^m,70. L'épaisseur du mur nord était de 1^m,02 environ près de l'angle nord-ouest. Comme on le voit cette chambre était construite sur le modèle de celle qui lui faisait face et contrairement à ce que nous avions constaté jusqu'ici dans les autres. Il n'y avait aucune trace de chevrons sous la couverture.

Chambre 11.

Cette chambre était assez bien conservée. Le mur sud après un retrait de 0^m,11 provenant du pilastre du corridor, une avancée de 0^m,135, un pilastre long de 0^m,56 suivi d'un retrait de 0^m,14 avait une longueur de 4^m,28. Le mur est était long de 2^m,40 et avait une hauteur de 2^m,52. Cette hauteur prouve que la partie supérieure avait été ruinée et l'on avait dû construire par dessus un mur mi partie en pierres et mi partie en briques cuites. Le mur nord, en partant du mur est, avait 4^m,21 de longueur jusqu'à l'avancée qui était de 0^m,215 et un pilastre long de 0^m,57 : ce pilastre était suivi d'un retrait de 0^m,13 et d'une avancée également de 0^m,13, laquelle aboutissait au pilastre du corridor. La largeur de la chambre avant les pilastres était de 2^m,17 et entre les pilastres de 1^m,77 ; cette chambre rentre dans la construction ordinaire du tombeau.

Corridor 7.

Les pilastres des murs sud-est et sud-ouest de ce corridor n'étaient pas vis-à-vis l'un de l'autre : il y avait une différence très sensible ainsi que je l'ai fait observer à propos de la partie voisine déjà décrite. Le pilastre sud-est avait une longueur de 0^m,84 et celui du sud-ouest de 0^m,86. La distance entre les pilastres sud-est et sud-ouest est de 2^m,25

ainsi que je l'ai déjà noté précédemment, et entre les pilastres nord de
2ᵐ,15 seulement. La longueur du corridor était de 2ᵐ,93 depuis la partie
mesurée.

CHAMBRE 12.

Cette chambre n'est pas ruinée, cependant le mur ouest, par dessus
le mur ancien, a reçu un mur en pierres pour éviter les envahissements
du sable. Le mur sud, après le retrait de 0ᵐ,14 du pilastre donnant sur
le corridor avec avancée de 0ᵐ,13 et un pilastre long de 0ᵐ,62 suivi d'un
retrait de 0ᵐ,15 a une longueur de 3ᵐ,82. Le mur ouest a une longueur
de 2ᵐ,12 et une hauteur de 2ᵐ,42. Le mur nord à partir du mur ouest,
a une longueur de 4 mètres jusqu'à l'avancée qui a 0ᵐ,12 et le pilastre
long de 0ᵐ,59; ce pilastre est suivi d'un retrait de 0ᵐ,115 et d'une avancée de 0ᵐ,12 qui rejoint le pilastre du corridor. La longueur de la
chambre avant les pilastres est de 2ᵐ,20 et entre les pilastres de 1ᵐ,90.
L'épaisseur du mur nord est de 0ᵐ,83 environ. La couverture de la
chambre comprenait 15 chevrons placés comme d'ordinaire. Le mur
nord avait deux trous, l'un très grand près de l'angle nord-ouest, à mi
hauteur environ, l'autre au milieu du mur, près du sol et tout petit. Le
mur sud en avait aussi un situé à 0ᵐ,25 de l'angle sud-ouest et ayant
environ 0ᵐ,50 de largeur. Le mur ouest présentait aussi quelques petits
trous situés presque au haut du mur et comblés avec des pierres à une
époque qui m'a semblé être celle de la restauration.

CHAMBRE 13.

Cette chambre non plus n'était pas ruinée, quoique cependant la partie
supérieure des murs ait été enlevée et qu'on ne voie pas trace des chevrons de la couverture. Le mur sud, après un retrait de 0ᵐ,12 qui suivait le pilastre du corridor, une avancée également de 0ᵐ,12, un pilastre
long de 0ᵐ,57 et un retrait de 0ᵐ,14, avait une longueur de 4ᵐ,27. Le mur
est avait une longueur de 2ᵐ,18 et une hauteur de 2ᵐ,60 : il était surmonté d'un mur construit par les spoliateurs en briques et en pierres.
Le mur nord qui était encore haut de 2ᵐ,47 avait une longueur de 4ᵐ,20

avant l'avancée qui était de 0^m,20, le pilastre long de 0^m,58 suivi d'un retrait de 0^m,13 et d'une avancée de 0^m,12 qui indiquait le pilastre du corridor. La longueur de la chambre avant les pilastres était de 2^m,25 et entre les pilastres seulement de 1^m,90. L'épaisseur du mur nord près de l'angle nord-est était de 0^m,78. Cette chambre reste donc dans la catégorie de celles que nous avons déjà vues construites en dehors des règles qui ont présidé à la construction du monument.

CORRIDOR 7.

Le pilastre sud-est de ce corridor était long de 0^m,87 ; celui du sud-ouest placé vis-à-vis était long de 0^m,86. Il y avait une largeur entre les deux pilastres de 2^m,24, à l'extrémité nord, tandis qu'à l'extrémité sud des mêmes pilastres cette largeur, nous l'avons vu, était de 2^m,15. La longueur de cette partie du corridor était de 3^m,02.

CHAMBRE 14.

Cette chambre avait son mur percé de part en part et dans presque toute la hauteur : il en est tombé une partie pendant le déblaiement ; ce mur avait trois trous, le mur sud deux : ces trous étaient remplis de briques, ainsi que j'ai pu le constater dans le grand trou du mur nord, à l'angle nord-ouest, car il est de toute la hauteur du mur. Au-dessus du mur ouest, on avait construit un mur en briques. Le mur sud, après le retrait qui suivait le pilastre du corridor et qui était de 0^m,14, une avancée de 0^m,115, un pilastre long de 0^m,57 et suivi d'un retrait de 0^m,14, avait 3^m,97 de longueur. Le mur ouest n'avait que 2^m,07 de longueur sur une hauteur de 2^m,42. Le mur nord avait 3^m,91 de long jusqu'à l'avancée de 0^m,14 et un pilastre long de 0^m,58 ; ce pilastre était suivi d'un retrait de 0^m,11 et d'une avancée de 0^m,14 précédant et indiquant le pilastre du corridor. Ce mur, près de l'angle nord-ouest, avait une épaisseur d'environ 0^m,95. La largeur de la chambre avant les pilastres était de 2^m,26 et entre les pilastres de 1^m,95. Il n'y avait pas la moindre trace des chevrons de la couverture.

Chambre 15.

Cette chambre était entièrement intacte ou à peu près ; la restauration n'avait porté que sur la partie supérieure des murs où l'on voyait encore deux lits de briques maçonnées, et encore à l'angle nord-est le mur en terre battue a toute sa hauteur. S'il en était ainsi, on devait trouver les chevrons de la couverture : aussi les a-t-on trouvés, et les trous où s'enfonçaient les pièces de bois étaient situés non seulement au-dessous des lits de briques, mais encore au-dessous de la terre battue, à des distances variables et à des niveaux différents. Cette observation serait de nature à prouver que les dits chevrons supportaient simplement la toiture, peut-être en feuilles de palmier, ainsi que j'ai déjà eu l'occasion de le dire. Cependant à l'époque de la restauration les murs ne devaient pas être entièrement intacts, car on a introduit des pierres dans le mur est et dans le mur sud. Ce mur sud a de même subi un petit écrasement dans sa partie supérieure, car les bords surplombent, ce qui n'est le cas ni pour le mur est, ni pour le mur nord. Cette restauration pourrait même se prouver par une autre observation : une partie de mur en terre ne témoigne pas de crépissage, et le reste a reçu un crépi blanc ; le mur nord avait été restauré uniquement à l'aide de briques. Le mur est avait 2^m,64 de hauteur, mais seulement 2^m,08 dans la partie ancienne non restaurée. Le mur nord et le mur sud avaient été sondés par les spoliateurs : dans celui-ci on avait fait une ouverture haute de 0^m,62, large de 0^m,63 et profonde de 0^m,49 ; dans celui-là, l'ouverture était haute de 0^m,56, large de 0^m,58 et profonde de 0^m,57, en forme de voûte. Le mur sud après le retrait de 0^m,12 du pilastre du corridor, une avancée de 0^m,13, un pilastre long de 0^m,595 suivi d'un retrait de 0^m,14, avait une longueur de 4^m,26. Le mur est était long de 2^m,15. Le mur nord en partant de l'angle nord-est, avait 4^m,20 de longueur, au bout desquels une avancée de 0^m,13 annonçait un pilastre long de 0^m,56, après lequel venait un retrait de 0^m,14, long de 0^m,16, suivi d'un second retrait de 0^m,15 et le mur continuait jusqu'à la porte A pendant 0^m,94. Cette prolongation du

mur nord m'a semblé avoir été rapportée, sans doute à l'époque de la
restauration. Le mur nord, près de l'angle nord-est, avait une largeur
de 1^m,02 environ. La largeur de la chambre avant les pilastres est de
2^m,10 et entre les pilastres de 1^m,80. Une particularité que je dois noter
pour cette chambre, c'est qu'il n'y avait pas de sol en terre battue : on y
a trouvé une caisse en bois, ainsi que je le dirai par la suite et cette
caisse reposait sur le sable.

CORRIDOR 7.

Le pilastre sud-est a 0^m,83 et celui du sud-ouest 0^m,86 de longueur.
Le corridor a une largeur de 2^m,25. Cette largeur s'est maintenue presque constamment entre 2^m,15 et 2^m,25, il n'y a donc pas lieu de croire
que l'agrandissement portait sur le corridor en même temps que sur les
chambres latérales. Les murs sud des deux chambres 15 et 16 n'étaien
pas construits perpendiculairement l'un à l'autre : il y avait une différence assez prononcée et visible à l'œil nu. Cette partie du corridor a
une longueur de 3^m,20, qui, ajoutés aux autres longueurs déjà notées
à savoir : 3^m,02, 2^m,93, 2^m,83 et 2^m,55, font une longueur totale de 14^m,53
pour le corridor, laquelle ajoutée aux 10^m,66 qu'avait le couloir d'entrée donne pour la longueur totale de cette seconde partie du monument jusqu'à la porte A 25^m,19.

CHAMBRE 16.

Cette chambre est ruinée en partie, et au-dessus du mur ouest on a
bâti un mur en briques et en pierres. Ce mur ouest avait un trou à 0^m,40
environ de l'angle nord-ouest; le mur sud en avait trois, deux l'un au-
dessus de l'autre, près de l'angle sud-ouest, et le troisième à 0^m,50 environ de l'angle sud-est, celui-ci traversait entièrement le mur; le mur
nord était dans un tel état que le dessous et le dessus formaient un
angle obtus très prononcé. Pendant le déblaiement, le mur ancien nord
s'est éboulé deux fois, la première dans le milieu, la seconde près de
l'extrémité est. Le mur sud, après le retrait de 0^m,12 qui suivait le pilastre du corridor, une avancée de 0^m,13 et un pilastre de 0^m,58 suiv

d'un retrait de 0^m,14, avait 3^m,99 de long. Le mur ouest avait une longueur de 2^m,15 et une hauteur de 2^m,08 seulement, mais il avait été réparé. Le mur nord avait 4^m,16, à partir de l'ouest, puis se voyait une avancée de 0^m,22, indiquant un pilastre long de 0^m,60, lequel était suivi d'un retrait de 0^m,13, long de 0^m,14, puis un second retrait de 0^m,12 long de 0^m,16 et le mur de la porte A avait 0^m,64 d'épaisseur. Cette porte avait 0^m,97 d'ouverture. Le mur nord avait près de l'angle nord-ouest une épaisseur d'environ 1 mètre. Mesurée de la chambre 16 à la chambre 14, la partie construite du tombeau avait intérieurement 12 mètres de largeur.

A partir de cette chambre et de la porte A, le plan du monument se modifie encore une fois complètement, et nous allons entrer dans les appartements funéraires par excellence.

<h3 style="text-align:center">CHAMBRE 17.</h3>

On pénétrait dans cette chambre par la porte A qui n'avait pas de pilastre ni à l'est ni à l'ouest et, depuis cette chambre jusqu'à la dernière de celles que j'ai à décrire, il y avait une telle ruine que je ne puis avoir aucunement l'intention d'avoir bien saisi le plan primitif. Quand j'explorai la chambre, je trouvai la porte A fermée par un mur qui a dû être construit au moment de la restauration; puis, derrière ce premier mur, les spoliateurs en avaient construit un second en pierres jusqu'à une hauteur de 1^m,55, parce que, comme je l'ai déjà dit, ils avaient commencé par le nord et ne savaient pas l'existence de la porte. Après un espace de 0^m,45, venait le premier mur construit en pierres mélangées de briques et, au milieu des pierres, étaient deux chevrons placés transversalement à l'axe de la chambre 19, c'est-à-dire du sud au nord, et qui devaient s'appuyer sur le mur d'en face, c'est-à-dire le mur nord de la chambre 17 qui était en même temps le mur sud de la chambre 19. Il est donc évident que cette partie a été construite au moment de la restauration, et sans doute aussi que les chevrons datent de cette même époque. En avant de cette porte, dans la chambre 17, on avait commencé

15

en briques un troisième mur qu'on avait conduit jusqu'à une hauteur de 0^m,55 seulement.

L'état ruiné de cette chambre et sa place dans le plan général, avec quatre portes, n'en rendent pas la description plus facile. La porte A avait 1^m,08 de largeur, et du commencement de cette porte jusqu'au mur ouest il y avait 2^m,21 en supposant que le mur ouest mitoyen entre cette chambre et la chambre 18 avait 0^m,60 d'épaisseur, ce que je n'ai pu vérifier parce qu'il était détruit et écrasé. Le mur sud de la chambre 17, étant coupé en deux par la porte de la partie est, se continuait jusqu'au mur est de la chambre 21 sans interruption pendant 5^m,99, avec certains détails que je noterai en parlant de cette dernière chambre. Je n'ai pu prendre la mesure du mur nord de cette chambre, car ce mur s'était éboulé jusqu'à l'entrée de la porte D laquelle avait 0^m,87 de large, et il a été impossible de savoir quelle était primitivement la largeur de la chambre en ce point; mais, à l'autre extrémité, cette largeur était de 1^m,70 pour le moins, car le mur était aussi éboulé. Le mur nord allait en se retirant à mesure qu'il se rapprochait de l'ouest, et après 4,38, il aboutissait à une porte C donnant entrée dans la chambre 19; cette porte était large de 0^m,81 à son ouverture. Si donc le mur du corridor 20 à l'est de cette chambre faisait un retrait vers le nord, c'est ce qu'il est impossible de déterminer actuellement. De même le mur ouest de la chambre 17, du sud au nord, avait apparemment 1^m,22, puis venaient la porte B ayant une ouverture de 0^m,81 et le mur est de la chambre 18 qui était aussi le mur ouest de la chambre 19. En avant de la porte B se trouvaient deux grandes pierres qui avaient la forme des stèles non cintrées de simples particuliers trouvées dans les tombes de la première année; une autre se trouvait près de la porte C. Ces pierres se trouvaient dans l'éboulis formé par les murs presque complètement étalés.

CHAMBRE 18.

Cette chambre était précédée d'un petit corridor large de 0^m,77 formé par l'étalement des deux parties du mur est, séparées entre elles par

la porte B. Le mur est avait du côté sud de la porte une longueur
de 1^m,08, et du côté nord une autre de 0^m,60, ce qui avec la largeur de
la porte lui aurait constitué une longueur de 2^m,45. Le mur nord avait
1^m,82 de long dans l'état actuel; le mur ouest de son côté était long
de 2^m,28, et le mur sud de 1^m,87, mais vers l'angle sud-est il subissait
un retrait de 0^m,25, long de 0^m,55. Le mur ouest était seul en bon état,
mais il n'avait que 2^m,30 de hauteur ; aussi n'ai-je pas trouvé la moindre
trace des chevrons de la couverture. Toutefois il était ruiné par le bas,
car sous le mur en terre on avait bâti en briques un petit mur haut de 0^m,45
et composé de cinq lits de briques n'ayant ni la même couleur ni les
mêmes dimensions que les petites briques en usage à l'époque à laquelle
fut construit le monument que je décris. Par dessus ce même mur ouest
un mur en briques dans toute la longueur du mur et haut de 0^m,90 ; ce
mur ne portant pas trace des chevrons, on en doit conclure qu'il fut
construit, non au moment de la restauration, mais bien au moment de
la spoliation. Le mur nord-est de cette chambre par suite de son étalement n'avait pas moins de 1^m,65 d'épaisseur jusqu'à la porte C, si bien
que de cette porte au mur ouest il y avait 3^m,52 de largeur.

CHAMBRE 19.

Cette chambre précédait immédiatement la chambre dans laquelle
avaient été déposés les corps ; elle avait dû à ce voisinage d'être ruinée
le plus brutalement qu'on puisse imaginer. Du reste, elle était bien loin
d'être régulière, ainsi que nous l'allons voir. On y pénétrait par la
porte C qui avait une largeur de 0^m,60 environ, ce qui donne vraisemblablement la mesure de l'épaisseur du mur sud de cette chambre et
du mur nord de la chambre 17, avec laquelle il est mitoyen. Après
l'ouverture de la porte, le mur sud de cette chambre avait une longueur
de 2^m,28 et la hauteur en était de 2^m,05, c'est-à-dire que la partie supérieure était complètement ruinée et qu'il n'y avait pas trace des chevrons de la couverture. Le mur est avait seulement 1^m,60 de largeur, à
cause de l'étalement du mur sud et aussi de l'irrégularité de construction du mur nord. Ce mur nord était construit en pierres dans sa partie

inférieure, et ces pierres étaient épaisses de 1^m,60 environ ; elles étaient surmontées d'une maçonnerie en terre, très irrégulièrement faite, détruite le plus souvent et présentant toutes les traces désirables de hâte dans la construction : ce mur avait 3^m,75 de longueur. Le sol de cette chambre était plus élevé que celui de la chambre dans laquelle avaient été déposés les corps. Le mur ouest avait une longueur de 2^m,20, mais il s'étalait vers le sud-est, où il avait une largeur de 1^m,05, ainsi que je l'ai déjà dit, au lieu de 0^m,60 épaisseur habituelle de ces sortes de murs de refend : c'est ce qui expliquera le plan bizarre de cette chambre. La forme de cette chambre ne ressemble pas le moins du monde à celle qu'elle a dans le plan contenu dans la brochure que j'ai publiée sur cette campagne (1), et je dois quelques mots d'explication à se sujet. J'avais fourni les mesures à un dessinateur que je croyais habile et qui ne l'était pas ; il m'assura que le plan qu'il avait confectionné était exact et j'eus la simplicité de le croire. On grava le plan et l'on ne m'en soumit pas d'épreuves : je ne le vis que lorsque je reçus la brochure tout imprimée, car le texte était composé et mis en pages depuis plus d'un mois lorsque le zinc fut envoyé à l'imprimerie qui tira de suite. Quand je l'examinai dans ma brochure, je me rendis compte de son inexactitude. Cette fois-ci, je m'en suis tenu aux mesures exactes que j'avais prises, je me suis servi de papier millimétré et je puis témoigner que le plan que je publie aujourd'hui est exact dans ses grandes lignes.

Corridor 20.

La longueur de ce corridor depuis le mur sud de la chambre 21, jusqu'à son extrémité, c'est-à-dire jusqu'au mur nord qui termine cette partie du monument est de 10^m,60. Si l'on ajoute à ces 10^m,60, l'épaisseur du mur qui sépare la chambre 21 de la chambre 15, à savoir 1^m,02 et la longueur de cette partie du monument jusqu'à cet endroit, soit 25^m,19, on obtient pour la longueur totale de cette seconde partie 36^m,71.

---

1. *Les nouvelles fouilles d'Abydos*, 1896-1897. Paris, Leroux, plan de la seconde partie entre les pages 16 et 17.

Il n'y avait pas de pilastres regardant le corridor dans les chambres qui le bordaient à l'est. La largeur de ce corridor en cette partie, c'est-à-dire vis-à-vis la chambre 21, était de 0ᵐ,80.

Chambre 21.

Cette chambre était ruinée; les murs en avaient été réparés. Le mur nord avait été exhaussé par cinq lits de briques où les briques crues se mélangeaient aux briques cuites. Il en était de même du mur est, avec cette différence que les pierres se mélangeaient aux briques cuites et crues. Le mur sud était le plus endommagé : vers les deux tiers de sa hauteur était une sorte de voûte faite avec la terre tombée des murs. Près du mur est, une grosse pierre avait été jetée d'en haut. Le mur est avait en terre battue une hauteur de 2ᵐ,27; par dessus la terre on avait construit le mur dont je viens de parler sur une hauteur de 1ᵐ,05 ; ce mur est long de 2ᵐ,10. Le mur sud avait en partant de l'angle sud-est une longueur de 1ᵐ,08, puis venait une avancée de 0ᵐ,27 indiquant un pilastre long de 0ᵐ,44, suivi d'un petit retrait de 0ᵐ,07 long de 0ᵐ,15, formant comme une sorte de petite niche, car il y avait une nouvelle avancée de 0ᵐ,12 et le mur continuait sans interruption jusqu'à la porte A, sur une longueur de 4ᵐ,32, ainsi qu'il a été dit en son lieu.

Corridor 20.

En face de la chambre 22, le corridor a une largeur de 0ᵐ,79; la largeur totale de cette partie de la construction, c'est-à-dire de la chambre 22 et du corridor 20 était de 2ᵐ,73. A peu près vis-à-vis le mur nord de la chambre 22, il y avait un trou fait par les spoliateurs dans le mur ouest, et c'est dans ce trou que je trouvai deux vases en cuivre rouge dont il sera question plus loin. Le mur ouest séparant ce corridor 20 de la chambre 25 avait une épaisseur de 2ᵐ,35. Ce corridor avait 0ᵐ,79 de large.

Chambre 22.

Les murs de cette chambre étaient en très grande partie ruinés au nord et au sud : les murs élevés au moyen de briques au-dessus des murs de cette chambre avaient 0^m,83 de hauteur. Le mur sud avait une longueur de 1^m,94 ; le mur est 1^m,20 de longueur sur une hauteur de 2^m,18 ; le mur nord 2^m,07 de longueur. Il n'y avait pas la plus petite trace des chevrons de la couverture.

Corridor 20.

La largeur du corridor en cette partie est de 0^m,96, et le mur ouest était épais de 2^m,65.

Chambre 23.

Cette chambre avait été restaurée ; elle a été ruinée dans la partie supérieure par les spoliateurs. En haut du mur sud de cette chambre, lequel est aussi le mur nord de la chambre 22, à l'angle sud-est, il y avait des briques maçonnées dans le mur ancien : le mur élevé par dessus était en briques crues et cuites, celles-ci comme celles qui faisaient partie du tombeau de *Den*. Les briques étaient reliées entre elles par du ciment ou du mortier ; de plus elles étaient recouvertes d'un crépi, mais ce crépi n'était pas blanc comme dans le mur ancien. Les murs nord et sud avaient subi une forte poussée et s'étaient quelque peu étalés. Le mur sud avait une longueur de 2^m,15 ; le mur est 1^m,80 sur une hauteur de 2^m,40 ; le mur nord 1^m,95 seulement. La chambre en son milieu avait 1^m,01 de largeur. La chambre était recouverte par sept chevrons dont voici la mesure prise sur le mur sud, car ils reposaient naturellement sur les murs sud et nord. Le premier était placé sur le commencement du mur sud, près du corridor : il avait 0^m,13 de large. Le second était placé à une distance de 0^m,14 et avait une largeur de 0^m,18. Le troisième était éloigné de 0^m,21 et large de 0^m,17. Le quatrième était aussi placé à une distance de 0^m,21 du précédent et n'était large que de 0^m,07. Le cinquième se trouvait à 0^m,13 plus loin et avait une largeur de 0^m,11. Le sixième à une distance de 0^m,07 avait 0^m,14 de largeur. Le septième était placé à 0^m,13 plus loin que le précédent et avait une largeur de 0^m,19. Comme le lecteur pourra s'en assurer, ces

chiffres ajoutés les uns aux autres n'atteignent pas la longueur du mur
sud qui est de 2^m,15 : c'est que ce mur s'était étalé et que de plus il devait y avoir un autre chevron dont je n'ai trouvé ni l'emplacement, ni la
trace.

CORRIDOR 20.

Ce corridor était en cette partie recouvert encore de chevrons disposés d'est en ouest, s'appuyant sur une poutre bois pour le côté est et
sur le mur du côté ouest. Sous ce mur ouest il y avait un trou profond
de toute la largeur du mur, long de 1^m,25 et haut de 0^m,41 ; il était
situé à 2^m,05 de l'extrémité nord. C'est dans ce trou que j'ai trouvé l'un
des deux squelettes rencontrés dans ce monument. Le mur nord avait
1^m,50 d'épaisseur. Le mur ouest de son côté n'était pas moins large que
de 2^m,33 sur une hauteur de 1^m,80. Le corridor avait 0^m,85 de large. La
hauteur du sable à enlever en cette partie du monument était de 4^m,38 :
on voit qu'il y avait une baisse énorme sur la quantité de sable accu-
mulée près de la porte de la première partie. Maintenant si le lecteur
veut prendre la peine d'additionner les 34^m,32 qui étaient la longueur
de cette première partie avec l'épaisseur du mur de séparation qui est
de 1^m,50 et la longueur de la deuxième partie qui, nous l'avons vu, est
de 36^m,71, il verra que l'ensemble de la partie construite s'élevait à la
somme de 72^m,53. Ainsi j'ai bien eu raison d'écrire que ce tombeau
était le plus grand tombeau de ce genre connu actuellement en Égypte.

CHAMBRE 24.

Cette chambre était la dernière du tombeau, côté est. Elle était
assez bien conservée et avait des pilastres à l'intérieur. Le mur sud à
partir de l'angle sud-est avait 1^m,61 jusqu'à l'avancée de 0^m,16 et un
semblant de pilastre long de 0^m,07. Le mur nord avait à partir du mur
est 1^m,19 de longueur, puis avait une avancée de 0^m,04, un pilastre de
0^m,44, un retrait de 0^m,14 et le mur venait rejoindre le mur ouest après
avoir parcouru 0^m,87. Cette chambre était primitivement couverte et
l'on voyait encore près du mur est les restes de quatre chevrons. Ce

mur avait ceci de particulier, qu'à 0^m,41 du mur est, il y avait une niche
grossièrement arrondie en demi-cercle, située à 0^m,38 en haut du sol de
la chambre, autant qu'il m'a été possible d'en juger, car il n'y avait pas
à proprement parler de sol de la chambre, mais bien une caisse en bois
et sous le fond de la caisse j'ai trouvé une couche de sable. La niche
avait 0^m,60 de largeur sur 0^m,62 de longueur ; je n'ai pas mesuré la profondeur qui n'était pas très grande. Le mur est avait 1^m,45 de longueur
sur une hauteur de 2^m,04 environ : il était aussi ruiné dans sa partie supérieure.

CHAMBRE 25.

Cette chambre se trouvait au nord de la chambre 18, à peu près en
face des chambres 19 et 22 ; elle est la première des trois chambres qui
longeaient du côté ouest la chambre où l'on avait déposé les corps, à ce
que je crois. Elles étaient toutes trois tellement détruites que je ne suis
pas certain le moins du monde d'en avoir bien saisi le plan : il m'a semblé
cependant que ces trois chambres n'avaient entre elles ou avec les autres
chambres du tombeau aucune communication, car, malgré mes recherches, je n'ai pas trouvé le moindre vestige de porte. Par conséquent
on avait dû y déposer ce qu'on avait eu à y placer avant de mettre la toiture, car il y avait une toiture comme l'ont prouvé les chevrons qui gisaient à terre. Le mur sud de la chambre 25 avait 3^m,47 de longueur ; il
n'y avait pas trace de pilastre, de retrait ou avancée, car le mur avait été
ruiné et s'était étalé. Le mur ouest avait primitivement 2^m,18 de long,
mais au milieu de la chambre la largeur n'était que de 1^m,17, par suite
de l'étalement des murs. Ce mur ouest avait été détruit dans sa partie
supérieure, quoiqu'il eût encore 2^m,39 de hauteur, et l'on avait élevé en
dessus un mur composé de six lits de briques mesurant 0^m,56 de haut.
Le mur nord avait 3^m,18 de longueur ; il était épais de 1^m,50. Je n'ai pu
mesurer le mur est ne sachant où le prendre à cause de l'étalement prodigieux de ce mur.

Chambre 26.

Cette chambre était exactement dans le même état que la précédente. Le mur sud n'avait que 2ᵐ,89 en longueur, le mur ouest 2ᵐ,08 et le mur nord 3 mètres ; mais ces mesures ne sont que celles que j'ai pu prendre au moment du déblaiement, et nullement les mesures primitives qu'il n'aurait pas été possible de prendre sans démolir une bonne partie des murs ou peut-être même tous les murs. La hauteur du mur ouest était encore de 2ᵐ,43. À l'angle sud-est, pour finir le mur on avait employé une grosse pierre : c'était l'œuvre des restaurateurs. Le mur nord de cette chambre avait une épaisseur de 1ᵐ,55. Celle du mur est était autrement considérable.

Chambre 27.

Cette chambre n'est détruite qu'en partie, surtout du côté est et du côté nord. Des signes manifestes montrent qu'il y a eu restauration à une certaine époque, et cette restauration se fit en briques, car les briques employées ont reçu un crépissage, comme la partie en terre. A l'angle nord-est était une grosse pierre qui avait été placée sous le mur nord ; une plus petite avait été de même placée sous le mur est. En dessus du mur nord on avait bâti un mur en briques de 0ᵐ,47 de haut où les briqnes avaient été crépies, le mur sud avait une longueur d'ouest en est de 3ᵐ,63, mais peut-être après 1ᵐ,39 y avait-il une avancée qui continuait jusqu'au mur est. Le mur ouest avait 1ᵐ,88 de largeur, mais il était haut de 2ᵐ,73, y compris un lit de briques. Le mur nord avait une longueur totale de 3ᵐ,79 ; mais après une distance du mur ouest de 1ᵐ,73 ; il y a une avancée de 0ᵐ,25 qui va jusqu'au mur est. Cette chambre avait une particularité curieuse : à une certaine profondeur les ouvriers trouvèrent le sol en terre battue habituel ; mais l'un d'eux voyant que le sol n'atteignait pas la profondeur des murs, creusa plus avant dans la montagne et 0ᵐ,15 plus bas, il trouva un second sol. Que penser de ce fait que j'ai constaté moi-même ? Peut-être le second sol est-il l'œuvre de la restauration, à moins que les constructeurs, s'étant aperçus après coup que la profondeur de la chambre était trop grande, n'aient fait un second sol au dessus du premier. La largeur totale du monument de cette chambre à la chambre opposée est de 12m,62.

CHAMBRE 28.

C'était la chambre où, je le crois, on avait déposé les cadavres au jour de l'enterrement. Toutes les autres chambres de cette seconde partie n'avaient été construites qu'en vue de cette dernière et l'on y avait déployé un luxe de construction inouï jusqu'alors. Car elle avait ceci de particulier que, sous les murs en briques et en terre cuite, l'on trouvait un mur en pierres haut de 1m,78. Les murs en briques et en terre battue étaient dans un état de ruine qui ne laissait rien à désirer. Ainsi le mur de l'ouest était tombé presque tout entier et il ne reste plus qu'une partie du mur en terre qui s'élevait par dessus le mur en pierre : ce mur de terre avait été raccommodé dans les parties rompues par un mur en briques crues d'abord, puis en briques crues et cuites où se trouvaient mélangées des pierres non équarries. A l'angle nord-ouest, le mur en briques crues avait été assez mal construit et il constituait une partie de la différence d'affleurement existant entre le mur en briques et en terre et le mur en pierre. En effet, à partir de l'angle nord-est il avait 1m,20 de largeur et affleurait le mur en pierre ; au milieu il n'avait plus que 0m,83 et à la fin 0m,72, d'où une différence au moins de 0m,48 pour l'affleurement des deux murs. Le mur nord avait encore 1m,80 de hauteur par dessus le mur en pierre, et, sur cette hauteur, des briques à la partie supérieure entrent pour 0m,35, en quatre lits. Le mur en briques et en terre sud était extrêmement mal construit et irrégulier : partant du mur est, il affectait une forme assez régulière et suivait le mur en pierre en retrait seulement de 0m,08, puis il affleurait le mur en pierre, puis se retirait et finalement il arrivait en diagonale et dépassait le mur en pierre à l'angle sud-ouest. Du côté est, le mur en terre était presque continu et asssez bien conservé : il affleurait partout le mur en pierre ; il avait 2m,10 de haut. J'ai déjà fait observer qu'il avait une épaisseur variant entre 2ᵐ,33 et 2ᵐ,65, et que vis-à-vis la chambre 24, il était percé de part en part.

Sous les murs en briques, ainsi que je l'ai déjà dit, étaient des murs en pierre : ces murs étaient construits assez grossièrement, les pierres mal équarries et à peine taillées s'assemblaient mal les unes avec les autres, rentraient, surplombaient, et les interstices entre elles avaient été remplis avec de la chaux. Le mur nord avait 3ᵐ,25 de long, le mur est 5ᵐ,25, le mur sud 3ᵐ,18 et le mur ouest 5ᵐ,36. J'ai déjà dit que le mur nord avait 1ᵐ,78 de haut; j'ajouterai que la hauteur du mur sud était de 1ᵐ,83. A cette hauteur si l'on ajoute les 2ᵐ,10 qui constituent la hauteur du mur en terre et en briques est, l'on obtient une profondeur de 3ᵐ,93 pour cette chambre, profondeur qui à elle seule suffirait pour prouver l'usage auquel cette chambre était destinée. Le pavé en était également de pierres calcaires : les spoliateurs en avaient descellé quelques-unes afin de se rendre compte s'il y avait, ou non, des trésors cachés par dessous; j'en ai mesuré deux et je donne ici les mesures que j'ai trouvées : l'une avait 1ᵐ,08 de longueur, 0ᵐ,50 de largeur, et 0ᵐ,18 d'épaisseur; l'autre 1ᵐ,01 de long, 0ᵐ,55 de large et 0ᵐ,18 d'épaisseur. Les spoliateurs n'avaient eu garde de manquer une si belle occasion de sanctifier un endroit si manifestement pollué par sa destination idolâtrique : sur le mur en pierres sud, à un mètre environ du mur est, ils avaient tracé au charbon une croix assez mal faite qui, à leurs yeux, suffisait pour purifier et sanctifier un lieu consacré au culte des idoles.

Je n'ai rien à ajouter à cette description de la seconde partie du tombeau. Je ne peux cependant pas me dispenser d'expliquer ce que j'entends par la restauration dont j'ai si souvent parlé au cours de cette description et je demande au lecteur la permission de lui citer les pages que j'ai consacrées à cette question dans la brochure publiée sur les fouilles de la seconde année : « Il faut donc admettre que la construction n'était pas homogène et qu'elle avait été faite à l'époque où les hommes habitués à construire leurs maisons en terre battue commençaient déjà d'employer la brique, car il n'est pas vraisemblable que ces mêmes hommes, connaissant par une expérience suffisante les avantages de la brique sur la terre battue, aient voulu continuer d'employer celle-ci et négliger celle-là. Que si l'on m'objectait que les maisons des fellahs sont encore construites en terre battue, je répondrais que pour le cas présent il ne s'agit pas de fellahs, mais de rois ; qu'il ne s'agissait pas de bâtir une de ces demeures temporaires qui peuvent être détruites et rebâties autant de fois que le voudra le possesseur, mais de ces demeures d'éternité que l'on devait rendre aussi stables que possible.

« Toutefois je ne pouvais m'empêcher de voir assez souvent que par dessus les murs en terre, il y avait une partie de lits de briques, superposés quelquefois au nombre de trois, quelquefois de quatre, rarement plus et souvent moins ; que ces lits de briques ne pouvaient être attribués à une époque très ancienne, car elles étaient très dures, très compactes et de grandes dimensions, quoique l'épaisseur en fût variable, tandis que les briques des tombeaux anciens étaient de fort petites dimensions. Il devait y avoir eu, pensais-je, restauration à une époque quelconque, et la preuve m'en fut apportée multiple. Tout d'abord ces murs en briques n'étaient pas entièrement homogènes : en de rares occasions on y avait joint des pierres qui avaient été cimentées avec les briques. En outre, il était parfois visible que l'on avait étendu le crépissage sur les lits de briques ajoutés aux murs plus anciens ; d'autres fois, certaines parties des murs avaient été refaites, sans doute parce que tombées, avaient bien reçu le crépissage en terre, mais non pas le lait de chaux par dessus le crépissage. Et plus encore, dans une ou deux chambres, on avait fait soit deux sols en terre, l'un au dessus de l'autre, ce qui peut toutefois s'expliquer par des mesures mal prises au moment de la construction, soit réparé les défauts du mur primitif, lesquels s'étaient montrés dans les parties inférieures du mur occidental, en introduisant des briques dans les défectuosités et en consolidant ainsi le mur qui sans cela aurait pu s'écrouler. Enfin, dans un nombre encore assez grand de chambres, lorsqu'un mur avait cédé et s'était tassé, et que, par suite de ce tassement, il ne se trouvait plus au niveau des autres murs comme il aurait fallu appuyer les soliveaux sur ce mur trop bas, on l'avait rehaussé au moyen de lits de briques plus ou moins mauvaises, de manière à loger l'une des extrémités des soliveaux dans le mur nouveau, pendant que l'autre était appuyée sur le mur ancien bâti en terre. Il n'y avait donc pas à le nier : à une époque donnée, inconnue peut-être, on avait senti le besoin de restaurer un monument qui n'était plus en bon état, et on l'avait fait à la manière égyptienne en se contentant de faire grossièrement les grosses réparations, sans prendre aucun soin de faire concorder les nouveaux matériaux avec les anciens, sans même juger utile d'employer des matériaux homogènes, car non seulement on avait mélangé les deux types de briques, mais encore les pierres avec les briques par dessus la terre battue.

« S'il y avait eu ainsi restauration, et il me semble impossible de le nier, ne pourrait-on point parvenir à savoir quand aurait eu lieu cette restauration ? On peut à la connaître, tout au moins parvenir avec une assez grande vraisemblance, car nous possédons un texte curieux qui vraisemblablement se rapporte à ce monument et que je demande la permission de rappeler en quelques mots. Dans la grande inscription dédicatoire du temple de Séti Ier à Abydos, composée en l'honneur de Ramsès II, il est raconté que ce puissant Pharaon, dans un voyage qu'il fit à la ville sainte d'Osiris, avait trouvé les tombes anciennes dans le plus triste état : il avait fait rassembler tous les officiers dans les attributions desquels rentrait le soin de ces tombes et leur avait enjoint de restaurer ces tombeaux. L'inscription ajoute qu'il en fut ainsi. D'ordinaire on entend par *tombes anciennes*, les tombeaux des rois formant les deux premières dynasties ; mais cette explication ne peut être que probable, pour la bonne raison qu'on n'a pas encore trouvé les tombes royales de ces deux premières dynasties, à moins que l'on n'admette comme l'ont fait certains de mes confrères, surtout en Angleterre, que j'ai eu la bonne fortune de trouver ces tombeaux, et en ce cas les paroles de Ramsès II, s'appliqueraient aux tombes que j'ai découvertes et la restauration serait prouvée. Mais je ne crois pas avoir trouvé les tombes royales des deux premières dynasties, et ma principale raison pour ne le pas croire, c'est que j'ai trouvé des bannières royales, pour employer l'expression ordinaire, en trop grand nombre pour qu'elles puissent s'appliquer avec certitude aux souverains de ces deux dynasties initiales, et il me semble que je n'ai aucune raison pour abandonner aujourd'hui l'hypothèse que j'ai énoncée l'année dernière dans ma première brochure sur les *Nouvelles fouilles d'Abydos*. On peut tout aussi bien expliquer les paroles employées par le scribe rédacteur de l'inscription dédicatoire dans le sens de dynasties antérieures aux dynasties historiques, car la tradition classique nous parle de ces dynasties et jusqu'ici, si rien ne prouve que ce soient elles qui ont été enterrées à Om el-Ga'ab, rien n'est venu prouver que ce ne sont pas elles. A plus forte raison l'expression employée peut-elle s'appliquer à ces anciennes dynasties dont les historiens nous ont seulement mentionné l'existence, sans prendre soin de nous donner les noms des rois qui les avaient composées. Ce qu'il y a de certain, c'est que les tombes que j'ai explorées pendant l'hiver 1895-1896 n'avaient en aucune façon été restaurées, car il n'y a aucune trace de travaux postérieurs, et j'ajoute que, vu la constitution de ces tombes, elles n'en avaient aucun besoin. Et cependant Ramsès II assure dans son inscription avoir fait restaurer les demeures des générations passées; s'il les a fait restaurer, c'est qu'elles en avaient besoin, et si elles en avaient besoin, c'est que leur construction n'avait pas été assez solide, soit par insuffisance des matériaux employés, soit par suite du mauvais état de la toiture. Or, les deux causes existaient pour le monument que j'ai fouillé et examiné : les matériaux employés à savoir la terre battue et les briques grossièrement et primitivement faites, avaient cédé et le monument en entier avait reçu une toiture en bois. Pour ces deux raisons donc, il est très possible que le monument mis au jour cette année soit celui dont il est question dans l'inscription dédicatoire. Il ne faudrait pas que l'expression vague dont s'est servi le scribe fût une objection contre l'application de ce texte au monument que j'ai fouillé, car, ainsi que je le dirai par la suite, je n'ai trouvé que deux squelettes dans la seconde partie du monument. On sait en effet que les Égyptiens, comme tous les peuples orientaux, aimaient les expressions vagues et hyperboliques. D'ailleurs, à la prendre au pied de la lettre, cette expression peut parfaitement s'appliquer aux deux squelettes rencontrés. Je croirais donc assez volontiers que le monument dont il s'agit a été restauré à l'époque de Ramsès II.

« Je pourrais ici faire valoir d'autres circonstances qui toutes tendaient à montrer que la restauration eut lieu vers cette époque ; je me bornerai à parler de la pierre sur laquelle il y a un commencement de protocole royal. Les quelques mots qui s'y trouvent sont identiques au commencement du protocole gravé sur les colonnes de la seconde salle hypostyle du temple de Séti Ier à Abydos : il faut sans doute se rencontrer à d'autres époques ; mais il me semble que puisque la nécropole est celle d'Abydos, il faut d'abord tenir compte du lieu où la pierre a été trouvée. Je dois cependant observer ici que cette pierre, la seule qui ait été rencontrée portant des caractères dans le monument que j'ai fouillé, me semble avoir été apportée d'ailleurs, car je n'en ai pas trouvé l'emplacement dans le monument tout entier qui ne comportait pas une seule inscription.

« Quant à la manière dont fut faite cette restauration, ce que j'ai déjà dit mentionne suffisamment qu'elle fut entendue à la manière égyptienne, c'est-à-dire qu'elle ne porta que sur le strict nécessaire, sans préoccupation de beauté d'art ou de quoi que ce soit d'approchant. Il resterait à savoir si les pièces de bois de sycomore formant les soliveaux datent de la restauration ou lui sont antérieures. Il me semble fort difficile de répondre à cette question ; cependant peut-être est-il possible d'apporter quelques observations qui ferait pencher la balance de tel ou tel côté. D'abord, il est indubitable que les soliveaux en bois de sycomore étaient en bon état lorsque se fit la spoliation au vie siècle de notre ère, et treize siècles d'enfouissemet dans le sable les avaient complètement rendus desséchés : il est vrai qu'ils avaient à supporter une lourde charge, Ce premier point noté, je dois rappeler ici que, les murs des chambres ayant eu besoin de réparation, puisque sur les murs anciens on a élevé des murs en briques sur lesquels on a appuyé les extrémités des soliveaux, il est plus que probable que les soliveaux primitifs étaient tombés à terre. De ce fait, on comprend très bien l'état lamentable dans lequel se trouvait le monument lors de la visite de

Ramsès II. A cela on peut objecter que cette manière de couvrir n'était plus en usage à l'époque de Ramsès II ; mais on peut répondre que le restaurateur fut obligé de se conformer au plan primitif du monument, car autrement ce n'aurait pas été une restauration, mais bien une construction. En admettant donc que les soliveaux soient de l'époque de Ramsès II, on a tout le temps pour qu'une semblable pièce de bois puisse à peu près tomber en poussière, car en datant le règne de Ramsès II, du xiv° siècle avant notre ère, on a près de trente quatre siècles pour consommer leur ruine, temps bien suffisant. D'ailleurs si l'on tenait à ce que ces soliveaux fussent plus anciens, je n'y contredirais point : ce que je tiens à prouver, c'est que les soliveaux datant ou non de l'époque primitive — cette époque ne remonterait pas à moins de soixante-quinze siècles dans l'hypothèse qui m'est le plus favorable, chiffre supérieur à celui qui est nécessaire — le restaurateur s'en tint à ce qui existait avant lui et n'innova point. Pour un prince qui construisait des temples entiers en beau calcaire, rien n'était plus facile que de construire un monument en pierres, calcaire, grès ou même granit, à la mémoire des *pères de ses pères*, comme il l'a dit lui-même. Il ne l'a pas fait. C'est donc qu'il a respecté le monument primitif. Ce que je dis ici de Ramsès II s'appliquerait aussi bien à tout autre Pharaon qui serait l'auteur de cette restauration. Si je me suis ainsi étendu sur ce sujet, c'est à cause de l'importance du monument et aussi des conclusions que je m'efforcerai bientôt d'en tirer [1]. »

A ces considérations doivent être ajoutées quelques observations.

Depuis que les paroles précédentes ont été écrites, certains faits sont venus préciser et l'époque et les matériaux de cette immense construction. Tout d'abord, M. Schweinfuhrt, dans une visite qu'il me fit à Abydos, attira mon attention sur les fragments et les morceaux de bois rencontrés au cours de mes fouilles. Il me fit voir notamment que, dans tous les objets en bois recueillis en ce monument, il n'y avait pas trace de sycomore, mais que la disposition des fibres ligneuses était celle

---

1. E. Amélineau : *Les nouvelles fouilles d'Abydos*, 1896-1897, Paris, Leroux, p. 16-21.

pin quelconque : j'ai su plus tard que ce que j'avais pris d'abord
r du sycomore était du cèdre. Or, comme tout le bois employé
s la confection des grosses œuvres de charpente ou de menuiserie
t du cèdre ou de l'ébène — de l'ébène pour les lits, — il s'ensuit
s doute que les chevrons de la toiture étaient de cèdre et par con-
uent remontent à l'époque de la construction du tombeau.
uant à la question de savoir quels étaient précisément ceux que
sès II entendait désigner par les pères de ses pères, je la traiterai
s au long dans le volume où je rendrai compte de la troisième
ée de fouilles et où je pourrai examiner les problèmes qui relèvent
es multiples questions, les discuter et chercher à les résoudre.

CHAPITRE VI

Ce que j'ai dit au chapitre second de cet ouvrage sur les nombreux fragments de vases en pierre dure trouvés dans la couche supérieure de décombres amoncelée au-dessus des chambres du monument, et sur les autres objets trouvés avant d'arriver aux appartements de la tombe, me dispensera de revenir ici sur ces trouvailles. Je n'ai rencontré dans la partie supérieure que des fragments et des vases grossiers en calcaire ou en onyx albâtreux : je ne reviendrai sur ces objets que si j'en trouve l'occasion dans le chapitre qui sera spécialement consacré à l'étude de tous les objets trouvés dans ce tombeau. Pour le moment et dans le chapitre suivant je n'ai l'intention que de cataloguer les objets trouvés dans les chambres intérieures, en disant parfois, lorsque la chose me semblera importante, dans quelles circonstancces ils ont été trouvés et en en donnant une description sommaire, toutes les fois qu'ils me sembleront comporter cette manière de faire. Je ferai donc chambre par chambre l'inventaire de ce que contenait chacune d'elles et je renverrai mes observations à la fin de chaque inventaire.

CHAMBRE 1.

Un vase grossier en calcaire.

Des fragments de bouchons en terre noire et très dure.

D'autres fragments de bouchons convexes en terre très sablonneuse estampillés aux noms de deux mêmes personnages.

Observations. — Le vase grossier en calcaire auquel je fais allusion ne ressemblait que d'assez loin aux vases grossiers en onyx albâtreux ;

mais la forme en était plus agréable à l'œil et elle démontrait qu'on avait jusqu'à un certain point cherché à faire mieux, quoique le vase fût à peine creusé.

Les fragments de bouchons en terre noire et très dure étaient estampillés aux noms des mêmes personnages que les fragments de bouchons convexes en terre sablonneuse. Dans tout ce tombeau où j'ai rencontré une quantité fabuleuse de ces bouchons, ils étaient presque tous estampillés aux noms des mêmes personnages, et les autres l'étaient en celui d'une reine dont le nom se lit Hapenmât.

Chambre 2.

Quatre bouchons de vases, en calcaire.

Observation. — C'est tout ce que contenait cette chambre. Ces bouchons avaient dans leur partie supérieure la forme d'une calotte sphérique : ils étaient assez mal taillés et n'avaient reçu aucun poli. Ils avaient certainement été taillés à l'aide d'un instrument en métal et l'on voit les endroits où l'outil employé avait fait sauter les éclats, grâce aux trous toujours apparents faits sur cette partie supérieure. La partie inférieure était plane sur les bords ; mais on avait conservé au centre une sorte de noyau de pierre que l'on avait taillé circulairement et qui devait sans doute servir à boucher aussi hermétiquement que possible l'orifice du vase pour lequel il était destiné. Quant à savoir quels étaient ces vases, en quelle matière et de quelle forme, c'est ce qui me semble impossible : dans tout le cours de mes fouilles de cet hiver je n'ai pas rencontré un seul vase ni en pierre, ni en terre à l'orifice duquel pût s'adapter l'un de ces bouchons. Il y en avait de toutes les tailles, des petits, des moyens et des grands, tous taillés d'après le même modèle, comme le lecteur pourra le voir en se reportant à la planche XVII, n°s 6-12.

Chambre 3.

Un ciseau en métal, sans doute en cuivre.

Un fragment d'objet en métal que je n'ai pu déterminer.

12 bouchons, petits et grands, en calcaire, comme ceux de la chambre 2.

10 vases grossiers en onyx.

Un vase en terre, en forme de grande jarre, mais beaucoup plus petit.

Observations. — Le ciseau en métal ressemblait aux ciseaux qu'emploient encore aujourd'hui les ouvriers qui travaillent le bois : la lame
était assez large et peu épaisse; c'était réellement un ciseau ayant servi,
et non pas un outil votif. Les bouchons en calcaire ont été trouvés à une
très faible distance du sol de la chambre. Les vases grossiers en onyx
albâtreux sont tout à fait de la même forme que ceux dont j'ai parlé au
cours du chapitre second de ce compte rendu.

CHAMBRE 4.

Un vase en pierre.

Un bouchon en calcaire.

Un fragment de métal.

Des fragments de bouchons en terre estampillés aux noms des possesseurs de la tombe.

Observations. — Le vase en pierre était de la forme des vases grossiers en onyx, mais beaucoup plus fini, plus soigneusement travaillé et
de matière beaucoup plus belle. Une légère courbure dans la ligne lui
donnait même un air de véritable élégance. Les fragments de bouchons en terre étaient si petits malheureusement et en si mauvais état
qu'ils ne pouvaient guère être employés pour l'identification du monument.

CHAMBRE 5.

Un vase en onyx albâtreux.

CORRIDOR 6.

Rien trouvé dans ce corridor.

CHAMBRE 7.

Fragments de bouchons en terre.

Un vase grossier en onyx albâtreux.

Un bouchon en calcaire.

Chambre 8.

Deux vases en onyx albâtreux.

Corridor 9.

Un vase en terre, brisé.

Un second vase en terre, complet.

Un autre vase en terre.

Observation. — Ce second vase en terre contenait une substance végétale que je n'ai pu reconnaître.

Chambre 10.

Cette chambre ne contenait absolument rien.

Chambre 11.

Un vase grossier en onyx albâtreux.

Observation. — Ce vase se trouvait en avant de la porte, et, dans cette première partie du monument, c'est là que le plus souvent j'ai rencontré les objets qui me sont tombés entre les mains.

Corridor 6.

La partie de ce corridor située en avant de la chambre 11 ne contenait absolument rien.

Chambre 12.

34 vases en onyx albâtreux.

3 bouchons en calcaire.

Un fragment de table.

Observations. — Les 34 vases en onyx albâtreux étaient pour la plupart du type que je désigne par l'expression de vases grossiers ; mais quelques-uns d'entre eux étaient assez soignés de forme et avaient belle apparence. Ils ont tous été trouvés près de la porte de cette chambre. Certains d'entre eux contiennent encore des offrandes que j'ai fait soigneusement ramasser en les conservant dans les vases mêmes où elles se trouvaient.

Corridor 9.

Un vase grossier en onyx albâtreux.
Un vase en terre.

Chambre 13.

Une assiette complète en pierre.
Deux autres assiettes incomplètes, en la même pierre.
5 vases grossiers.

Observations. — L'assiette complète fut trouvée à peu près au milieu de la chambre et ce fut la première de cette catégorie de vases en pierre intacts que l'on trouva, car je ne compte pas les vases grossiers dont j'ai déjà parlé ; mais à peine fut-elle soumise à l'action de l'air qu'elle se fendit. La pierre dont elle était faite devait être fort commune, car j'en ai trouvé des centaines d'exemplaires : ce devait être une sorte de calcaire avec des veines formant de véritables dessins en une autre cristallisation. D'ordinaire les ouvriers qui avaient façonné ces vases avaient choisi la pierre de telle sorte qu'ils pouvaient former les bords avec le calcaire et le fond avec l'autre partie de la pierre où se trouvaient les veines.

Chambre 14.

On n'a absolument rien trouvé dans cette chambre.

Corridor 6.

Rien non plus dans ce corridor.

Chambre 15.

Cette chambre n'a non plus fourni aucun objet.

Corridor 9.

Trois fragments de vases ouvragés.
Un fragment de cruchon en terre avec des caractères.
33 vases grossiers la plupart en calcaire.

Observations. — Les fragments de vases ouvragés appartenaient à d'autres vases dont j'avais trouvé déjà des fragments dans la couche supérieure de décombres. Ils ont été trouvés dans la partie supérieure de ce corridor, a très peu de distance en dessus des murs et par conséquent peuvent appartenir aux objets trouvés dans la couche supérieure. Il en est de même des vases grossiers qui formaient comme un filon dans cette mine de sable. Le fragment de bouchon avait les mêmes caractères que ceux déjà recueillis dans les premières chambres. Il se lisait très bien et je crus tout d'abord reconnaître un roi qui se serait appelé *Ti* : je ne devais connaître la véritable lecture qu'un an après.

CHAMBRE 16.

Un harpon en cuivre.

Observations. — Ce harpon a été trouvé, comme les objets du corridor précédent, un peu au dessus des murs de la chambre et peut-être au dessus du mur sud mitoyen entre la chambre 16 et la chambre 19. On trouvera ce harpon représenté au numéro 8 de la planche XVIII. Il offrira aux savants spéciaux, j'en suis certain, un très grand intérêt, car il est encore en usage aujourd'hui chez les peuplades du centre de l'Afrique. Dans le volume qu'il a publié sous le nom d'*Artes africanæ*, M. Schweinfuhrt a publié de très bons dessins de harpon ou de fers de lance parmi les objets en usage chez les Bongos, Mittous et Monbouttous. Il n'est personne parmi nos lecteurs qui ne puisse voir, en se rapportant aux planches VII, nos 14, 18 et 21; X, nos 11, 15 et 19, et XIX, nos 12 et 13, la ressemblance et la parenté des diverses pièces, qui n'en conclue par conséquent à la persistance des coutumes et des types d'instruments en Afrique pour ne pas parler des autres pays d'Asie, d'Europe et d'Amérique.

CHAMBRE 17.

Un vase en terre.

Obervations. — Ce vase se trouvait près du pilastre du mur sud, ce qui est conforme à la position déjà observée plus haut.

CORRIDOR 6.

On n'y a absolument rien trouvé.

CHAMBRE 18.

Un morceau de métal rectangulaire.

Une aiguille en métal, tordue en deux endroits.

Un bouchon de vase en terre portant très lisible une légende enfermée dans la maison du double et surmontée d'un chacal et d'un épervier.

Un vase en terre, cassé.

18 vases grossiers.

Une assiette.

Une table d'offrandes complète, en forme de disque.

Deux vases de forme évasée en haut, plus étroite en bas, c'est-à-dire en forme de bol, tous deux complets.

Un autre vase de même forme, mais cassé.

Observations. — Tous ces objets ont été trouvés dans l'intérieur de la chambre. Le vase en terre était tout au fond de la chambre, à peu près à $0^m,20$ du mur sud : il était rempli de sable et de cendres provenant de la combustion du bois qu'on y avait enfermé et dont deux fragments avaient échappé à la combustion. En avant de ce vase et sur une même ligne à peu près, du sud au nord, étaient les deux vases et l'assiette que j'ai énumérés plus haut : le premier, le plus rapproché du sud était rempli de sable et intact, le second était cassé en quatre morceaux, mais complet. L'assiette était la plus rapprochée du mur nord ; au premier coup d'œil elle semblait intacte, mais en réalité elle était cassée en quatre morceaux. Les cassures étaient récentes, et je ne doute pas qu'il ne faille les attribuer aux ouvriers qui travaillaient à l'exploration de cette chambre, à moins qu'il ne faille l'attribuer à l'action de l'air s'exerçant sur un objet enseveli dans le sable depuis de longs siècles. Près de la porte, un peu avant le pilastre sud et touchant le mur sud était la table d'offrandes sans pied, en forme de disque, cassée aussi en quatre morceaux, mais complète. La cassure était ancienne et par conséquent ne peut être attribuée aux ouvriers, mais elle doit vraisemblablement être mise au compte de la chute du mur, car il ne faut pas penser aux spoliateurs. Le lecteur voudra bien se rappeler en effet, que les murs de cette chambre étaient complètement ruinés, qu'ils s'étaient étalés et en s'étalant avaient formé au-dessus des objets déposés à leurs pieds de véritables cachettes qui ont conservé les objets, quand elles ne les ont pas brisés. Quinze des vases grossiers étaient posés sur le sol de la chambre : un seul a été trouvé à un niveau supérieur.

CORRIDOR 9.

Un vase en terre de forme curieuse.

Observation. — Le lecteur trouvera ce vase reproduit à la rangée supérieure de la planche XXIV, numéro 12, il a exactement la forme de l'instrument dont on se sert maintenant pour allumer le feu dans les fourneaux qui meublent nos cuisines modernes et que les cuisinières désignent sous le nom de *diable*.

CHAMBRE 19.

Une petite assiette cassée.

Un fragment de vase ouvragé en pierre.

Un vase en onyx albâtreux en forme de soupière avec un conduit extérieur.

Deux petits vases en onyx.

Douze vases en forme de gobelet.

Trois bols.

Trois assiettes.

Un col de vase complet en deux fragments.

Un vase en porphyre, cassé et incomplet.

Une table d'offrandes, cassée et incomplète.

Un fragment de métal.

Vingt et un vases grossiers en onyx albâtreux.

Cinq vases grossiers en calcaire.

Quatre outils de métal.

Observation. — En déblayant cette chambre on a trouvé le fragment dont je viens de parler et qui représente la partie inférieure d'un cartouche. Il est reproduit au numéro 2 de la planche XXIII. Ce fragment est en schiste ardoisier, autant que j'en peux juger : il est travaillé à l'intérieur et à l'extérieur. Ce ne devait pas être précisément un vase, mais

18

plutôt un récipient quelconque. J'ai fait rechercher partout la partie
absente, sans pouvoir mettre la main dessus. Il n'est pas certain qu'il
appartienne réellement à cette chambre ; car il se produisit, au cours du
travail que nécessita l'exploration de cette chambre 19, une série d'éboulements de la colline ouest de décombres, et il se peut très bien que ce
fragment soit venu dans le sable de la chambre par suite de ces éboulements. A partir de cette chambre, les objets vont être trouvés en plus
grande quantité ; aussi je dois dire qu'à mon avis les chambres qui précèdent avaient été soigneusement spoliées par les chrétiens qui commirent cette action que l'on ne peut approuver; de là, la rareté des
objets rencontrés au fond des chambres. Il n'en sera plus ainsi, soit
que les spoliateurs aient apporté moins d'attention et moins de zèle à
leur ouvrage criminel, soit qu'ils aient rencontré des chambres tellement ruinées qu'ils n'aient pas cru utile d'ajouter aux ruines.

Grâce à l'étalement des murs, il m'a été possible de mettre la main
sur des vases précieux et d'avoir une grande partie du mobilier. Si l'on
considère les nombreux gobelets trouvés dans cette chambre, il y en
avait au moins douze, on peut l'appeler avec assez de raison la *chambre
aux gobelets* : nous verrons plus loin que plusieurs chambres avaient
un mobilier spécial bien déterminé, qui nous permettra de désigner
cette chambre par le nom des vases qui s'y trouvaient. Ces vases étaient
déposés dans la chambre sans grand ordre. Tout près du mur ouest et
non loin du mur sud était une assiette, puis plus près du mur sud deux
autres assiettes, trois bols et un gobelet cassé, mais complet et très fin.
Pour trouver ces six vases, il a fallu enlever la partie des murs étalés
qui les recouvraient. A environ $1^m,40$ du mur ouest et à $0^m,90$ du mur
nord était le vase en forme de soupière sans couvercle, et ayant le conduit extérieur dont j'ai parlé. Cette forme de vase est très rare, si même
elle existe dans les musées : j'ai trouvé des fragments d'autres vases
semblables, mais je n'ai malheureusement trouvé que des fragments et
je n'ai pu reconstituer ni ceux de la première ou de la troisième année
de fouilles, ni ceux de la seconde. Le conduit extérieur était de forme
ronde : c'est une sorte de bec. Entre ce vase et le mur nord était un go-

belet cassé, mais complet ; tout près du mur était une table d'offrande cassée et incomplète, sur laquelle étaient les quatre outils mentionnés plus haut, mêlés à des débris de briques et à du sable : j'ai fait rechercher les autres fragments avec tout le soin possible, dans cette chambre d'abord, puis en dehors ; mais je n'ai jamais pu les rencontrer. Cette circonstance prouverait assez bien que les murs ne se sont éboulés qu'après la spoliation, sous le poids des énormes charges de sable dont on les avait couverts. Du côté sud-est de cette chambre, on a également trouvé les fragments d'un vase en porphyre, mais ce qui en manquait est resté introuvable. Plus rapprochés du mur nord étaient les deux petits vases semblables à ceux que j'avais rencontrés au mois de février 1896 dans les fouilles d'El-'Amrah. Puis à environ 0^m,50 de la porte, sous les décombres du mur sud, étaient six vases en forme de gobelet, quatre intacts, un presque intact, sauf le rebord, le sixième en morceaux, mais complet : je trouvai en même temps deux vases grossiers, l'un en onyx albâtreux, l'autre en calcaire. Les vingt-quatre autres vases grossiers étaient aussi bien placés au côté nord qu'au côté sud de la chambre : sur les vingt-six vases trouvés de cette catégorie, vingt et un étaient en onyx albâtreux et les cinq autres en calcaire. Tels sont les détails de cette première trouvaille plus importante encore par la qualité des objets que par leur nombre.

Chambre 20 et corridor 6.

Une grande jarre en onyx albâtreux mesurant 0^m,98.

Une grande jarre de même matière, mais ornée d'un système de cordes représentées sur les flancs mesurant 0^m,76.

Un vase cylindrique en onyx, cassé.

Un second vase cylindrique également en onyx, mais plus grossier de matière que le précédent.

Un vase ouvragé, presque intact.

Cinq autres vases de formes différentes, toutes très belles.

Un fragment de vase en feldspath avec cristaux d'amphibole ayant une inscription.

Quinze vases grossiers.

Un fragment de vase ayant une inscription hiératique tracée à l'encre rouge.

Un vase en terre cuite, du type jarre, brisé.

Un second vase en terre cuite, ayant un cordon près du fond.

Quatre assiettes incomplètes.

Un couvercle de boîte en onyx.

Une table d'offrandes brisée et incomplète.

Cinq vases-gobelets en onyx albâtreux, brisés. .

Un vase en feldspath avec cristaux d'amphibole, brisé et incomplet.

Divers fragments inutilisables.

De nombreux fragments.

Observations. — Ces vases, véritable trouvaille, gisaient sous une sorte de cachette formée par le mur ouest du corridor qui s'était étalé et qui était entré dans une partie de la chambre 20. C'est pourquoi j'ai réuni cette chambre et la partie du corridor qui était vis-à-vis dans un même paragraphe. Les vases qui étaient sous le mur éboulé se trouvent sur les trois planches suivantes, VII, XV et XVI. Voici les détails que j'écrivis sur mon journal le soir de cette découverte, environ deux heures après la trouvaille qui eut lieu entre 4 et 5 heures du soir, le 14 janvier 1897 :

Dans la chambre 20, à l'angle sud-est, à environ $0^m,20$ du mur est et $0^m,40$ du mur sud, était debout un vase long et grossier; un second, qui touchait le premier, était tourné vers le sud. A $2^m,13$ du mur est et à $1^m,47$ du mur nord, était un troisième vase couché à terre, l'ouverture tournée vers le sud. Il était suivi d'un vase en terre, du type jarre, mais moins grand que les jarres trouvées l'année précédente, même que la plus petite; si je mentionne ici ce vase que je n'ai pas cru devoir rapporter au Caire, c'est que je veux donner une idée aussi complète que possible de l'aménagement des mobiliers dans les chambres avant ou après la spoliation. Ce vase en terre était suivi d'un quatrième vase grossier. A $0^m,50$ du mur nord, en face du pilastre de ce mur, était le couvercle de boîte en onyx albâtreux et veiné : je le pris d'abord pour une table

d'offrandes à deux degrés, avant qu'on l'eût tiré du sable ; mais à
l'examen je vis que le second plan était taillé de manière à présenter
tout autour un angle rentrant et je compris qu'en cet angle le couvercle devait glisser dans une rainure appropriée. Un peu à l'ouest du
quatrième vase grossier était le second vase en terre, orné d'un cordon autour du fond extérieur. Encore plus à l'ouest, presque en face
de la porte bâtie dans le corridor 6 par les spoliateurs était un grand
vase cylindrique qui parut tout d'abord intact et qui était rempli de
sable. Il était couché dans le sable, l'orifice tourné vers la porte du
corridor, le fond dans la chambre 20 : il mesurait 0^m,53 de hauteur.
Quand on voulut le prendre pour ôter le sable, on vit qu'il était cassé :
je donnai alors l'ordre à l'un de mes ouvriers d'enlever le sable avec la
main, mais à mesure que le sable était enlevé, les morceaux brisés qui
n'étaient plus soutenus se détachaient d'eux-mêmes : l'humidité du
sable avait pénétré ce vase magnifique et très fin et c'est à cette circonstance que l'on doit en imputer la dislocation. Quand j'eus fini de
faire ramasser les fragments, il y en avait 52 ; malgré cela, comme
j'avais eu la précaution de faire mettre à part ces fragments, on a pu reconstituer le second et il est représenté au numéro 4 de la planche XV.

Sous la voûte formée par l'étalement du mur ouest du corridor étaient
les gobelets et le vase en feldspath. Par derrière étaient les onze vases
grossiers que j'ai mentionnés dans le chiffre total de 15 : la plupart
d'entre eux contenaient encore la substance qui les avait remplis : j'y
trouvai notamment une sorte de toile et des feuilles de papyrus, à ce
que je crois. Derrière ces vases grossiers, couchée dans toute sa longueur, mais un peu penchée vers le nord était une superbe jarre en
onyx albâtreux, décorée de telle manière que l'âge en est assimilé à celui
des vases trouvés dans la première campagne de fouilles : elle mesure
0^m,76 de hauteur, elle a un col tout petit, puis près du fond un cordon fait
comme les cordons des vases trouvés à Om el-Ga'ab au cours de la première campagne ; de plus parallèlement à ce premier cordon, il y en a, en
remontant vers le sommet, deux autres placés à une certaine distance
l'un de l'autre et réunis l'un à l'autre par d'autres cordons formant deux

à deux un système d'angles aigus alternés, simulant les cordes par lesquelles on portait ces vases, tout comme certains marchands du Caire
portent encore les grands vases dans lesquels est enfermée leur marchandise, mais avec cette différence qu'aujourd'hui les vases portés par
les marchands modernes ont le fond retenu dans le système de cordes
qui est fait autrement, pendant que la partie supérieure du vase est
libre, tandis que pour la jarre trouvée dans cette chambre, les cordes
étaient maintenues par la circonférence du vase allant sans cesse en
grandissant. Cette décoration si extraordinaire, — on ne l'a jamais rencontrée, que je sache —, est suggestive au plus haut degré, car elle nous
reporte à une époque très ancienne où l'on copiait les décorations sur
la nature toute seule et toute nue. Cette jarre étant restée au musée de
Gizeh et n'ayant pu la photographier, je reproduis ici le dessin qui en a
été publié par M. de Morgan dans le second volume de ses *Recherches
sur les origines de l'Égypte* ainsi que celui de la grande dont la description suit.

Sous cette première jarre et un peu en arrière, allongée dans toute
sa longueur, l'orifice tourné vers le sud, était une seconde jarre de
même matière, tout aussi intacte, mesurant $0^m,98$ de hauteur, mais non
décorée. Elle est le vase le plus haut qui soit actuellement connu parmi
les vases en pierre trouvés en Égypte. C'est un morceau magnifique et
elle témoigne de la grande habileté qu'avaient les ouvriers pour tailler
les pierres de cette sorte. Sous cette seconde jarre, mais séparés par de
la terre tombée qui les avait préservés, étaient six vases en marbre
noir et blanc, ou blanc et bleu. Ce sont ceux qui sont représentés à la
planche XVI, numéros 2, 3, 4, 6, 7 et 9. Le lecteur verra par lui-
même que les ouvriers qui les firent avaient déjà à un très haut degré
le sens de la beauté des lignes. Il n'y en a pas un seul qui ait une forme
pareille à celle de son voisin. Tous les six sont intacts. Je me bornerai
à faire remarquer les formes des trois premiers et du sixième. Le premier a deux oreillettes placées à la naissance de la panse, horizontalement, comme dans les vases votifs, trouvés la campagne précédente
et qui sont représentés à la planche VIII du premier volume de mes

rapports. Le second a une forme vraiment très belle, presque grecque
de lignes, mais où l'on remarque un manque de régularité dans le grand
axe du vase, manque de régularité qui n'est cependant pas assez fort
pour mettre en péril la stabilité du vase. Le troisième est un vase cylin-

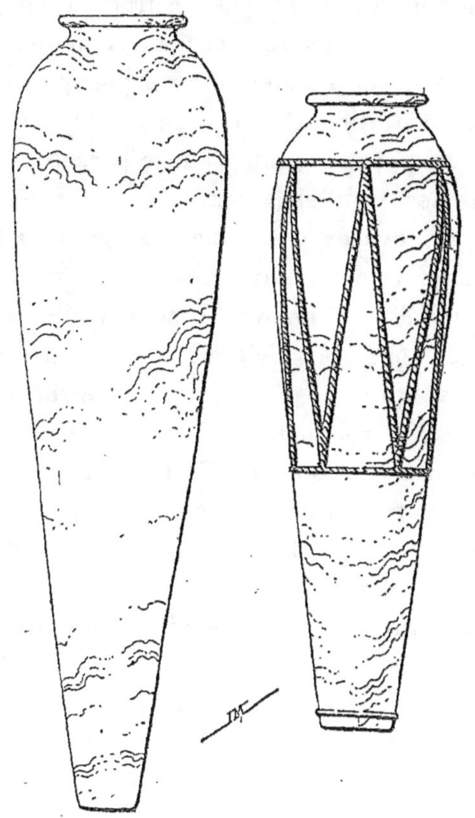

Jarres d'albâtre (Abydos). 1/3 grandeur naturelle.

drique avec rebord, mais où la forme cylindrique dans ce qu'elle a naturellement de lourd est heureusement corrigée par l'infléchissement
des lignes au milieu et par la légère courbure qui en résulte. Le quatrième vase est ouvragé : il est rectangulaire dans sa forme trapue, et
chacun des quatre côtés du rectangle est partagé en un certain nombre
de tranches ; chacune de ces tranches est reliée à la suivante par un

certain nombre de lignes horizontales, et traversée par de petites lignes obliques par rapport aux autres. Cette décoration est des plus simples, mais cependant des plus heureuses en tous points. Le col est annoncé par une ligne circulaire, et la panse aboutit à deux oreilles dont la forme singulière ne manquera pas de frapper l'esprit du lecteur, car elles ressemblent aux bouts de sacs à charbon de bois que les charbonniers attachent avec des ficelles afin de pouvoir les prendre, si bien que toute cette décoration serait prise encore de l'enveloppe du vase primitif, ce qui ne peut plus surprendre personne après la description de la plus petite des grandes jarres.

La partie supérieure de cette chambre contenait un fragment d'un vase en feldspath avec cristaux d'amphibole contenant une inscription : comme ce vase était d'une assez grande épaisseur, il se faisait facilement remarquer parmi les autres, ce qui fait que j'ai pu facilement retrouver les parties manquantes et reconstituer le vase presque en entier. Il est représenté à la planche XXII, numéro 8. Il est d'une forme bizarre, très évasée avec un tout petit fond. La matière est très bien polie. L'inscription qui est admirablement gravée est la suivante :

La gravure sur cette pierre montre, je crois, qu'on ne saurait l'attribuer à une époque aussi haute que celle des stèles ou même des morceaux gravés trouvés dans la première campagne ; d'ailleurs, les titres eux-mêmes sont connus et doivent sans doute remonter à une époque complètement historique. Je ne ferai point ici l'examen de ces titres ; cet examen sera mieux à sa place dans l'un des chapitres suivants, et j'aurai alors l'occasion de dire tout au long ce que je pense de l'époque à laquelle elle a été gravée.

Somme toute les trouvailles faites dans cette chambre 20 et la partie du corridor 6 lui attenant ont été des plus heureuses, et je peux leur donner le nom de *Chambres aux grands vases.*

Chambre 21.

Deux assiettes intactes.

Cinq tables d'offrandes cassées et incomplètes.

Un fragment de table d'offrande en pierre bleue et blanche.

Des feuilles d'or en assez grand nombre pour remplir une petite boîte.

Des fragments de trois vases en marbre rouge.

Quatre vases fragmentaires avec inscription hiératique.

Quarante-cinq couffes pleines de débris de vases de toutes sortes, en marbre rouge, en onyx, en marbre bleu et blanc, en pierre schisteuse ardoisière.

Des ustensiles en métal.

Observations. — Quoique la liste des objets trouvés dans cette chambre n'occupe pas un aussi grand nombre de lignes que ceux de la chambre précédente, cependant en réalité ils étaient beaucoup plus nombreux, et je crois pouvoir sans exagération porter leur nombre à 150 ou peut-être à 200. D'après les modèles trouvés, c'était *la chambre aux tables d'offrandes et aux vases en marbre rouge*. Il va sans dire qu'il y avait d'autres vases en autre matière, car une chambre, quoique spécialement désignée à telle ou telle sorte de vases, avait un mobilier complet.

Tout le sol de cette chambre était recouvert de vases fragmentaires, malheureusement brisés en un très grand nombre de petits morceaux, par les murs qui étaient tombés sur eux ou avaient été lentement désagrégés par l'humidité des murs et du sable. Je fis ramasser tous ces fragments et je les mis à part : à midi il y en avait déjà 42 couffes de remplies et j'en trouvai trois autres dans l'après-midi. Au milieu des fragments de tables d'offrandes, en les considérant attentivement, je m'aperçus que certains de ces fragments parfaitement reconnaissables à cause de leur taille et de leur façon, s'adaptaient très bien à d'autres fragments que j'avais rencontrés auparavant dans la couche supérieure de sable et de débris, notamment un fragment de table en marbre bleu et blanc et deux autres d'une table grande et circulaire en marbre blanc

très facilement reconnaissable, parce que derrière le marbre blanc il y
avait une couche assez épaisse de cristallisation jaune très curieuse.
Cette observation me parut assez importante pour l'historique du monument et elle vient corroborer ce que j'ai déjà dit plus haut : si les
spoliateurs avaient trouvé la chambre 21 en l'état où je l'ai trouvée, ils
n'auraient pu répandre dans la couche de sable supérieure certains
fragments appartenant à des objets dont les autres fragments se trouvaient sur le sol de cette chambre, avec des vases intacts. Leur conduite
en cette circonstance doit s'expliquer ainsi : après avoir brisé presque
tout le mobilier de cette chambre avec la plus grande sauvagerie, ils en
emportèrent certains fragments qu'ils jetèrent çà et là, où bon leur
semblait, puis ils remplirent la chambre de sable et le sable fit étaler
les murs. Il est vrai qu'on peut se demander comment des murs en terre
qui étaient secs et archi-secs ont pu s'étaler comme ils l'étaient, et cette
question ne laisse pas que d'être assez embarrassante ; mais si l'on
pense qu'il peut avoir suffi d'une seule journée de pluie pendant la spoliation, ou de quelque autre accident analogue très possible, la réponse
est assez facile à trouver.

Quoique je n'aie pu noter la place occupée par les objets, pour la
bonne raison que le sol en était couvert, j'ai cependant observé qu'aux
angles sud-est et sud-ouest, c'est-à-dire près du pilastre de la porte, il
y avait de grands vases en onyx albâtreux brisés. Ils étaient remplis
d'offrandes faites autrefois et j'ai soigneusement recueilli ce contenu
vénérable. A l'entrée de la chambre, sur la ligne où commençaient les
murs nord et sud, on a trouvé un morceau de métal qui devait avoir appartenu primitivement à un ustensile qui était situé au nord, pendant
qu'au sud, c'est-à-dire à l'endroit où aurait dû être le pilastre qui n'existait plus, mais dont on voyait encore la trace, on a trouvé d'autres objets
également en métal qui m'étaient inconnus et notamment ce qui m'a
semblé un couteau. Sous l'étalement du mur est, au fond de la chambre
étaient une quantité de vases en marbre rouge, et notamment trois, qui
étaient presque complets : ils avaient été recouverts par les murs qui
les avaient ainsi préservés. Le plus beau de ces vases est représenté à

la planche XII, numéro 19 : il avait une forme dont je ne connais pas l'a-
nalogue dans les poteries modernes, mais dont il existe encore un
assez grand nombre dans les vases égyptiens : il avait dû être d'une
très grande difficulté à creuser. En effet le fond était arrondi, et les
bords revenaient horizontalement jusqu'à l'ouverture, comme si l'on
avait mis un couvercle horizontal sur un vase circulaire. Cette ouverture était assez grande, mais elle avait été remplie en partie par une
rondelle en pierre entrant dans le vase et en limitant ainsi l'orifice. Le
vase avait deux oreilles horizontales dont une était cassée. La rondelle
trouvée sur ce vase m'éclaira soudainement au sujet d'autres rondelles
semblables trouvées sous le vase auquel elles appartenaient ; j'avais cru
d'abord avoir affaire à une sorte de bracelet en pierre, quoique la rainure de certaines de ces rondelles m'eut vite fait comprendre l'impossibilité de la chose ; la découverte du vase en question me démontra l'u-
sage et la nature de semblables objets dont j'ai trouvé environ une
dizaine.

Les inscriptions hiératiques écrites sur les fragments en question
dans cette chambre et dont on trouvera des spécimens dans la planche
XXI aux numéros 7, 8 et 9, étaient écrites à l'encre noire ou à l'encre
rouge. Les inscriptions à l'encre noire sur fond blanc sont parfaitement
venues à la photographie ; mais les inscriptions à l'encre rouge sur des
vases en marbre noir et blanc, ou blanc et bleu, ne sont pas venues du
tout et j'ai dû renoncer à photographier celles qui étaient photogra-
phiables ; mais il y a une autre raison qui a empêché de les photographier, c'est que l'encre s'oblitérait de telle façon sur la plupart des inscriptions de cette catégorie qu'elles sont promptement devenues
illisibles. Je ne publierai que celles que j'ai pu lire. Elles étaient très
courtes, ne contenant que le nom du donateur avec l'objet donné par lui
en l'honneur des défunts.

On trouva dans l'un des trous pratiqués dans le mur sud pour recevoir l'extrémité des chevrons, lequel avait 0^m,50 de profondeur environ,
deux feuilles d'or fragmentaires qui me furent remises. Leur présence
en cet endroit m'étonna à bon droit : je fis chercher si par hasard les

autres trous pour les chevrons n'en contenaient pas de semblables : il
n'y en avait nulle part, mais on trouva que certains de ces chevrons
avaient été calés avec des pierres, parfois assez grosses qui étaient
devenues ainsi partie intégrante des murs. Cependant la vue de ces
feuilles d'or fragmentaires avait suffi pour réveiller en mes ouvriers et
en leurs chefs la soif de ce métal : ils me supplièrent de permettre
qu'on fouillât le mur nord pour voir s'il ne contiendrait pas d'autres
feuilles de cet or qu'ils prisent tant. Comme les murs nord et sud
avaient été respectés dans leurs parties supérieures, j'accordai la permission de fouiller un de ces murs et d'en abattre ce qui s'était étalé.
On ne trouva rien dans le mur sud, mais dans le mur nord, au moment
où l'on allait abandonner la recherche, un coup de hachette donné par
un ouvrier pour détacher la partie du mur qui s'était étalée, entraînait
un énorme morceau de maçonnerie et dans ce morceau étaient de
nombreuses et petites feuilles d'or. Comment cet or se trouvait-il dans
ce mur? C'est une question qu'il n'est pas trop facile de résoudre ; pour
ma part je n'y vois acune autre solution que de dire qu'on l'y avait enfermé sans doute au moment de la construction, car il n'est pas possible
à mon sens, de croire que les spoliateurs l'eussent mis dans ce mur
ou l'y eussent laissé tomber. Peut-être l'avait-on déposé dans le mur
au moment de la construction comme une sorte de dépôt destiné
à purifier la construction et à la garder contre les mauvais esprits,
comme on le fait encore en Égypte et un grand nombre d'autres pays,
surtout dans ceux où la superstition est dominante. La présence de cet
or montre bien qu'à l'époque où fut construit le monument on connaissait ce métal et on savait le travailler : dans la campagne précédente
j'avais trouvé de l'électrum dans la composition duquel l'argent dominait, par conséquent il n'y avait pas à s'étonner de trouver des feuilles
d'or martelées. C'est à la présence de ces feuilles d'or dans les murs de
la chambre 21, que je dus de connaître que le tombeau avait été construit
en terre battue : en effet dans le gros bloc de terre battue qui se détacha du mur et que je fis morceler, il n'y avait pas la moindre trace de
briques, pas le moindre petit intervalle qui montrât que ces lits de

briques avaient été superposés l'un à l'autre : tout se tenait d'un seul bloc, matière, crépi en terre et crépi au lait de chaux. Il ne restait plus qu'à conclure ce que j'en ai conclu, à savoir que le monument avait été primitivement construit en terre battue. Cette conclusion, on le comprendra facilement, n'était pas de nature à me déplaire et à faire douter de la très haute antiquité du monument que je fouillais.

CORRIDOR 9.

Une table d'offrandes, brisée mais complète.

Cinq vases grossiers en onyx albâtreux et en calcaire.

Un petit vase en onyx.

Quatre assiettes contenant encore leurs offrandes.

Observations. — L'antichambre 9 entre les chambres 21 et 22 contenait une porte en terre battue : la présence de cette terre battue était sans doute due, en avant des pilastres nord-ouest et est du corridor, à l'étalement des murs et les spoliateurs en auront profité pour mettre des blocs de terre battue et former une porte. Cette circonstance nous a conservé les objets énumérés en tête de ce paragraphe. Les quatre assiettes se trouvaient à l'angle nord-ouest, empilées les unes dans les autres et contenant encore les offrandes qu'on y avait déposées : ces offrandes étaient pour la plupart des feuilles de papyrus comestible. Près de la porte ouest de la chambre étaient les vases grossiers en calcaire et en onyx albâtreux. A l'angle sud-ouest était la table d'offrandes, c'est-à-dire le grand disque que j'appelle ainsi et qui servait à y déposer les plats qui devaient fournir le menu du repas; il y en avait de deux sortes, les disques et les tables avec pied. Comme le petit vase en onyx touchait cette table, je crus d'abord que c'était le pied sur lequel reposait la table, mais je fus bien vite détrompé.

CHAMBRE 22.

Trois fragments de table en marbre blanc et bleu.

Trois vases en feldspath, brisés.

Quatre assiettes complètes, mais brisées.

Une assiette en onyx, brisée, mais complète.

Cinq tables d'offrandes fragmentaires.

Quinze vases grossiers.

Vingt-huit couffes pleines de fragments.

Observations. — Pour les mêmes raisons que plus haut pour la chambre 21, j'ai trouvé le mobilier de cette chambre à peu près au grand complet, mais aussi dans le même état, c'est-à-dire que tout était brisé. Aussi n'ai-je pas cru devoir noter l'emplacement des objets qui couvraient le sol de cette chambre : je me suis borné à noter la place des plus importants. Les tables d'offrandes étaient répandues un peu partout sur le sol de la chambre. Outre ces tables fragmentaires, je trouvai trois fragments de la table en marbre bleu et blanc dont j'ai déjà parlé à propos de la chambre 21 et qui se rapportaient à un pied trouvé en partie dès les premiers jours des fouilles dans la partie supérieure, c'est-à-dire trente et un jours, le 17 décembre et le 17 janvier, auparavant. Les vases grossiers étaient disséminés un peu partout à l'ouest et à l'est, au nord comme au sud de cette chambre. Du côté sud et du côté nord, ils étaient enfoncés sous les murs étalés et touchaient les murs véritables. C'est aussi là qu'ont été recueillis les trois vases en feldspath et l'assiette en onyx. Parmi les fragments, ceux qui dominaient étaient des vases en feldspath, en joli marbre bleu tacheté de blanc et en porphyre. Aussi cette chambre peut-elle être nommée avec raison la *chambre aux vases de couleur et aux tables d'offrandes*.

CHAMBRE 23.

Deux vases grossiers en calcaire.

Observation. — C'est tout ce que contenait cette chambre qui avait été entièrement saccagée.

CORRIDOR 6.

Aucun objet n'a été trouvé.

CHAMBRE 24.

Deux grands couteaux en silex.

Trois cylindres grossiers en onyx albâtreux.

Cinq grosses pierres taillées en calotte sphérique.

Des vases en terre cuite très nombreux, mais brisés.

Observations. — Cette chambre était détruite plus encore que les précédentes et, selon la règle ordinaire des chambres détruites, je devais
m'attendre à trouver un mobilier complet ; mon attente n'a point été
trompée, mais ce mobilier, au lieu de consister en vases de pierre dure,
n'était guère composé que de poteries. Or toutes les poteries contenues
dans cette chambre étaient complètement brisées, sans la moindre
exception. Quelques-uns de ces vases contenaient une sorte de décoration composée de traits noirs pouvant représenter des animaux peut-
être, ou bien plus vraisemblablement de simples lignes. N'ayant absolument rien trouvé qui fût digne d'attention dans cette chambre, je
consentis à donner l'ordre de chercher sous la partie étalée des murs :
je n'y rencontrai guère que des objets semblables. J'avais en effet trouvé
trois fonds de poteries remplis d'une sorte de matière rouge à déterminer : cette matière rouge avait dû être très abondante autrefois, car
tout l'intérieur du tombeau était rempli de terre et de tessons ayant
cette même couleur rouge que je venais d'observer. Je voulais donc
voir si je ne rencontrerais pas quelque pot intact encore plein de cette
matière. De plus mes ouvriers m'affirmaient avoir aperçu sous l'éboulis
des pierres appuyés sur les murs et ils croyaient qu'il pouvait y avoir
des vases. Or, je ne trouvai pas le plus petit pot rempli de la matière
qui me préoccupait, mais je rencontrai bien des pierres toutes appuyées
au mur est et quelques-unes au mur sud : il y en avait huit dont je parlerai plus loin, à propos de celles qui furent trouvées dans la chambre
25. Ces pierres avaient été placées entre certaines poteries et quelquefois sur elles : il n'est pas étonnant que les pots s'en soient trouvés
écrasés ; mais j'incline à croire qu'il n'en était pas ainsi primitivement,
que ce sont les spoliateurs qui les ont placées dans cette chambre et
que primitivement elles devaient se trouver dans la chambre voisine,
c'est-à-dire la vingt-cinquième.

C'est là tout ce qui fut trouvé au fond de la chambre et sur le sol ; mais

la veille et le jour même du déblaiement de cette chambre, très peu au
dessus des murs, on avait trouvé cinq grands couteaux en silex, dont
quatre étaient intacts, et le cinquième n'était que le manche et une partie
de la lame. Le premier de ces couteaux fut trouvé dans une circonstance assez curieuse : l'ouvrier qui l'avait trouvé — c'était un nègre,
peu connaisseur, mais fidèle — l'avait tranquillement mis dans la couffe
qu'il remplissait, sans se douter de la valeur de cet objet ; je me trouvais
au même moment derrière lui et, comme il allait remettre la corbeille
au porteur, le manche sortant de la couffe frappa mes yeux et je lui fis
observer ce qu'il avait fait : il s'excusa sur son ignorance et il me dit que
pareille chose ne se renouvellerait plus, car il saurait désormais reconnaître les objets semblables. C'était le premier qu'on rencontrait : jusqu'alors on n'y avait pas fait grande attention, mais à mesure que je
faisais recueillir tous ceux qu'on trouvait, les ouvriers se disaient que
sans doute les objets avaient une certaine valeur et leur convoitise était
éveillée. On m'en déroba quelques-uns et j'ai su que depuis on les a
vendus au Caire à des prix fabuleux.

CORRIDOR 9.

Dix-huit haches en métal.

Observations. — Ces dix-huit haches en métal, cuivre rouge, ont
été trouvées en avant de la porte qui donnait entrée dans la chambre 25,
sous les chevrons tombés de la porte sur le sol. J'avais précédemment,
dans la couche supérieure, trouvé quelques petits spécimens de haches
votives en cuivre ; mais celles-ci n'étaient pas le moins du monde votives, c'étaient au contraire des haches ayant bel et bien servi, car le
tranchant de plus d'une était émoussé. Elles avaient toutes la même
forme, à peu de chose près : cette forme était inconnue jusqu'ici dans
l'archéologie égyptienne, car il n'y a pas la moindre ressemblance entre
la forme des haches connues d'époque historique, et celle des haches
découvertes en cette chambre. La seule différence qui existe dans la
forme de ces haches est que certaines ont la partie de derrière un peu
arquée, tandis que chez les autres elle est droite. Dix-sept d'entre elles

ont à leur milieu un trou assez mal fait et témoignant manifestement d'une usure : c'était par ce trou qu'on passait les liens qui servaient à assujettir solidement l'arme à son manche, lequel devait être en bois ayant une entaille dans laquelle on glissait la hache qu'on assujettissait ensuite avec le système de liens dont je viens de parler. La dix-huitième au lieu de ce trou avait une petite ouverture rectangulaire dans laquelle on passait le lien, si c'était possible. Le premier mode d'emmanchement est celui qui nous est montré par le signe hiéroglyphique de forme très ancienne qu'on trouve déjà dans les panneaux de Hosi. Le musée de Gizeh a pris six de ces haches : j'ai fait photographier les douze qui me sont restées : le lecteur les trouvera représentées à la planche XVIII.

CHAMBRE 25.

Un vase en feldspath complet, mais cassé.

Deux vases en terre cuite intacts.

Un vase de bronze.

Une boîte en onyx albâtreux.

Une très grande quantité de poteries brisées.

Une substance résineuse.

Des fragments de vases en pierre.

Des fragments de métal.

Un fragment de cristal de roche.

Huit cylindres en onyx.

Un fragment de vase écrit portant ⸗.

Des matières organiques.

Sept pierres diverses taillées en forme de calotte sphérique.

Observations. — Cette chambre ne démentait pas la règle que j'ai fait connaître précédemment : elle était ruinée, par conséquent elle avait dû conserver intacte une grande partie du mobilier, sinon la totalité. Elle n'a point failli à son devoir.

Les poteries étaient très nombreuses et toutes brisées, à l'exception des deux vases en terre cuite trouvés intacts. Elles étaient répandues

sur tout le sol de la chambre, sans ordre et mélangées à d'autres objets.
Elles étaient remplies d'offrandes de matières organiques qui sont de-
meurées dans les deux vases qui ont été rencontrés intacts, et dont j'ai
prélevé une partie pour le reste. Je n'y ai point rencontré les ornements
dont il a été question tout à l'heure, à propos des poteries trouvées
dans la chambre 24.

Sous la partie étalée du mur sud, à partir de la porte jusque vers le
milieu, se trouvaient les cylindres en onyx albâtreux et les calottes sphériques en granit gris, en marbre rouge et en granit noir, car tous les
cylindres dans cette chambre comme dans la précédente étaient en onyx
albâtreux et toutes les calottes sphériques en pierre de couleur. J'en ai
trouvé quelques autres dans la couche supérieure de sable, à peu près
au-dessus de ces chambres ou des chambres de la rangée voisine, c'est-
à-dire 21 et 22 : je n'en ai pas rencontré une seule ailleurs. Que sont
ces pierres, cylindriques ou en forme de calotte sphérique? On a émis
devant moi bien des hypothèses : je n'en mentionnerai que deux pour
montrer leur impossibilité. La première, qui a été émise à Abydos
même, par quelqu'un qui était venu me voir, considérait ces pierres
comme des percuteurs employés pour le travail des vases en pierres :
une simple constatation suffira à montrer l'inanité d'une pareille assi-
milation. Les percuteurs doivent pouvoir se prendre facilement avec la
main et n'être pas trop lourds pour pouvoir être employés avec fruit;
or, si à la rigueur on peut prendre à la main les plus petits cylindres,
on ne saurait les tenir dans la main plus de trois ou quatre minutes, tellement ils sont lourds; quant aux calottes sphériques elles sont tellement larges que ce n'est pas trop des deux mains pour les saisir, et
tellement pesantes qu'un homme ordinaire ne saurait s'en servir pour
frapper un autre objet. De plus, il faut bien admettre que si on les avait
employées comme percuteurs, cet usage eût nécessité des matériaux
aussi durs que la matière dont auraient été faits ces percuteurs
et que l'on n'eût pas manqué de faire des éclats sur le percuteur lui-
même : or il n'y en a pas un seul et ils sont taillés assez grossièrement
comme à facettes, surtout les calottes sphériques. Cette hypothèse ne

soutient donc pas un seul moment l'examen. La seconde voudrait voir
en ces morceaux de pierres des *monstres*, si je puis ainsi appliquer ce
mot de théâtre à des objets qui ne sont guère semblables, dans lesquels
on aurait ensuite taillé le vase que l'on voulait faire. Je dois dire que
cette hypothèse paraît beaucoup plus plausible que la première ; mais à
l'examen des doutes viennent et de ces doutes on passe à la certitude
qu'il n'en a pas été ainsi. En effet, ces objets ne peuvent pas avoir servi
pour faire des vases, parce que d'abord les cylindres sont trop peu
larges pour avoir pu faire même les vases grossiers ordinaires, puisqu'en conservant une épaisseur correspondant à la hauteur on n'a pas
assez d'ouverture. De plus, et ceci regarde les calottes sphériques,
pourquoi aurait-on taillé à facettes le fond du vase qu'on aurait ensuite
dû polir, ce qui paraîtra un travail complètement inutile, la nécessité
du polissage étant admise. Je ne crois donc pas, pour ma part, que cette
seconde hypothèse soit plus solide que la première. Quant à dire à quoi
servaient ces pierres et pourquoi elles avaient été déposées dans le tombeau, c'est ce dont je ne me chargerai pas. Tout au plus puis-je penser
à part moi que ces pierres à peine dégrossies et sommairement taillées
avaient pu servir de fétiches, ce qui rendrait compte de leur présence
dans les chambres de cette première partie du monument.

Le vase en cuivre a été trouvé à peu près dans le milieu de la
chambre, à 0^m,86 du mur ouest, 0^m,36 du mur sud et 0^m,40 du mur nord.
Il était debout au milieu du sable et des débris de vases. Il était intact
seulement rentré, sur un côté, peut-être par suite de l'éboulement des
murs. Il avait une anse collée sur l'un des rebords. Il était rempli d'une
matière qui semblait saturée de graisse ou d'un corps gras quelconque.
On devait l'avoir considéré comme très précieux, car il avait été entouré
de toile qu'on apercevait encore sur les côtés, malgré l'oxydation produite par les siècles. Ce vase par sa matière, sa forme et son extrême
rareté est l'un des objets les plus précieux qu'ont produits les fouilles
de ce monument : il décèle une très grande habileté dans le travail du
cuivre. On le trouvera sur la planche XVII, au numéro 16 ; mais comme
en de pareils cas on ne saurait donner de toutes les parties une repré-

sentation trop détaillée, je donne ici les deux dessins qu'en a déjà publiés M. de Morgan dans le second volume de ses *Recherches sur les
origines de l'Égypte*. D'autres fragments de métal ont été trouvés près

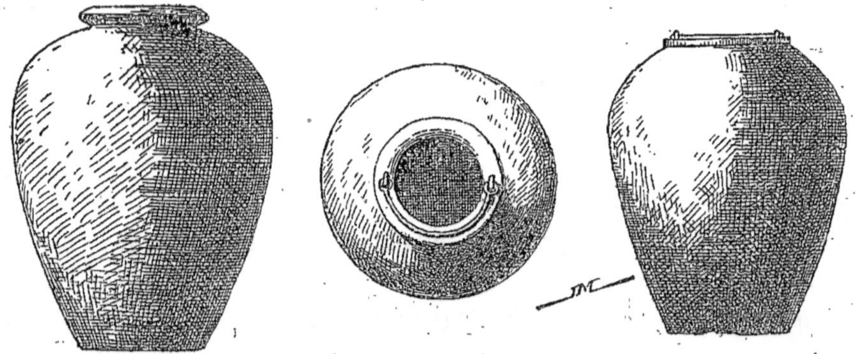

Vases en cuivre (Abydos). 1/6 grandeur naturelle.

de ce vase, mais, pas un seul ne laissait supposer la forme de l'objet auquel il appartenait, tellement ils étaient brisés en tout petits fragments;
cependant l'un d'eux qui était assez grand était resté attaché à un frag-

Cuve d'albâtre (Abydos). 3/16 grandeur naturelle.

ment de poterie : je voulus le faire apporter à ma maison, mais pendant
le transport il se détacha de la poterie et il fut cassé par l'ouvrier qui
l'apportait et qui fut puni en conséquence.

Près de la porte de cette chambre, enfoncée dans le mur nord éboulé, on a trouvé une sorte de boîte en albâtre ou en onyx, faite d'un seul bloc évidé et formant le faix d'un homme. Cette boîte ou ce coffret était rectangulaire autant qu'on l'avait pu faire et elle avait à la partie supérieure des rainures dans lesquelles on devait faire glisser le couvercle pour la fermer et pour l'ouvrir ; d'un côté les rainures sont munies d'une entaille qui a toute la largeur des bords, de l'autre il n'y en a qu'une. Les deux couvercles appuyés sur cette boîte ne peuvent en faire partie, ainsi qu'on le verra facilement. La boîte était pleine de sable et avait l'ouverture tournée vers l'ouest. Je reproduis également le dessin qu'en a publié M. de Morgan dans l'ouvrage déjà cité : on verra la différence. Il devait exister une assez grande quantité de boîtes pareilles, car outre les deux couvercles représentés dans la planche VI auprès de la boîte et appuyés sur elle, j'ai trouvé d'autres fragments de ces couvercles, facilement reconnaissables aux rainures qui leur permettaient de glisser dans celles correspondantes des boîtes. Et cependant je n'ai pas découvert un seul autre exemplaire d'un pareil objet. A quoi celui que j'ai rencontré pouvait-il servir ? C'est ce qu'il m'est impossible de dire. Quand je le trouvai, l'idée me vint aussitôt que ce pouvait être l'imitation de la boîte dans laquelle Set avait enfermé Osiris, car j'étais persuadé que tôt ou tard je trouverais la tombe célèbre du Dieu-homme et je n'avais aucune idée que le monument que je fouillais pouvait être le tombeau de Set et de Horus ; mais ce ne fut qu'une idée passagère et je ne m'arrêtai pas même un instant à cette illusion. Le couteau ne pouvait guère m'éclairer sur l'usage qu'on en faisait.

C'est aussi dans l'ouverture de la porte de cette chambre qu'a été trouvé le grand fragment de cristal de roche dont il est fait mention parmi les objets trouvés dans cette chambre.

CHAMBRE 26.

Deux vases grossiers en calcaire.

Un pot en terre.

Un ossement trouvé au dessus de la chambre.

Divers fragments de vases, dont deux avec bec.

Observations. — Cette chambre avait été ruinée par les Coptes spoliateurs qui avaient dû éprouver de nombreuses difficultés à cause de la
descente incessante du sable : j'ai retrouvé les mêmes difficultés provenant de la même cause. Je n'aurais absolument rien à noter à propos
de cette chambre sans le pot en terre et l'os énumérés ci-dessus. Le pot
en terre contenait encore une partie de l'offrande qu'on y avait déposée
mélangée au sable et, chose vraiment peu attendue, à du crottin d'âne
Le lecteur se rappellera sans doute ce que j'ai écrit à ce sujet dans le
chapitre relatif à la spoliation et aux spoliateurs. Je n'en dirai pas plus
long à ce sujet. Quant à l'os humain trouvé au jour où l'on commença
le déblaiement de cette chambre, à savoir le 20 janvier 1877, ce fut le
premier que l'on rencontra dans la première partie du monument. Autant que puis le croire, c'était un os du genou, ainsi que je l'ai noté à ce
jour dans mon journal. Ce fut le premier indice que le monument que
j'explorais était bien un tombeau. Il fut rencontré dans un amas de sable
descendu de la couche supérieure à la partie est de la chambre 26, particularité qu'il ne faut pas négliger et sur laquelle j'appelle l'attention
du lecteur.

Corridor 6.

Il n'y avait absolument rien dans ce corridor quoiqu'il fût très ruiné
et que le mur ouest en particulier n'avait plus qu'une épaisseur de $0^m,75$
au lieu de l'épaisseur que j'ai notée.

Chambre 27.

Un fragment de vase en basalte.
Un joli petit vase intact.
Six morceaux de métal.
Un silex grossier.
Deux couffes de fragments.
Observations. — Le fragment de vase en basalte mentionné en tête
des objets rencontrés dans cette chambre se rapportait à d'autres frag-
ments semblables trouvés dans la chambre 22. Je n'ai rien à faire ob-

server sur les fragments de métal qui ont été relativement nombreux dans cette chambre, sinon qu'ils étaient d'une petitesse extrême. Le vase en pierre est représenté au numéro 22 de la planche XX. Les couffes de fragments n'ont offert aucune particularité

CORRIDOR 9.

Des vases en pierre schisteuse ardoisière.

Observations. — Ces vases ont été trouvés près de la porte de la chambre 27 : c'est tout ce que renfermait ce corridor.

CHAMBRE 28.

Une petite assiette en onyx albâtreux.
Trois fragments en cristal de roche.
Un fragment de vase ouvragé.
Une aiguille en métal.
Un ciseau en métal.
Un fragment de métal d'une forme indéterminée.
Une lamelle en cuivre.
Un vase en onyx intact.
Sept vases complets, mais cassés, en pierre schisteuse ardoisière.
Un vase en terre cuite presque entier.
Trois vases grossiers.
Dix-sept assiettes brisées en pierre schisteuse ardoisière.
Un vase en porphyre, fragmentaire.
Sept aiguilles en cuivre.
Un os de l'avant bras.
Une coquille.
Des fragments d'un ou deux autres vases en terre cuite.
Cent huit silex, petits couteaux ou grattoirs.
Quatre-vingts silex, grands couteaux, dont deux seulement ont été rencontrés complets, l'un d'eux intact.
Trois cent trente silex ou éclats de silex grossiers.

Soixante couffes de fragments de vases en onyx albâtreux, en porphyre et la plupart en pierre schisteuse ardoisière.

Observations. — Cette chambre 28 était l'une de celles qui avaient conservé tout leur mobilier : jamais chambre n'avait été encore aussi productive, mais aussi malheureusement, jamais chambre n'avait été plus saccagée. Elle était, selon la règle invariable, dans un état de ruine presque complète, et c'est pour cela que le mobilier y a été retrouvé. Elle doit porter le nom de *Chambre aux vases en schiste ardoisier et aux silex*.

Le sol de la chambre entière était couvert de fragments de vases et de fragments de silex, si bien qu'il était complètement impossible de noter l'emplacement des uns et des autres ; mais j'ai cependant pu faire les constatations les plus intéressantes et les plus inattendues. Tout d'abord, les silex ont été trouvés partout, mais principalement près du mur ouest et dans ce même mur. Ceux qui étaient près de cette partie de la chambre étaient pour la plupart de grands couteaux que l'on trouvera représentés dans la planche XIX ; ils étaient presque tous cassés, car il n'y en avait que deux d'intacts. Il y avait aussi quelques grattoirs très fins, trois ou quatre. Dans d'autres parties de la chambre il y avait aussi d'autres couteaux, dont un seulement était intact et un autre complet. La plupart des silex étaient très grossiers, à peine éclatés, très grossièrement taillés d'un côté, quand ils l'étaient et ayant parfois conservé sur l'une de leurs faces la gangue primitive dont ils avaient été recouverts. On les a trouvés en telle quantité mêlés à de tout petits éclats, qu'on ne peut guère répondre avec doute à la question de savoir si, oui ou non, on les avait placés dans cette chambre de propos délibéré et avec intention. Le fait seul d'en avoir rencontré un si grand nombre dans un même endroit répond à la question. Jusque-là je ne les avais trouvés qu'à l'état sporadique et le chiffre des jours où j'en avais trouvé le plus s'élevait jusqu'à dix ; de même j'en ai trouvé d'autres dans les dernières chambres de cette partie du monument, mais nulle part en une quantité que l'on puisse le moins du monde comparer à celle de cette chambre. On les avait donc bien déposés avec intention dans cette chambre 28. Il est facile de comprendre qu'une si grande quantité d'objets de la même matière ait fourni à la spoliation une proie plus que suffisante pour en parsemer tous les décombres. On pouvait à la rigueur se croire en un petit atelier pour la taille des silex. Pourquoi, puisqu'on avait des pièces magnifiques, avait-on conservé dans cette chambre tous les éclats, même les plus petits, ne pouvant servir à quoi que ce fût, même les gros éclats avec la gangue y attachée? Évidemment ce n'est pas dans un but utilitaire, du moins terrestrement utilitaire, mais bien plutôt dans un but pieux et peut-être que si l'on voulait rattacher la présence de ces nombreux silex et éclats de silex à l'invention de la taille du silex, ou tout au moins aux perfectionnements d'un art rudimentaire, ne serait-on pas très éloigné de la vérité. Il est plus difficile de rendre compte de la raison qui fit placer les silex ou éclats dans le mur même; mais comme cette position n'a pas été spécialement réservée aux silex, j'en parlerai plus bas.

Les vases en onyx albâtreux et en pierre schisteuse ardoisière étaient en très grande quantité, et c'est surtout sous les parties éboulées des murs qu'ils se trouvaient empilés les uns dans les autres par cinq ou six et le plus souvent tournés contre le mur qui les avait remplis de terre. J'ai même trouvé une pile de dix-sept assiettes en schiste ardoisier empilées les unes au dessus des autres. Ces assiettes contenaient soit des offrandes de papyrus, soit des silex. Les silex ne se sont pas trouvés accidentellement au-dessus des assiettes ou même placés dans les assiettes : ils y avaient été bel et bien placé intentionnellement, car j'en ai rencontré un trop grand nombre dans ce cas pour que leur position ait été simplement l'effet du hasard. Au contraire les vases empilés les uns au dessus des autres me semblent avoir été mis dans cette position au moment de la spoliation, car, si quelques-uns ont été retrouvés entiers, la très grande majorité était brisée et l'on rencontrait un fragment près du mur nord ou sous ce mur et un autre près du mur sud ou sous ce mur, et d'ailleurs la plupart de ces vases n'ont pu être reconstitués complètement. D'autres vases étaient collés par le fond, soit au bas du mur ouest, soit en haut, notamment trois d'entre eux qui étaient l'un dans l'autre : c'est surtout près de l'angle sud-ouest qu'il y avait des vases de schiste ardoisier dans cette position. Comment et pourquoi se trouvaient-ils dans cette position, tous brisés, mais se tenant encore? C'est ce que je ne me charge pas d'expliquer, car d'un côté il me semble bien étrange que les oblateurs de beaux vases aient placé leurs vases encore remplis d'offrande, soit de silex, soit de papyrus, en haut du mur ouest, immédiatement au dessous des chevrons de la toiture, et d'un autre côté, si ce sont les spoliateurs qui les ont placés de la sorte, comment ont-ils pu trouver les murs dans un état d'humidité nécessaire pour que les vases s'enfonçassent dans le mur et y adhérassent trois l'un dans l'autre? Cette position est facilement explicable pour les silex tranchants sur lesquels il suffisait de peser avec force pour les faire entrer dans le mur, mais pour des vases en pierre la chose me paraît difficilement explicable. La pluie aurait fait ébouler le mur ouest aussi bien que les murs nord et sud, si elle l'eût assez pénétré pour pouvoir y enfoncer et y faire tenir trois assiettes l'une dans l'autre, le dedans tourné vers la porte; et d'un autre côté, il faudrait que le mur eût été à peine achevé pour qu'on ait pu y plaquer ainsi les assiettes dont je parle. Il y a peut-être une manière d'expliquer cette position : c'est que les donateurs au moment qu'ils apportaient leur offrande ayant trouvé la chambre trop remplie auront assez imbibé le mur d'eau pour que la terre pût facilement céder sous la pression des assiettes et les maintenir une fois entrées dans le mur : je ne donne cette explication que pour ce qu'elle vaut et je laisse au lecteur la faculté de choisir parmi les explications possibles celle qu'il voudra.

Les aiguilles ont été trouvées à différents endroits de la chambre, ainsi que la coquille, près du mur nord au ras du sol. Les deux vases de terre cuite ou pour mieux dire leurs fragments, étaient placés près du mur ouest. Près du mur nord, à l'est, était un vase en porphyre. Le fragment du vase en même matière qui avait une inscription a été trouvé au milieu de la chambre à peu près et à une certaine hauteur du sol; l'inscription tracée à l'encre rouge avait été effacée par le frottement et, quoique très apparente, elle était illisible malheureusement. Le long du mur ouest et près de l'angle sud-ouest était l'os que j'ai mentionné dans la nomenclature des objets trouvés dans cette chambre, et c'était sans doute un os de l'avant-bras; malheureusement il était brisé et je n'ai pu retrouver l'autre partie. Cette trouvaille me confirma dans la pensée que ce monument était bien un tombeau, mais que jusque-là je n'avais pas trouvé la chambre où l'on avait déposé le corps. Cette première partie du monument devait être achevée sans que j'eusse trouvé cette chambre. C'est le seul ossement que j'aie trouvé au fond d'une chambre en cette première partie, car le premier ossement dont j'ai parlé était descendu de la couche supérieure orientale dans la chambre où je l'ai trouvé.

CHAMBRE 29.

Vingt-quatre silex dont un seul intact.

Un fragment de vase ouvragé.

Un fragment de vase en feldspath.

Vingt-neuf couffes de fragments de vases de toutes sortes.

Deux vases grossiers en onyx albâtreux.

Observations. — Parmi les fragments trouvés étaient d'énormes fragments de deux grandes jarres en onyx albâtreux, comme celles qui ont été trouvées précédemment : ils étaient placés près du mur est. C'est dans la partie supérieure de la chambre, qu'ont été rencontrés la plupart des fragments provenant de cette chambre et dont la trouvaille est mentionnée plus haut. Au dessous de la hauteur actuelle des murs et jusqu'au sol la chambre ne renfermait absolument rien. Parmi les silex il y avait des lames et des manches de grands couteaux. Les silex comprenaient douze grands couteaux fragmentaires, six petits couteaux et cinq silex grossiers.

CORRIDOR 6.

Une pleine corbeille de petits objets en cuivre.

Observations. — Ce corridor et la chambre précédente, ainsi que je l'ai déjà fait observer au chapitre quatrième, étaient dans un état de ruine presque complète. Aussi m'attendais-je à trouver de nombreux fragments d'objets lorsque j'en entrepris l'exploration. Je trouvai ces objets pour la chambre 29 ; mais dans le corridor 6 le travail était achevé sans que l'on eût absolument rien rencontré, quoiqu'on eût sondé les murs éboulés afin d'arriver jusqu'à la partie crépie. J'étais occupé à prendre les diverses mesures de ce corridor et j'avais dit aux ouvriers qui l'avaient déblayé de passer à la chambre suivante, lorsqu'en voulant s'aider de ses mains pour sortir du corridor, un de mes ouvriers plaça la main au dessus du mur nord de la chambre 29 et sentit que sur ce mur il y avait du métal. Il regarda et souleva tout un gros tas d'objets oxydés et collés les uns aux autres : ces objets remplirent toute une corbeille. Je les comptai avec patience : il y en avait 1.220. Après les avoir comptés, je les examinai à la hâte et je vis qu'ils pouvaient se diviser en instruments de travail et en d'autres objets dont je ne pouvais arriver à connaître l'usage. D'abord il y avait des aiguilles au nombre de 172, des ciseaux, des couteaux, des poinçons, et ce que je pris pour des pincettes, des haches, des lamelles toutes préparées pour l'usage qu'on en pourrait faire. Ces lamelles étaient ou grandes ou petites, avec ou sans trous percés. Je crus aussi que parmi ces objets, il y en avait un bon nombre représentant des figures géométriques[1]. Je me suis trompé, je l'avoue sans fausse honte, et je vais indiquer comment à la suite d'études prolongées je suis parvenu à croire qu'il s'agit de tout autre chose. Les aiguilles, les couteaux, les ciseaux et les poinçons sont bien tels, et en cela j'ai dit la vérité ; mais il n'y a ni pincettes, ni figures géométriques, ni haches, et j'ai trouvé l'emploi des lamelles de cuivre soit percées, soit non percées. Les pincettes, ainsi que le lecteur le verra par la représentation qui en est ici donnée (voir pl. XVIII, en haut, le numéro 1) n'ont pas les bouts propres à saisir les objets, ces bouts sont aussi larges que dans le corps de l'instrument : je crois que ce sont des morceaux de métal employés pour resserrer un objet en bois : ils ont conservé la forme qu'avait occasionnée cet usage,

---

1. E. Amélineau, *Les nouvelles fouilles d'Abydos*, 1890-1897, E. Leroux, p. 37-38.

quand le bois n'est pas resté. J'ai trouvé pendant la troisième campagne des objets entiers préservés de cette façon, ce qui rend à peu près certaine l'attribution que je fais de ces objets. J'avais été amené à voir dans tout ce numéro des haches votives à cause de la forme de ces objets qui ressemblaient assez aux vraies haches que j'avais trouvées précédemment et je les avais déclarées votives parce qu'il était trop évident qu'elles ne pouvaient avoir servi à cause de leur trop peu d'épaisseur. Les objets à formes géométriques ont, je crois, une origine qui se lie de très près à celle des fausses haches. Tous ces objets faisaient partie d'une cuirasse en cuivre telle que celle que portent sur les bas-reliefs certains dieux, entre autres Amon et Horus. Les plaques de métal sont en effet arrondies comme dans la cuirasse classique et l'on ne voit pas comment elles pouvaient être maintenues sur le corps qu'elles protégeaient, car elles sont en quelque sorte imbriquées. Rien ne paraît des attaches. Je crois, pour ma part, que les lamelles percées et non percées servaient à maintenir les plaques de cuivre ressemblant aux écailles de poisson sur le corps protégé. Et de la sorte on se rend très bien compte comment certaines de ces plaques ont dû être recourbées en certains endroits pour pouvoir être placées dans la cuirasse, notamment sous les bras lorsqu'elles étaient en bordure, et c'est là l'origine des formes géométriques : le métal s'est disjoint à l'endroit de la courbure repliée sur la plaque en forme d'écaille et c'est ce bris qui a donné les diverses formes de fragments que j'ai pris comme géométriques. Ainsi tout s'explique, et nous avons ici le plus ancien modèle connu d'arme défensive. Que les rois de cette époque aient pu porter de pareilles cuirasses, c'est ce qui ne surprendra personne : le peu d'épaisseur des plaques de cuivre était pusl que suffisant pour briser les pointes de flèches en ivoire ou en silex dont j'ai trouvé de si nombreux exemples dans les autres tombes de la nécropole d'Om el-Ga'ab, car on est tenté de penser de ces flèches ce que dit Virgile du trait de Priam : *telum imbelle, sine ictu*; c'est pourquoi on avait soin d'empoisonner les pointes de flèches pour en rendre l'effet plus meurtrier. Il serait curieux de pouvoir assurer à qui appartenait cette cuirasse primitive, malheureusement je ne peux savoir si elle avait été portée par l'un des deux adversaires Set ou Horus, ou si elle a été offerte par un de leurs dévots successeurs.

CHAMBRE 30.

Vingt-cinq silex.

Un grand vase en porphyre.

Un vase en porphyre plus petit que le précédent.

Un vase en marbre rouge tacheté de blanc, complet.

Un bol.

Cinq fragments de vases ouvragés.

Cinq grosses pierres cylindriques en albâtre-onyx.

De nombreux vases incomplets en feldspath.

Soixante-trois couffes de fragments de vases de toutes formes et de toutes matières.

Observations. — Les silex trouvés, à l'exception d'un seul qui était intact, étaient fragmentaires pour la plupart : il y avait des fragments de treize grands couteaux, sept petits couteaux et six silex grossiers. Tous les autres objets ont été trouvés dans la partie supérieure de la chambre : au fond il n'y avait que deux ou trois fragments de vases. Il en faut donc conclure que les fragments si nombreux de cette chambre provenaient d'une autre chambre que je suis très porté à croire celle portant le numéro 31. En effet les spoliateurs ne s'y sont pas pris autrement que mes ouvriers et ils ont dû jeter dans la chambre 30 une partie considérable des débris provenant de la chambre opposée, c'est-à-dire ici la chambre 31 ; mais ce n'est là qu'une supposition de ma part, car il se peut tout aussi bien que les fragments de vases recueillis en si grand nombre provinssent de la chambre latérale 33. J'ai recueilli dans la chambre 30 une très grande quantité de vases en feldspath très fins pour la plupart, mais malheureusement si incomplets que la restauration n'en a pas été possible. Les cylindres en onyx albâtreux sont de même forme et servaient au même usage que ceux dont il a été question plus haut : je n'en dirai donc rien. Cette chambre 30 était ruinée et les mur s'étaient étalés, mais ils n'avaient recouvert aucun objet. Cependant des objets avaient été déposés dans cette chambre, que je n'ai pas retrouvés : ainsi, au fond de la chambre, au mur est, près de l'angle sud-est, il y avait une trace d'un seul ou peut-être de plusieurs objets en cuivre mesurant 0^m,70 de diamètre. Le mur près duquel on avait déposé cet objet ou ces objets avait conservé les traces de l'oxydation, mais l'objet avait disparu. Malgré cette perte regrettable, s'il n'y avait qu'un seul objet, comme je le crois, on voit que l'art de travailler le métal était déjà parvenu à une haute perfection.

CORRIDOR 9.

Deux couffes de fragments.

CHAMBRE 31.

Deux fragments de vases portant une inscription hiératique.
Des fragments d'un vase en terre.
Un bouchon en calcaire, comme ceux déjà mentionnés.
Trois vases grossiers en onyx albâtreux.
Cinquante-quatre silex.
Un fragment de vase en feldspath.
Trente couffes de fragments.

Obervations. — Cette chambre était dans le même état que la précédente, mais les murs s'étaient étalés sur un grand nombre d'objets et les avaient conservés après les avoir brisés. Ces objets étaient fort jolis et délicats, mais il n'y en avait pas un seul d'intact et très peu étaient complets. La matière qui dominait était le marbre rouge avec des cristallisations blanches ou bleues ; d'autres vases en onyx était d'une grande finesse. Tous ces vases se trouvaient sous les murs qui les avaient recouverts en tombant. Les débris du vase en terre cuite se trouvaient près du mur ouest : ils portaient une marque ; cette poterie avait la forme d'une petite jarre, comme celles dont j'ai déjà parlé. Sur l'un des fragments écrits il y avait en hiératique ⸗, c'est-à-dire : bonne (offrande) ; sur l'autre je n'ai pu lire que le signe ⸗, car une tache m'a empêché de voir s'il y avait d'autres signes. J'ai d'ailleurs d'autres inscriptions de ce genre sur lesquelles je reviendrai dans la suite de ce compte rendu.

CHAMBRE 52.

Un fragment d'ossement.

Un morceau de bois d'ébène.

Deux petits objets en grès émaillé.

Observations. — Cette chambre, quoique ruinée, ne contenait absolument rien, car les objets mentionnés ont été trouvés en la partie immédiatement supérieure. Je ne peux pas dire à quelle partie du corps humain appartenait le fragment d'ossement trouvé, car il n'y avait pas possibilité de le distinguer puisqu'il était brisé et que je n'avais qu'une partie du milieu. Les deux ou trois objets signalés comme ayant été trouvés immédiatement au-dessus de cette chambre sont la première apparition de toute une série de petits ou grands objets de même matière sur lesquels je reviendrai assez longuement plus loin. Je me contenterai de marquer ici les mesures de ces deux objets. Le premier avait $0^m,0207$ de long sur $0^m,0135$ de largeur; le second avait une longueur de $0^m,032$ sur une largeur variable, car l'un des côtés avait $0^m,0115$ de large et l'autre $0^m,0121$. C'étaient de petits cubes quadrangulaires émaillés d'un seul côté.

CORRIDOR 5.

Il n'y avait absolument rien dans cette partie du corridor.

CHAMBRE 33.

Sept fragments de cristal de roche.

Quatre fragments de vases ouvragés.

Trente-six silex fragmentaires.

Cinq vases grossiers en onyx albâtreux.

Un fragment de bois très dur.

Un vase en terre cuite intact.

De nombreuses poteries fragmentaires.

Huit pierres taillées en calotte sphérique.

Un manche de couteau en silex.

Un fragment de vase ouvragé.

Trois couffes de fragments de vases.

Observations. — Les quatre premiers articles ont été trouvés dans la partie immédiatement supérieure des chambres 33 et 34. Les silex comprenaient cinq fragments de grands couteaux, et les autres étaient des petits couteaux et des grattoirs. Parmi les fragments de vases ouvragés, trois appartenaient au même vase, celui dont j'avais déjà un certain nombre de fragments du col, et il ne m'en resta plus qu'un morceau à trouver, mais je ne l'ai pas rencontré. Deux des fragments contenaient une inscription dont le lecteur trouvera une reproduction bien venue sur la planche XXII, n° 1 à côté d'une seconde donnant le col du vase. Les quatre derniers articles énoncent ce qui a été trouvé dans le fond de la chambre, mais ce n'est pas là sans doute tout le mobilier qui était en cet endroit. En effet, les veilleurs que je faisais coucher sur le lieu des fouilles s'étant un peu trop pressés de quitter leur couche de sable pour rentrer chez eux, vers 5 heures du matin, les voleurs qui les guettaient se hâtèrent de profiter de la circonstance et de mettre à profit les deux heures qui devaient s'écouler avant l'ouverture du travail pour fouiller la chambre que j'avais laissée inachevée la veille au soir. Les difficultés qui en avaient empêché l'achèvement le jour précédent arrêtèrent aussi les voleurs et je sus qu'ils n'avaient presque rien trouvé. Cependant, comme on ne peut pas être certain qu'un indigène ne ment pas alors même qu'il proteste de son innocence et fait les serments les plus terribles, j'ai indiqué que sans doute ce n'était pas là le mobilier complet de cette chambre.

CHAMBRE 35.

Deux fragments de cristal de roche.

Un fragment de vase ouvragé.

Deux fragments avec inscription, l'une hiératique, l'autre hiéroglyphique.

Cinq silex.

22

Des fragments de deux tables d'offrande.

Quatre couffes de fragments de vases.

Observations. — Cette chambre ne contenait presque rien : elle était ruinée et on y avait fait tomber une grosse pierre. Sur les cinq silex, il y avait trois grattoirs. Des deux fragments ayant inscription, l'un avait écrit en hiératique les signes suivants : [hiéroglyphes] l'autre en hiéroglyphes : [hiéroglyphes] . Peut être y en avait-il une troisième tracée à l'encre rouge, mais elle était trop effacée pour être utilisée. Les fragments de table ne contenaient deux de matière bleuâtre comme je n'en avais pas encore trouvé.

CORRIDOR 6.

Des fragments d'un vase en métal.

Observations. — Au bout de ce corridor, car je suis arrivé à la dernière rangée de chambres, il y avait, le lecteur se le rappellera sans doute, une porte menant dans la chambre 36 et cette porte avait été obstruée par un mur bâti par les spoliateurs : en faisant creuser sous cette porte, on trouva deux fragments considérables d'un vase en métal et plusieurs autres petits appartenant sans doute au même vase. Ce corridor contenait en outre une preuve insigne du passage des spoliateurs : près du sol de ce corridor, je vis traîner sous mes yeux une sangle comme celle dont on sanglait journellement l'ânesse que je montais.

CHAMBRE 36.

Une poterie intacte.

Trois vases grossiers en onyx albâtreux.

Une caisse en bois contenant cinq vases en onyx albâtreux ayant presque la forme des vases canopes.

Quelques fragments.

Observations. — Cette chambre était ruinée et la partie occidentale ne contenait absolument rien ; il en était autrement de la partie orientale. Tout en haut du mur est était la poterie que je viens de signaler. Sous le mur nord, dans sa partie est, étaient les trois vases grossiers. Vers le fond sud=est de la chambre, en avant de la muraille construite par les spoliateurs sous la porte permettant de passer du corridor 6 dans la chambre 36, il y avait un espace assez grand rempli de terre : sous cette terre était une caisse en bois et dans la caisse les cinq vases que j'ai signalés. La caisse était complètement pourrie, mais les vases étaient intacts; elle n'était éloignée du mur construit par les spoliateurs que d'environ $0^m,20$. Ces vases devaient avoir toute une histoire : trouvés et transportés dans ma maison, le 1er février 1897, ils me furent volés dans ma maison même par l'un des propriétaires de la maison, un ancien ouvrier que j'avais renvoyé parce qu'il ne faisait pas mon affaire. Je criai si fort que l'un de ses frères me fit remettre deux jours après trois des vases volés, que l'on mit en prison cinq personnes innocentes, qu'on les condamna à six mois de travaux forcés sous prétexte de me rendre justice, mais on laissa le véritable coupable en repos parce que ses frères avaient donné de l'argent à l'officier de police. De ces trois vases, j'en fis prendre deux au Musée de Gizeh et je n'en conservai qu'un : je ne sais pas encore ce que sont devenus les deux autres. Je rencontrai près de la caisse des fragments de vases de cette même forme et j'en ai fait reconstituer deux.

CORRIDOR 9.

Un silex.

Quelques fragments.

CHAMBRE 37.

Deux vases cylindriques intacts.

Cinq fragments de cristal de roche.

Un objet en ivoire fragmentaire.

Vingt-cinq silex.

Des fragments de tout petits vases en marbre blanc veiné de bleu.

Trois fragments d'une assiette en pierre schisteuse ardoisière portant une inscription gravée.

Vingt-deux couffes de fragments de vases.

Une poterie intacte.

Un grand nombre de fragments de poteries.

Deux petits pots en calcaire.

Observations. — Cette chambre n'avait pas subi une ruine trop grande, mais elle présentait une particularité que je ne dois pas oublier : le haut du mur ouest était étalé jusqu'à une hauteur de 0^m,70 du sol, la partie inférieure étant demeurée intacte. Tout ce qu'on a trouvé de ce côté était dans la partie supérieure de la chambre. A l'angle sud-ouest étaient des poteries brisées, mais parmi elles s'en trouvait une intacte. Le mobilier de cette chambre se composait principalement de poteries : il y en avait environ une centaine. Toutes, elles contenaient un résidu de terre noire ayant pris la forme du vase : elles avaient dû être remplies d'une eau passablement saumâtre et impure ; l'eau s'était évaporée et la terre s'était conservée au fond du vase. A côté de ces poteries étaient des vases en feldspath et des vases en pierre schisteuse ardoisière, puis quelques vases en marbre blanc veiné de bleu. Les vases en feldspath étaient fort nombreux et il a été possible d'en reconstituer un certain nombre. Les vases en schiste ardoisier étaient aussi en bon nombre, malheureusement beaucoup trop brisés. Parmi eux se trouvaient les trois fragments d'assiette qui sont représentés avec le personnage et l'inscription qu'ils contiennent à la planche XXI, n° 4. Le lecteur qui s'y reportera y reconnaîtra facilement la même bannière royale que celle que j'avais trouvée l'année précédente[1]. Je reviendrai plus loin sur la présence de cette bannière royale ou de ce nom de *double* dans cet immense tombeau et je m'efforcerai d'en tirer les conséquences qui me semblent en sortir naturellement. Les fragments de cristal de roche et le fragment d'ivoire ont été rencontrés au milieu de la chambre, sans que j'aie cru bon d'en noter la place.

*
* *

Tels sont les objets trouvés dans la première partie de ce monument. Le lecteur aura vu par lui-même que je n'y ai rencontré que trois ossements, dont deux provenaient de la couche de sable supérieure aux chambres explorées. Un seul a été trouvé au fond d'une chambre. Il lui

1. Cf. *Les nouvelles fouilles d'Abydos*, 1895-1896, compte-rendu *in-extenso*. Leroux, Paris, 1896, pl. XXIII.

mblera sans doute que c'était peu pour occuper une première partie
 cette importance. Au contraire, le nombre fabuleux des objets ren-
ntrés dans les chambres accuse une sépulture des plus riches qui
uvait rivaliser avec celle d'Osiris qui a été trouvée dans la troisième
mpagne, si même elle ne la surpasse pas en richesse. Les vases en
erre dure y sont en nombre prodigieux et témoignent d'une industrie
ancée et prospère; les vases et les objets en métal montrent que le
vail du cuivre avait surmonté les premières difficultés et avait déjà
aucoup progressé. La poterie s'y montre en assez grande quantité,
us y voyons apparaître pour la première fois le grès émaillé. Avec la
conde partie que je vais examiner plus loin, le mobilier va changer
 grande partie. Cette différence se fait remarquer jusque dans la cou-
e de sable supérieure aux chambres : dans la première partie du moment les objets épars dans cette couche étaient en nombre prodigieux;
ns le seconde au contraire il n'y en avait presque point. Ce change-
ent devait avoir une cause et je m'efforcerai de déterminer plus loin
elle était cette cause.

CHAPITRE SEPTIÈME

Cette seconde partie du monument, le lecteur se le rappellera, avait son entrée à l'extrémité sud de la dépression ellipsoïdale, et cette entrée qui consistait en un plan incliné conduisait après une série de chambres à l'appartement sépulcral. Je vais examiner ces chambres une par une au point de vue de l'ameublement et de la production des objets, comme je l'ai déjà fait pour celles de la première partie.

Plan incliné 1.

Je n'ai absolument rien trouvé dans le couloir en plan incliné descendant progressivement jusqu'aux portes des chambres 2 et 4, et je ne devais y rien trouver si telle était la destination de ce couloir.

Chambre 2.

Un fragment de bracelet en pierre schisteuse ardoisière.
Une coquille.
Un petit vase en calcaire.
Cinq fragments de vases en pierre.
Un fragment de grande jarre en terre cuite.
Observations. — Cette chambre, comme le savent déjà ceux qui auront lu ce qui précède, était complètement détruite. On n'y a absolument rien trouvé au fond et ce n'est que dans le sable qui remplissait la partie supérieure qu'ont été rencontrés les rares objets que je viens de mentionner. Le petit vase en calcaire ressemblait aux deux qui ont été trouvés dans la chambre 37 de la première partie; mais ceux-ci avaient été placés sur le sol de la chambre tandis que celui-là se trou-

vait dans le sable de la partie supérieure. Ces petits vases ressemblaient
comme facture à des vases similaires trouvés à la première butte d'Om
el-Ga'ab, dans la première campagne : on en verra un spécimen à la
planche XX, n° 21. La coquille et le fragment de ce bracelet en pierre
schisteuse ardoisière proviennent aussi de la partie supérieure : la coquille, vu l'espèce à laquelle elle appartenait, était relativement grosse.

CHAMBRE 3.

On n'a rien trouvé dans cette chambre.

CHAMBRE 4.

Deux perles, l'une en cornaline, l'autre en terre émaillée.
Un fruit.
Des graines.
Un objet en métal.
Quatre haches en silex.
Des paquets de jonc.
Quelques fragments de vases en pierre.
Observations. — Les quatre premiers articles de cette énumération
ont été rencontrés dans la partie supérieure du sable qui remplissait
cette chambre. La perle en cornaline était ronde à ses deux extrémités
et taillée en polygone en son milieu ; la seconde n'était qu'une petite
perle ronde. Je ne peux dire quel était le fruit trouvé parce que je ne
le connaissais pas et que personne ne le connaissait autour de moi. Les
graines ressemblaient à celles de la *bamieh,* à ce que m'ont dit mes ouvriers, mais je ne veux en aucune façon donner cette ressemblance
comme une certitude. Au fond de cette chambre, près du mur ouest,
ont été rencontrées trois des haches en silex qui ont été mentionnées
plus haut ; la quatrième a été trouvée dans le sable de la chambre à
une profondeur d'environ 0^m,30. A une distance de 0^m,40 du fond de la
chambre étaient les paquets de jonc attachés avec un lien d'herbe ; dès
que je voulus les prendre en ma main, avec toutes les précautions possibles, le tout tomba en poussière. Ces paquets de jonc devaient représenter une offrande très usitée, car j'en ai rencontré de semblables

dans les fouilles de la troisième campagne. Près de ces paquets de jonc était un lit de ce qui m'a semblé être des feuilles de papyrus : j'en ai fait remplir plusieurs boîtes, mais pendant le voyage tout a été réduit en une fine poussière. Ces feuilles de papyrus étaient placées sur une sorte de natte.

<h2 style="text-align:center">Chambre 5.</h2>

Un fragment de vase en grès émaillé.

Un très grand nombre d'ouvrages de vannerie.

Une caisse en bois peinte en rouge.

Quelques fragments de vases en pierre dure.

Observations. — Le fragment de vase en grès émaillé était d'une très jolie couleur bleue : il fut rencontré dans la partie immédiatement supérieure aux murs de la chambre. Les fragments de vase en pierre dure étaient aussi au même niveau. La chambre était obstruée en très grande partie par des briques ; mais sous ces briques il y avait une très grande quantité d'ouvrages en vannerie. Comme c'étaient sans doute là les plus anciens ouvrages de cette sorte qui eussent été conservés, je fis tout mon possible pour essayer d'en sauver quelques spécimens, ce qui n'était pas facile, car, dès qu'on les touchait, ils tombaient en poussière. J'en remplis cependant quelques boîtes et j'ai réussi à en apporter quelques-unes à Paris. Je dois à ce sujet entrer en quelques détails.

Les premiers spécimens qui furent rencontrés, le furent aux angles sud-est et sud-ouest de cette chambre : j'y trouvai d'assez longs morceaux de bois entourés de vannerie. J'en rencontrai ensuite dans toute la chambre. J'eus bientôt reconnu que les morceaux de bois avec de la vannerie autour provenaient de chaises brisées, car l'une des extrémités n'était pas revêtue de vannerie. Ces chaises avaient au moins 0^m,40 de hauteur et elles étaient larges de 0^m,60 environ, ce qui donne la forme très connue d'une sorte de haut tabouret. Sur ces chaises étaient placés d'autres ouvrages en vannerie qui, tressés avec une sorte de paille diversicolore, ressemblaient aux ouvrages que l'on fait encore dans le Soudan et que l'on vend dans le bazar d'Asouân.

Comme je demandais à mes ouvriers s'ils avaient encore de semblables ouvrages dans l'intérieur de leurs maisons, ils me répondirent négativement, en me disant que ces ouvrages ressemblaient beaucoup aux *Margoné* que faisaient les Barbarins. Ce mot me frappa et je me rappelai sur le champ le mot ⲙⲁⲣⲕⲱⲛⲓ que j'avais trouvé dans la *vie* copte de Pakhôme et qui avait été transcrit en arabe par مرجونة, mot que je n'avais traduit que d'une manière approximative en me guidant sur le contexte, car il était tout à fait inconnu [1]. Il est plus que probable que c'est bien le même mot et ainsi il aurait désigné un ouvrage en vannerie, ce qui cadre très bien avec le sens général du passage.

Les chaises avaient été placées sur une natte ou sur des nattes dont j'ai pu réussir à conserver quelques fragments. De plus, près du mur nord on rencontra une autre sorte d'ouvrages dont je n'ai pu, à mon grand regret, conserver le moindre fragment, parce que tout tomba en poussière.

Il y avait donc dans cette chambre des spécimens de trois sortes d'ouvrages en vannerie, plus les nattes. Le nombre des chaises rencontrées dans cette chambre s'élevait environ à 20. Je peux donc la désigner par le nom de *Chambre aux ouvrages de vannerie*.

CHAMBRE 6.

Une tête de cheville en métal.

La moitié d'un objet en grès émaillé.

Quatre bouchons en terre.

Quelques fragments de vases en pierre dure.

De très nombreux fragments de poterie.

Observations. — La chambre était remplie de poteries toutes brisées, sans exception. Il y avait peut-être cent ou cent cinquante de ces poteries qui n'avaient pas plus de $0^m,25$ de hauteur. C'étaient des poteries très grossières en terre rouge ou brune. Je crois que cette dernière

---

1. E. Amélineau : *Monuments pour servir à l'histoire de l'Égypte chrétienne au ive siècle.* — *Histoire de saint Pakhôme et de ses communautés*, dans les *Annales du Musée Guimet*, t. XVII, p. 161, pour le texte copte et p. 580 pour le texte arabe.

23

couleur provient d'un vernis étranger sinon de la couleur de la terre. Quoique ces poteries dussent toutes être bouchées, je n'ai rencontré que quatre de ces bouchons, tous les quatre estampillés comme ceux dont j'ai déjà parlé. La tête de cheville en métal était encore adhérente à une sorte de petite cloche en métal destinée à la recouvrir.

CORRIDOR 7.

Une dizaine environ de poteries brisées.

Observations. — Ces poteries étaient toutes réduites en petits fragments et il n'y avait aucune trace de bouchons.

CHAMBRE 8.

Des bouchons en terre en assez grande quantité.

La moitié d'un vase en feldspath.

Un losange en grès émaillé.

Des fruits, en très grande quantité.

Observations. — Les bouchons en terre provenaient sans doute de la chambre 6, car il n'y avait pas de vases dans cette chambre remplie de figues d'une espèce particulière, que je ne crois pas la même que celle que nous rencontrerons plus tard. Il n'y avait pas trace de caisse et je suis bien tenté de regarder les vases mentionnés dans le corridor 7 et la chambre 6 comme les récipients ayant contenu les figues. Je fis rapporter deux pleines couffes de ces figues à ma maison, afin de pouvoir, une fois de retour en France, en faire déterminer l'espèce, si c'était possible. Les bouchons rencontrés en cette chambre devaient avoir servi à luter les vases du corridor et de la chambre d'en face. Ces bouchons étaient pour la plupart dans le plus triste état, n'ayant point conservé les caractères de l'estampille ou étant brisés en plusieurs morceaux. Je n'ai fait ramasser que ceux sur lesquels il y avait des caractères lisibles, ce que je pouvais très bien faire, car j'étais toujours sur les lieux et d'après mon ordre on me montrait tous les fragments avant de les ramasser ou de les rejeter.

CHAMBRE 9.

Cinq cents pots environ en terre cuite, tous brisés à l'exception de sept.

Un fragment de poterie avec une marque.

Des graines.

Un os de poisson.

Des bouchons en très grand nombre.

Observations. — Cette chambre n'avait pas été pillée par les spolia-teurs : elle avait seulement été dévastée par eux. En voyant qu'elle n'était remplie que de poteries, sachant sans doute par expérience ce qu'elles contenaient, ils s'étaient amusés à lapider les pots en lançant d'en haut des pierres assez grosses. Il y en avait au moins cent qui avaient été jetées sur les pots, avaient brisé la partie supérieure des vases tout en conservant le plus souvent les bouchons en terre. La partie inférieure des poteries était encore debout au milieu du sable et il y en avait pour le moins cinq cents, dont sept seulement étaient intactes. Les bouchons étaient en nombre si considérable qu'à la fin je n'ai fait conserver que les plus beaux. Tous étaient estampillés plus ou moins lisiblement au nom des mêmes personnages. Ils étaient en terre jaune très sablonneuse. Quand ils étaient complets, ils étaient en forme de calotte, mais le plus souvent ils n'avaient que la forme du col du vase. Dans la très grande majorité des cas, ils étaient difficiles à lire. Ils con-tenaient l'estampille des personnages dans les trois formes réduite, or-dinaire ou développée. Les poteries étaient de forme très petite et très grossière. Elles contenaient diverses substances et des graines qui res-semblaient à de l'orge. Deux de ces poteries furent trouvées non ou-vertes : elles s'ouvrirent pendant le transport à ma maison, malgré mes recommandations d'apporter le plus d'attention et de prudence au transport. J'ignore si l'identification des graines avec les grains d'orge est juste. J'ignore également à quelle espèce de poisson appartenait l'os rencontré.

CORRIDOR 7.

Ce corridor ne contenait absolument rien.

CHAMBRE 10.

Un fragment de bois de vigne.

Un second fragment de bois inconnu.

Des fruits.

Des bouchons en terre.

Observations. — Cette chambre était remplie par une très grande caisse qui était trop en mauvais état pour résister aux fouilles ; mais dont on apercevait encore très bien les traces. Ces caisses — nous en retrouverons plusieurs autres dans la suite — avaient la largeur et la longueur de la chambre et s'avançaient parfois jusqu'au milieu du corridor, en se rétrécissant en face des pilastres et en s'élargissant ensuite. La caisse de cette chambre était remplie de figues et d'autres fruits que je ne connaissais pas et que personne ne connaissait autour de moi, à l'exception d'un vieux nègre qui m'assurait qu'il y en avait encore de semblables dans le Soudan. J'en ai ramassé quelques-uns qui avaient plus d'un décimètre de long, mais qui se sont défaits dans le transport, quoique j'eusse pris soin de les envelopper soigneusement dans un mouchoir et de les porter moi-même. Presque au fond de la chambre, près du mur ouest, je ramassai un sarment de vigne, ce qui me surprit quelque peu : j'appris plus tard que, presque au même moment, M. de Morgan à Neggadeh, dans un tombeau de cette même époque, avait trouvé des sarments semblables.

CHAMBRE 11.

Trois ossements d'animaux.

Des graines.

Des fruits.

Des fragments de poterie.

Des fragments de bouchons en terre.

Un seul fragment de vase en pierre.

Observations. — La chambre n'a rien donné jusqu'à ce qu'on fût arrivé à $0^m,50$ du sol : là, je vis que toute la surface était occupée par une caisse, ayant encore son couvercle. Cette caisse contenait une énorme quantité de graines qu'on m'a dit être des lentilles ; mais je connaissais très bien les lentilles, les petites lentilles d'Égypte, et je n'ai pas été persuadé de la justesse de cette identification. Par endroits à cette énorme quantité de lentilles se trouvaient jointes de petites poteries assez grossières qui en étaient aussi remplies ou qui ne contenaient que de la cendre. Parmi les fragments de poterie contenus dans cette caisse, il y en avait qui étaient encore imprégnés d'une substance jaune qui avait tout l'air d'être du safran. J'ai même recueilli un fragment de bouchon en terre qui était tout jaune. Au-dessus de la caisse, à l'angle nord-est, au-dessus du couvercle de la caisse était une grande jarre brisée. Quelques-uns des vases étaient mélangés au sable.

Corridor 7.

Il n'y avait absolument rien dans cette partie du corridor.

Chambre 12.

Un fragment de terre émaillée.

Un fragment de cristal de roche.

Cinq fragments de bouchons en terre.

Trois poteries entières.

Deux silex.

Des fruits.

De la farine.

Un fragment de vase ouvragé.

Divers fragments de vases en pierre peu nombreux.

Un nombre considérable de fragments de poteries brisées.

Observations. — Cette chambre contenait aussi une grande caisse munie encore de son couvercle. La caisse était remplie de poteries très petites, lesquelles poteries contenaient à leur tour de grandes figues comme celles que j'ai déjà signalées plus haut, et à ces grosses figues étaient mélangées en certains cas de petites figues comme celles dont il a déjà été et dont il sera question encore plus loin. Ces poteries contenaient encore une autre substance que je recueillis, mais que je ne connaissais pas, plus une sorte de farine rougeâtre dont la couleur venait peut-être de ce que le vernis intérieur du pot s'était décomposé.

Je n'ai rien à dire des autres objets trouvés, sauf du cristal de roche, car tous ces fragments ont été rencontrés dans la partie supérieure de la chambre. Le fragment de cristal de roche était précieux parce qu'il contenait un morceau de bannière royale, pour employer la vieille expression. J'avais trouvé auparavant une grande partie du vase auquel ce fragment appartient et le nom qui se trouvait écrit sur le dit fragment est le même que celui que j'avais trouvé dans les premiers jours des fouilles. Ce vase reconstitué se trouve reproduit à la planche XXI, n° 1.

CHAMBRE 13.

Des fragments de vases en marbre blanc veiné de bleu.

Des fragments de vases en feldspath.

Des fragments de vases en onyx albâtreux.

Neuf fragments de grès émaillé.

Quatre objets en ivoire.

Vingt-deux fragments de cristal de roche.

Deux fragments de bouchons en terre noire.

Un vase en albâtre encore rempli d'offrandes.

Un morceau d'étoffe.

Des perles en terre émaillée.

Une perle en cornaline.

De la résine noire.

Des graines de sésame (?)

Un sarment de vigne.

Observations. — Cette chambre ne contenait absolument rien dans la partie supérieure jusqu'à une distance de $0^m,60$ environ du sol de la chambre. A cette profondeur on a rencontré une caisse en bois remplie de graines de sésame, à ce que m'ont dit les plus connaisseurs de mes ouvriers : aussi la chambre portera-t-elle le nom de *Chambre du sésame.* La caisse était profonde de $0^m,60$: elle était remplie de ces petites graines qui semblaient avoir subi un commencement de torréfaction, sans doute pour être rendues comestibles. Elles étaient si serrées les unes contre les autres qu'il a fallu employer la hache pour briser les lits de sésame. D'après les dimensions de la caisse, son volume devait être de vingt *ardebs* environ, c'est-à-dire près de quarante hectolitres. La caisse avait un couvercle qui avait été brisé vers l'extrémité est. Elle contenait à cette extrémité des fragments de vases en marbre blanc veiné de bleu, d'une forme et d'une finesse admirables, des fragments de vases en feldspath, d'autres fragments de vases en cristal de roche très grands ou très fins, des fragments de vases en onyx albâtreux. Au fond de la chambre, parmi les graines de sésame, on a trouvé des perles en terre émaillée, des objets de même matière, semblables à ceux qui avaient été trouvés précédemment, notamment des sceptres, des rectangles ; j'y ai aussi rencontré une perle en cornaline, de la résine noircie, ce qui a fait dire aux ouvriers qu'il devait y avoir une momie, un morceau d'étoffe dont la présence en ce lieu témoigne assez clairement qu'on ne l'avait pas apportée d'un autre endroit après l'enterrement. J'ai aussi ramassé à cette même profondeur un second sarment de vigne ; j'en retrouverai encore un troisième et il est ainsi visible que ce bois n'était pas adventice, mais avait été déposé parmi les offrandes de l'enterrement. Parmi les objets qui se trouvaient perdus dans les graines de sésame, à une épaisseur de 0^m,50 environ, c'est-à-dire seulement à 0^m,10 du sol de la chambre, étaient quatre objets en ivoire dont je ne connais pas l'usage : ils sont taillés en losange. J'ai encore trouvé au milieu des lits de graines un vase grossier en onyx albâtreux, en tout semblable aux vases grossiers dont j'ai si souvent parlé : il était encore rempli de ce qu'on y avait déposé. Tous ces objets se trouvaient près du mur est, disséminés sur une distance de 1 mètre à 1^m,50, et sur cette distance il n'y avait pas trace de couvercle en bois ; mais le couvercle reparaissait aussitôt qu'il n'y avait plus de vases. Il en faudrait conclure que les spoliateurs avaient accumulé en cet endroit les fragments provenant des vases qu'ils avaient brisés, si la trouvaille des objets à 0^m,10 du sol ne s'y opposait. On a aussi trouvé un os travaillé. Près du mur ouest on a trouvé des figues qui m'ont paru différentes de celles que j'avais déjà rencontrées et qui ont semblé être à mes ouvriers des figues de sycomore : ils devaient s'y connaître, car on en mange encore dans certains villages de la Haute-Égypte, absolument comme Palamon, le maître de Pakhôme, en mangeait au IVe siècle, comme cela est raconté dans la *vie* de son disciple. Parmi les graines de sésame, on a rencontré une feuille d'or battu. C'est dans cette chambre à 1 mètre environ au-dessus du sol qu'on a trouvé abandonnée dans le sable une couffe oubliée par les spoliateurs au moment du travail : ils avaient sans doute été surpris par une sorte d'avalanche de sable et celui qui s'en servait l'avait oubliée. Elle était faite comme celles dont se servent actuellement les fellahs d'Abydos, de taille aussi petite, mais la matière était différente, car c'était avec des feuilles de palmier doum au lieu de palmier ordinaire qu'elle avait été confectionnée. Elle date donc du VIe siècle de notre ère et est encore en bon état.

Corridor 7.

Il n'y avait rien dans cette partie du corridor.

Chambre 14.

Trois pots en terre cuite.

Un ciseau en métal.

Une pointe de lance en métal.

Une hache en métal.

Trois vases en métal.

Un grand bouchon en forme de cône.

Divers fragments de vases en pierre dure.

Des fragments de poteries.

Observations. — Le déblaiement de cette chambre n'avait rien donné jusqu'à 0^m,50 du fond environ, sinon deux ou trois fragments de vases en pierre dure. Le fond de la chambre était occupé par des fragments de poterie où rien n'était utilisable. A un mètre environ de la porte on trouva un vase en terre ayant une marque, ou peut-être une inscription de deux lettres placées l'une au-dessous de l'autre : jusqu'à présent les deux caractères sont inconnus. Il est reproduit à la planche XXIV, n° 14. Près du mur sud, on mit au jour un vase en cuivre, semblable par la forme à celui que j'avais trouvé dans la première partie du monument,

mais n'ayant pas d'anse. Lors du partage, il tomba dans la part du musée
de Gizeh et je n'ai pu le photographier; mais j'en ai donné le dessin
qui en a été publié dans le second volume des *Recherches sur les origines de l'Égypte* par M. de Morgan. Il était complètement intact dans sa
forme qui n'avait subi aucune détérioration. Cette forme se rapproche
de très près de celle des vases canopes. Près de ce vase en métal, on
rencontra un second pot de terre cuite, mais sans inscription. A mesure
qu'on approchait de la porte, le déblaiement offrait de plus en plus de
difficultés, car des torrents de sable tombaient des chambres latérales
par les murs qui avaient été percés de part en part, emportant avec eux
les briques mises dans les trous en vue d'arrêter la chute du sable. Après

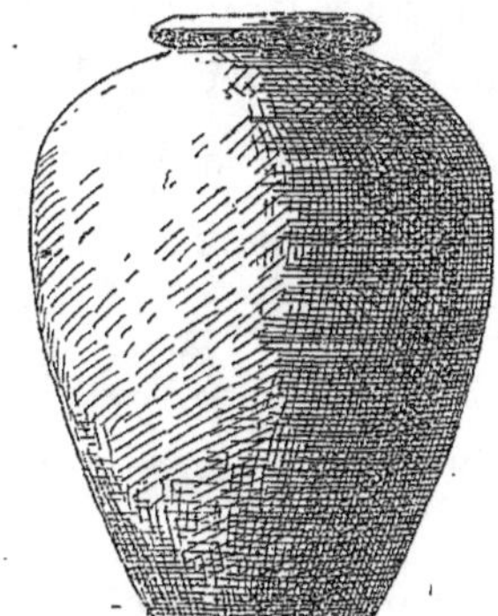

Vase en cuivre (Abydos). 1/6 grandeur naturelle.

bien des difficultés, alors qu'on était persuadé que cette chambre ne
donnerait absolument rien autre chose, au milieu de la chambre,
à une distance d'environ 1 mètre de la porte, perdus dans le sable, on
trouva d'abord un ciseau en métal, puis une petite hache de peu d'épaisseur et qui devait être votive, également en métal et enfin un fer de
lance en métal. Le déblaiement continuant, tout près de la porte, un peu
au sud et le dernier touchant presque le mur sud, apparurent deux
grands chaudrons en cuivre, les plus grands connus de l'Égypte antique et tels qu'il n'y en a nulle part de semblables, en aucun musée du
monde. L'un d'eux, le numéro 17 de la planche XVII a été déformé, sans
doute par la chute de quelque mur; l'autre a conservé sa forme primitive. Tous les deux attestent une grande science dans le travail du métal:

ils ont au sommet un bord beaucoup plus épais que le reste et l'on distingue parfaitement les rivets en certains endroits correspondants. Ils ne devaient pas se trouver primitivement au lieu où je les ai rencontrés, ou du moins je ne le crois pas : leur place devait être près d'un mur, et non au milieu du passage dans une porte de chambre. Je croirais assez volontiers qu'ils ont été jetés là par les spoliateurs qui ne les ont pas crus utilisables ou qui n'ont pas voulu s'en servir, pour une raison ou pour une autre, peut-être par superstition. Ils étaient couchés sur un côté et le plus grand contenait l'autre. Le plus grand dans l'état actuel n'a pas moins de $0^m,66$ comme grand diamètre et le plus petit qui a conservé sa forme primitive a $0^m,62$. Dans le second, au milieu du sable qui le remplissait, on a trouvé le troisième pot en terre cuite.

Il n'y avait aucune trace de graines ou de fruits dans les trois poteries trouvées intactes ou dans les fragments.

CHAMBRE 15.

Un vase en feldspath intact.

Des fragments de bouchons en terre.

Quelques fragments de vases en pierre dure.

Des figues.

Quelques fragments de grandes jarres et d'autres vases en terre cuite.

Observations. — Cette chambre était remplie par une très grande caisse en bois, haute de $0^m,64$, large de $2^m,15$ et longue de $4^m,15$: elle débordait ainsi dans une partie du corridor, après avoir subi deux rentrées en face des pilastres. Elle était pleine de figues, comme le montraient les petits grains encore très visibles à l'œil nu qui étaient dans les fruits desséchés. Il y avait primitivement un couvercle, comme dans toutes celles déjà décrites, mais ce couvercle avait disparu avant mes travaux, détruit sans doute par les spoliateurs afin de s'assurer du contenu de la caisse. Ayant vu que la caisse ne contenait que de simples figues, ils ne se sont pas donné la peine de fouiller. Les figues étaient serrées les unes contre les autres si fortement qu'en certains endroits on enlevait d'énormes paquets de ces fruits, comme sont les paquets de figues que voiturent les marchands ambulants dans les rues du Caire. Elles étaient mélangées de bouchons en terre et aussi de fragments de vases en terre remplis eux aussi de figues. Le vase en feldspath a été trouvé au milieu des figues, à 0ᵐ,50 environ de l'extrémité orientale de la caisse. D'après les mesures de la caisse il est facile d'en supputer le volume et de voir qu'elle avait contenu 60 hectolitres environ de figues, soit 30 *ardebs* d'Égypte.

Cette chambre sera désignée sous le nom de *chambre aux figues*.

Corridor 7.

Deux grandes jarres en terre cuite.

Des fragments d'autres jarres brisées.

Des fragments de bouchons en terre.

Un ciseau en métal.

Une oreille de vase de vase en métal.

Observations. — Une partie de ce corridor à l'est était occupée par la caisse de la chambre 15 : il ne pouvait donc y avoir que le contenu de la caisse. A l'extrémité ouest, le corridor était entièrement occupé par de grandes jarres encore debout au milieu du sable. Elles étaient soit rouges, soit d'un brun verdâtre. Il y en avait deux intactes et coiffées encore de leur bouchon estampillé au nom des mêmes personnages. Entre les pierres étaient les deux objets en métal ci-dessus mentionnés.

Chambre 16

Quatre grandes jarres en terre cuite.

De nombreux fragments d'autres jarres en terre cuite.

Une grande jarre en onyx albâtreux fragmentaire.

Deux fragments de deux jarres en pierre.

Une très grande quantité de bouchons en terre.

Des fragments de vases en pierre dure.

Observations. — Cette chambre devait être la *chambre aux grandes jarres* car elle en était complètement remplie. Ces jarres, le lecteur l'a déjà vu, étaient faites soit en terre cuite, soit en onyx albâtreux. On trouvera un spécimen des premières dans la pl. XXIV nᵒˢ 2 et 4, et des secondes dans la pl. XV, nᵒ 4 : ce spécimen est la reproduction de la jarre fragmentaire. Les grandes jarres en terre étaient soit de terre rouge, soit de terre brune-verdâtre, couleur qui provenait ou de la cuisson ou de la volatilisation de certains sels employés peut-être exprès, peut-être sans qu'on se fût rendu compte de leur action. Ces jarres en terre étaient pour la plupart encore coiffées de leurs bouchons estampillés aux noms des mêmes personnages que ci-dessus : elles étaient debout dans le sable qu'on avait amoncelé autour d'elles pour les maintenir. Il en était de même pour la grande jarre en onyx albâtreux : cette jarre porte une inscription tracée à l'encre noire, mais cette inscription n'est pas venue à la photographie reproduite sur la planche XV; il a fallu en faire exécuter une spéciale pour cette inscription que je ne sais pas lire. Elle se trouve à la pl. XXII, n° 3. Les autres fragments de jarres en pierres étaient répandus dans la chambre ; outre ces fragments, il y en avait un autre que les spoliateurs avaient employé dans la construction élevée au dessus du mur nord. L'une de ces jarres était remarquable en ce qu'elle était ornée de deux cordons parallèles situés l'un à la naissance, l'autre à fin de la panse. Parmi les fragments de vases en pierre, l'un était ouvragé et ressemblait à certaines autres pièces trouvées pendant la campagne 1895-1896.

CHAMBRE 17.

Un ciseau en métal.

Dix vases en feldspath de diverses formes.

Un grand couteau en silex, intact.

Un morceau de bracelet.

Un objet en ivoire.

Un grand vase en cuivre.

Divers fragments de vases en pierre.

Observations. — Cette chambre servait d'antichambre aux chambres 18, 19 et 21 : elle était très ruinée et c'est sans doute à cette circonstance que je dois d'avoir trouvé les objets mentionnés ci-dessus. A la porte D menant au corridor 20 et à la chambre 21, étaient le ciseau en cuivre mentionné en tête de cette chambre ; à côté se trouvaient des vases en feldsptah de la plus grande finesse collés sens dessus dessous à la terre tombée des deux murs nord et sud. Ils étaient brisés, mais j'ai réussi à en reconstituer plusieurs. Tout près de cette porte C était un couteau intact en silex qui me fut exactement remis : je le plaçai sous mon vêtement, comme je faisais souvent pour les objets précieux que je rencontrais et que je ne voulais pas laisser au tas du jour. Dans l'un des nombreux sauts que je fus obligé de faire en ce jour, le couteau glissa à terre sans que je m'en aperçusse : un ouvrier le trouva et le donna à l'un des surveillants qui le mit tranquillement dans la manche de son habit, tout près de moi, et plus tard alla le déposer dans le sable en un certain endroit qu'il marqua pour se le rappeler. Le soir venu, je cherchai tout tranquillement, mais en vain, mon silex et le lendemain je dis aux hommes que je donnerais un bon bagschisch à celui qui me le rapporterait. Tous me promirent de bien regarder et de mériter le bagschisch, mais les jours s'écoulèrent et mon silex ne reparut point. Cependant un des petits enfants que j'employais avait vu le surveillant aller cacher le silex dans le sable; il en avertit un autre surveillant qui ne m'en souffla mot. Au bout de huit jours, je fus averti de ce qui s'était passé, et je me dis que sans nul doute je ne reverrais jamais mon silex. Le coupable eut peut-être connaissance de ce qui s'était passé entre les hommes : un soir, il m'apporta de lui-même le silex, au moment où j'étais occupé à écrire mon journal, me disant qu'on l'avait trouvé à l'endroit même où je montais sur mon ânesse. Je parus accepter l'explication, quoique du premier coup la fausseté m'en eût sauté aux yeux : je le remerciai, mais en moi-même je me promis de ne plus employer un pareil voleur l'année suivante, et c'est ce que j'ai fait.

Parmi les objets trouvés dans cette chambre était un curieux morceau de bracelet en une matière que j'ignore. D'après la courbure, c'était environ le quart du bracelet entier. Il était évidé en dedans, et à chaque extrémité il y avait deux trous, un sur chaque bord, et un troisième au milieu; ces trous avaient été remplis de métal, et celui du milieu devait servir à rattacher cette partie au quart suivant. Je vis ainsi que le métal des bords avait été une cheville qui servait je ne sais à quoi, à moins que ce ne fût un simple ornement. Je n'ai pu connaître à quel objet appartenait le second morceau d'ivoire mentionné.

Près du mur sud et de l'entrée de la chambre 18 était un grand et haut vase en cuivre, le plus haut que l'on connaisse, puisqu'il a 0^m,66 de hauteur. Le mur sud de la chambre en s'étalant, ainsi que la partie

du mur ouest adjacente de cette chambre, l'avait recouvert de terre.
Au moment où il fut trouvé, il était intact, mais il adhérait si solidement
à la terre qu'il fut très difficile de l'en retirer. Il fallut détacher cette
terre avec un couteau et, ce faisant, l'ouvrier donna un léger coup de
couteau sur le métal : ce coup suffit pour y faire une petite ouverture
et, comme le métal était saturé d'oxyde, il en est tombé une certaine
quantité sous le climat humide de Paris. Ce vase avait été quelque peu
déformé par la chute du mur : une de ses oreilles avait été tordue,
pendant que l'autre était restée droite, ainsi qu'on le verra à la planche XVII n° 15. Il avait un rebord très large, recourbé sur lui-même. Il
est d'une belle facture et montre combien les hommes qui l'ont fabriqué avaient fait de progrès dans l'art de travailler le métal.

Chambre 18.

Un fragment de vase en feldspath.
Une feuille d'or.
Un petit pain de couleur jaune.

Observations. — Le fragment de vase en feldspath devait provenir des
vases nombreux en cette matière que j'avais trouvés dans la chambre 17
et que je devais trouver dans la chambre 21 : il était unique. Toute la
chambre 18 était occupée par une grande caisse en bois où je n'ai rien
trouvé sauf la feuille d'or mentionnée, laquelle était tout au fond de la
caisse, ainsi que le petit pain de couleur jaune indiqué. La caisse en
bois avait 1^m,10 de longueur sur 0^m,30 de hauteur.

Chambre 19.

On n'a absolument rien trouvé dans cette chambre.

Corridor 20.

Dix vases en feldspath, incomplets.
Une assiette en onyx, incomplète.

Observations. — Ce corridor était occupé tout entier par une petite
caisse en bois dont je n'ai pu prendre les dimensions, parce qu'elle est
tombée en poussière. Cette caisse contenait une assiette en onyx et dans
l'assiette, étaient les vases en feldspath empilés les uns dans les autres.
Ces vases étaient d'une finesse extraordinaire montrant la très grande

habileté qui avait été nécessaire pour les creuser. Ils étaient malheureusement brisés à la partie supérieure et je fis ramasser avec le plus
grand soin les plus minimes fragments : je fis même plus, car, afin de
ne rien laisser échapper, j'envoyai chercher un *korbal* (espèce de crible
en jonc) et je fis passer toute la terre au crible, afin d'être bien certain
que je n'aurais laissé échapper rien d'important.

Chambre 21.

Un grand vase en onyx, brisé.

Observation. — Cette chambre ne contenait absolument rien que le
vase dont il vient d'être fait mention. Il était placé, près du fond, à l'extrémité du mur nord.

Corridor 20.

Deux vases en métal.

Deux vases en onyx.

Observations. — On avait fini de déblayer la partie de ce corridor
située en face de la chambre 22 sans avoir rien trouvé, lorsqu'on aperçut
dans le mur ouest un trou fait par les spoliateurs. Ce trou était large de

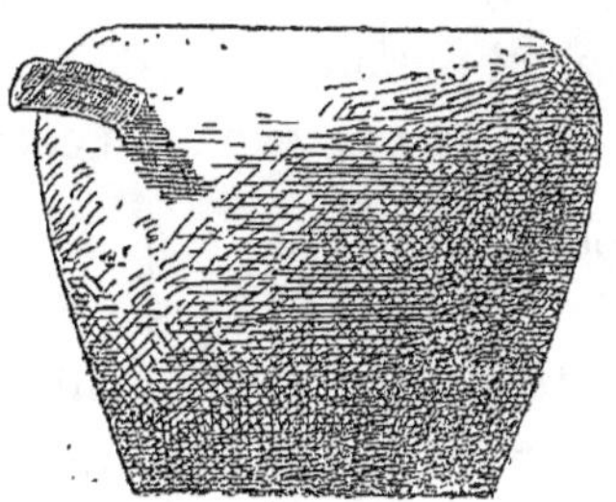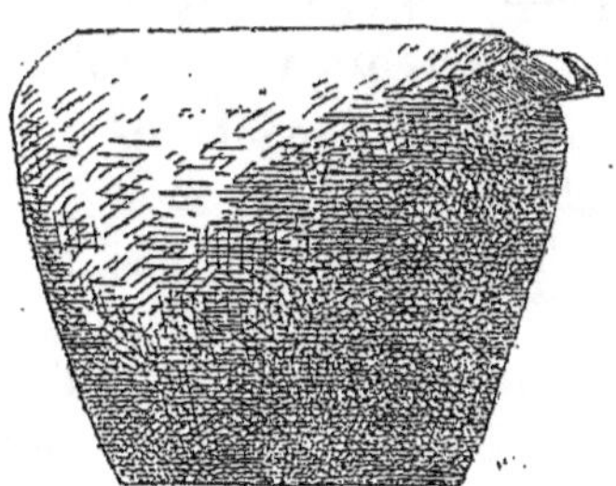

Vases en cuivre (Abydos). 1/3 grandeur naturelle.

0^m,85 et il était situé à peu près vis à vis le mur nord de la chambre 22.
C'est dans ce trou qu'étaient les quatre objets mentionnés plus haut,
car il avait toute la profondeur du mur ouest. On aperçut d'abord un
vase grossier en onyx albâtreux, puis un premier et un second vase en
métal, fort bien faits tous les deux et intacts, et enfin un second vase en
onyx, de belle forme, mais tellement adhérent à la terre que, lorsqu'on
voulut le retirer, il ne vint entre les mains de l'ouvrier que par fragments. Les vases en métal, du cuivre rouge, étaient d'une forme encore

inconnue, à moins que cette forme ne se retrouve dans les bas-reliefs,
ce que je crois, et très belle. L'un d'eux qui m'est resté est reproduit à
la planche XVII n° 14, l'autre qui a été la part du musée de Gizeh a été
publié par M. de Morgan dans le second volume de ses *Recherches sur les
origines de l'Égypte* avec ma permission implicite et je reproduis ici le
dessin qu'il en a donné. Les deux vases ont un bec ; mais dans celui qui
est maintenant au musée de Gizeh, le bec est en partie double et il
pouvait s'en échapper les doubles filets d'eau que l'on voit représentés
dans les bas-reliefs par deux lignes ondulées.

Chambre 22.

Il n'y avait absolument rien dans cette chambre.

Observation. — J'y ai cependant trouvé au fond une boîte en bois complètement détruite et dont je n'ai pu prendre les mesures que pour la
longueur et la largeur, grâce aux traces qu'elle avait laissées sur la terre
des murs : elle avait 1^m,01 de large, c'est-à-dire la largeur de la chambre,
et seulement 0^m,95 de long. Ces deux dimensions empêchent qu'on
puisse penser un seul instant, comme je l'avais fait d'abord, à un cercueil, car même un nain adulte n'aurait pas pu y entrer, sans compter
que la caisse était beaucoup trop large pour recevoir un cadavre.

Corridor 20.

Un squelette incomplet.

Observations. — Le corridor en cette extrémité ne contenait absolument rien. Le squelette était sous le mur ouest dans un trou long de
1^m,25, ayant toute la profondeur du mur et haut de 0^m,41. Le squelette
aurait été complet, s'il ne lui eût manqué les deux pieds et une jambe.
Il était dans la position dite contractée et je le vois encore dans cette
position sous le mur en question où il avait été jeté probablement au
moment de la spoliation. La terre qui était tombée par dessus était
tellement adhérente que l'on n'a pu le retirer sans que les ossements
ne se détachassent les uns des autres et sans que le crâne ne se brisât.
Ce fut un malheur irréparable : peut-être si j'avais su au moment où je
fis fouiller la partie extrême de ce corridor de quel personnage il s'agissait aurais-je pu prendre certaines précautions et même faire abattre le

mur en terre qui le recouvrait afin de pouvoir retirer tout au moins le
crâne sans fracture, mais je ne devais savoir à quel personnage avait
appartenu ce squelette qu'un an plus tard, après la découverte du tombeau d'Osiris. Cependant comme j'avais fait séparer ce squelette de
celui que je trouvai le même jour dans la chambre 23, j'ai pu le conserver tel quel et M. le docteur Fouquet a bien voulu l'étudier.

CHAMBRE 23.

Un fragment d'ivoire.

Un fragment de toile.

Un squelette incomplet.

Observations. — C'est dans cette chambre que se trouvait le second
squelette, ou du moins ce que je crois être le second squelette, que
j'ai rencontré au cours de la deuxième année de fouilles. Celui que j'ai
décrit comme ayant été trouvé sous le mur ouest du corridor et celui
dont je viens d'indiquer la trouvaille ont été rencontrés le 4 février 1897.
J'ai noté au fur et à mesure qu'on les trouvait la place occupée par
chaque ossement, car ici je n'ai pas rencontré le squelette d'un seul
bloc, à l'état contracté, comme on dit, mais les ossements étaient épars
dans les diverses couches de sable. Je ne saurais mieux faire que de
citer ici les notes prises sur les lieux au moment même de la découverte : le style décousu de ces notes sera même une preuve de plus de
la conscience avec laquelle les moindres détails ont été relevés. « Cette
chambre contenait un squelette non entier. Les petites vertèbres du
cou ont été trouvées au milieu de la chambre, alors qu'on avait enlevé
environ 1^m,50 de sable depuis la hauteur extrême des murs de cette
chambre ; les côtes et les grosses vertèbres dans le corridor ; un os des
mains au milieu, et près du mur nord un os de l'épaule, peut être de
la clavicule. Près du mur nord, dans le corridor, un os des doigts et un
os du talon près du mur est ; puis un second os de la clavicule et un
troisième près du premier. Une autre côte près des premières, dans
le corridor, du côté sud. Le fémur était près de l'extrémité sud-ouest
de la chambre, le coccyx près du mur sud au milieu. Une petite ver-
tèbre près du mur ouest en sa partie nord ; de même une phalange des
doigts. Les phalangines se trouvaient au milieu de la porte qui ouvre

25

sur le corridor; de même des côtes et des vertèbres. Un gros orteil près du mur sud et de l'espèce de niche qui existait en ce mur; un os du talon dans le corridor, un os du genou au milieu de la largeur de la chambre, à 0ᵐ,40 du mur est environ; un autre semblable à 0ᵐ,30 du mur est et 0ᵐ,25 du mur sud; un os du bras près du mur ouest du corridor avec un os de la jambe. Un autre fémur près du mur ouest et aussi un petit os appartenant au bassin. Un os du bras à 0ᵐ,05 du mur est; un os de l'épaule près du mur ouest. Un os du bras à 0ᵐ,60 du même mur ouest et à 0ᵐ,30 du mur sud. Un os de l'épaule et des vertèbres devant le mur ouest, et touchant ce mur, l'os rond qui termine le fémur, et un second sous le mur. Une phalange à l'angle nord-est; trois vertèbres et une côte près du mur nord; un os de la clavicule près du mur ouest. Un fragment de sternum entre le corridor et le mur sud. Une rotule près du mur ouest. Une côte se trouvant dans le corridor entre le mur sud et le mur ouest». Je suis bien loin d'affirmer que mes notes prises au pied levé ne contiennent aucune erreur relativement à l'attribution de telle ou telle partie du squelette; je n'ai cité ce fragment de mon cahier, que pour montrer au lecteur que j'ai fait tout ce qui était en mon pouvoir pour remplir la mission dont j'étais chargé et sauvegarder les droits de la science. C'est affaire aux spécialistes de contrôler mes affirmations et je serai le premier à m'incliner devant leurs études.

Il y avait une caisse dans cette chambre et, quoique je n'y aie absolument rien trouvé autre chose que le fragment d'ivoire que j'ai signalé, je ne crois pas outrepasser les droits de la critique en disant que sans doute les divers ossements signalés n'étaient pas contenus dans cette caisse, car les dimensions s'y opposent. La caisse en effet était large de 1ᵐ,24, longue de 1ᵐ,23 et haute de 0ᵐ,67. La largeur de la caisse était trop grande, à moins qu'on ne voulût admettre que les ossement détachés du squelette avaient été réunis dans la caisse, ce que je ne crois pas pour ma part. Quoique j'aie rencontré un fragment de toile mélangé aux ossements, il n'y avait aucune trace de momification, la chose est absolument certaine. Le fragment d'ivoire était perforé.

CHAMBRE 24.

Quatre fragments de grès émaillé.

Deux fragments d'un vase de forme extraordinaire.

Une table d'offrandes en marbre bleu veiné de blanc, incomplète.
Divers fragments de sparterie et de bois.

Une pleine couffe de fragments de vases en pierre.

Un bouchon en terre.

Observations. — Comme je faisais déblayer cette chambre, un éboulement soudain montra au-dessus du mur, où elle avait été placée, une table d'offrandes en marbre bleu veiné de blanc. Je crus d'abord que c'était la partie absente de la table dont j'ai parlé dans le chapitre précédent ; mais au simple toucher je ne fus pas longtemps à voir qu'elle était trop épaisse pour avoir fait partie de celle-ci. Elle n'était pas intacte : la partie du milieu manquait et n'a pas été retrouvée. Elle est reproduite au numéro 7 de la planche III, à l'extrémité de droite, première rangée. Parmi les fragments de grès émaillé, il y en avait un de bonne taille : malheureusement je n'ai pu reconstituer aucune de ces tables carrées divisées en compartiments par des lignes plus ou moins régulières. Le bouchon en terre a été trouvé dans la partie immédiatement supérieure à cette chambre. Les deux fragments de vases d'une forme inconnue proviennent au contraire de l'intérieur de la chambre. Les fragments de bois, de sparterie et les divers morceaux de vases en pierre dure étaient à divers niveaux dans cette même chambre.

CHAMBRE 25

On n'a absolument rien trouvé dans cette chambre.

CHAMBRE 26.

Deux ossements d'animaux.

Deux fragments de cristal de roche.

Un fragment de petite pierre rouge.

Deux autres fragments.

Observations. — Cette chambre était la dernière de la partie ouest, c'est-à-dire celle qui terminait le tombeau de ce côté au nord. Elle contenait une caisse placée près du mur est, car ainsi que le lecteur se le rappellera, les trois dernières chambres de ce côté étaient murées.

CHAMBRE 27.

Un vase en marbre bleu veiné de blanc.

Un fragment de bracelet en pierre.

Un fragment de vase ouvragé.

Un second fragment d'un autre vase ouvragé.

Deux petits ouvrages complets en vannerie.

Trois fragments de nattes.

Des fragments de meubles en bois.

Quatre fragments de cristal de roche.

Quatre fragments de bouchons en terre.

Divers objets en grès émaillé.

Des perles en cornaline.

Des perles en terre émaillée.

Un sarment de vigne.

Une noix de palmier *doum*.

Un fragment de poterie avec bord noir.

Deux feuilles d'or.

Une feuille d'argent.

Une côte de gazelle.

Un pied de fauteuil en ivoire, fragmentaire et brûlé.

Deux silex.

Deux vases grossiers en onyx.

De très nombreux fragments de vases en marbre blanc veiné de noir ou veiné de bleu.

Sept couffes d'autres fragments de vases en pierre.

Observations. — Au-dessus de cette chambre qui, selon mon sentiment avait dû recevoir les corps au moment de l'enterrement et d'où les spoliateurs avaient dû les arracher pour les jeter où je les ai trouvés, on rencontra une très grande quantité de vases en marbre blanc veiné de bleu ou veiné de noir. Le lecteur en trouvera d'assez nombreux spécimens à la planche XI qui leur est consacrée. Quelques-uns de ces vases étaient d'une très grande délicatesse. J'ai pu réussir à en reconstituer un assez grand nombre. Parmi eux se trouve le vase de forme si curieuse qui est représenté au numéro 8 de la planche XV. La présence du pied de fauteuil en ivoire montre bien qu'il devait y avoir un certain nombre de pièces en cette matière que je n'ai pas retrouvées ; cependant on pourrait croire avec assez de raison que ce pied en ivoire, brûlé et fragmentaire, peut aussi bien provenir d'une autre tombe où l'on aura mis le feu, car nulle part dans le monument dont il s'agit je n'ai rencontré la plus petite trace d'incendie.

C'est dans la partie immédiatement supérieure aux murs de cette chambre qu'ont été retrouvés un très grand nombre d'objets en grès émaillé. Ce n'est qu'à Abydos, dans la nécropole d'Om-el-Ga'ab qu'on a retrouvé de semblables objets faits en semblable matière à une époque aussi reculée. Le lecteur en trouvera des spécimens à la planche XX. Ces objets entiers ou fragmentaires étaient placés dans une sorte de couche de débris qui semblait avoir été formée par des criblures jetées de côté : peut-être les spoliateurs ont-ils trouvé en cet endroit des métaux précieux et en ont-ils ramassé jusqu'aux moindres fragments, laissant et jetant ce qui n'avait aucun intérêt pour eux. Quand j'eus vu que cette couche se continuait assez épaisse sur une assez grande longueur, je fis apporterun crible et je recueillis les moindres objets. Je trouvai ainsi d'assez nombreuses petites perles en terre émaillée et en cornaline, un certain nombre de petits cubes rectangulaires et d'autres menus objets sur lesquels je reviendrai dans le chapitre suivant. La présence répétée de feuilles d'or en ce tombeau et celle d'une feuille d'argent montre bien en effet que les métaux précieux devaient être connus et employés à cette époque.

D'un autre côté, les cornes de gazelle, les ossements d'animaux trouvés précédemment, ainsi que les noix de palmier *doum*, les fragments de nattes, les petits objets en sparterie, le sarment de vigne indiquent à leur tour qu'on avait choisi ces objets de luxe pour ce temps reculé soit comme nourriture à donner aux défunts, soit comme supports de ces mets funéraires. Je ne crois pas que les objets que je viens de nommer fussent amoncelés dans la chambre funéraire ; mais je croirais plutôt qu'ils provenaient des chambres voisines soit de l'ouest, soit de l'est, où j'ai rencontré des caisses en bois sans aucun objet. Ces chambres, le lecteur le sait déjà, étaient ruinées en très grande partie,

et il est évident pour qui sait voir que les spoliateurs avaient fait porter
tout l'effort de leur spoliation sur ces chambres 17, 18, 19, 21, 22, 23,
24, 25, 26, 27 et 28. Quiconque se reportera à la description du tombeau
que j'ai donnée dans le chapitre cinquième conviendra qu'il en était ainsi,
et je prie le lecteur de croire que ce n'est pas en vue de prouver une
thèse plus ou moins intéressante et vraie que j'ai fait la description de
ces chambres, mais simplement parce qu'elles étaient dans cet état :
donc la description donnée n'a pas été écrite pour étayer une hypothèse,
mais l'hypothèse a été construite pour donner l'explication de l'état dans
lequel se trouvaient ces chambres. Si donc il en est ainsi, pourquoi les
spoliateurs ont-ils agi de la sorte? Sans aucun doute, afin de détruire
les restes de l'ancien honneur dans lequel on avait tenu les squelettes
que renfermait ce tombeaux. On aura observé la gradation dans laquelle
se sont présentées les offrandes non détériorées que nous avons vu dé-
filer sous nos yeux depuis la chambre 6 jusqu'aux dernières où l'on a
trouvé certains objets : d'abord des parties assez pauvres du mobilier
commun, puis des céréales en nombre incroyable, puis de beaux vases
en cuivre, puis des vases en toute sorte de pierres, surtout des vases en
feldspath, en bel onyx, en beau marbre blanc et noir, blanc et bleu, des
perles en cornaline, en grès émaillé, des objets jusqu'alors inconnus
en même matière, des feuilles d'or et d'argent, des ossements d'animaux
prouvant que jadis on avait offert aux deux défunts enterrés dans la
grande salle les animaux entiers dont les chairs s'étaient desséchées et
avaient disparu avec le temps. Où devait donc être la chambre sépulcrale, celle pour laquelle on avait bâti les autres chambres de cette seconde partie ? Elle devait se trouver à l'extrémité et au milieu de la
largeur du tombeau, selon toute apparence et toute vraisemblance,
selon tout ce que nous savons des habitudes égyptiennes. Et voilà que
précisément en cette chambre placée à l'extrémité du tombeau, au milieu de la largeur, nous avons trouvé des murs d'une épaisseur extraordinaire pour le tombeau; ces murs avaient la partie supérieure construite à la vérité en terre battue que l'on avait ensuite réparée par
endroits avec des briques, mais ils avaient aussi la partie inférieure
bâtie en pierres, le seul exemple d'une telle construction que nous ait pré-

senté la nécropole d'Om el-Ga'ab. Cette chambre était en outre plus
profonde que les autres, car toutes les autres chambres en cette seconde
et en la première partie avaient une profondeur sensiblement égale. Il
n'y avait exception que pour cette chambre entièrement isolée des
autres, pour laquelle il n'y avait point de porte, ni au nord, ni à l'est,
ni à l'ouest, ni au sud. Elle était pavée en pierre calcaire, et seul le
tombeau de *Den* présentait une plus grande richesse, puisqu'il était
pavé en syénite. Et maintenant pour qui réservait-on cette chambre sans
issue, ce palais en pierre avec un pavé de pierres en des temps où l'on
bâtissait en terre battue, ou en briques primitives, sinon pour le sei-
gneur de la maison ? Je peux donc conclure en toute assurance de ce
qui précède que cette chambre 28 était la chambre sépulcrale où l'on
avait déposé les corps des *deux Dieux*, comme s'expriment les inscriptions.

Je suis arrivé à la fin de cette description du tombeau : il ne me reste
plus qu'à examiner les particularités que présentent les objets rencontrés et l'attribution qu'on doit faire de cette immense tombe.

CHAPITRE HUITIÈME

Dans les deux chapitres précédents, j'ai eu surtout en vue de donner une description aussi exacte que possible de la place où les objets avaient été déposés, du nombre d'objets que renfermait chaque chambre et de son apparence extérieure. Pour ce faire, j'ai quelquefois dû entrer dans certains détails qui auraient peut-être mieux trouvé leur place dans un chapitre sur la technique du travail qu'avaient nécessité les diverses pièces de l'ameublement; c'est pourquoi je n'ai pas intitulé ce chapitre *De la technique des objets trouvés dans le tombeau*, chapitre que je n'aurais pu écrire en son entier, car il me faudrait savoir une quantité de choses que malheureusement je ne sais pas. Je ne considère donc ce chapitre que comme une récapitulation générale des objets que j'ai rencontrés au cours des fouilles, récapitulation qui comprendra nécessairement les objets trouvés à la surface sur lesquels je ne me suis pas assez longuement étendu au cours du chapitre consacré au déblaiement nécessaire pour arriver aux murs du monument, ce qui me permettra en plus de donner toute une série d'observations archéologiques n'ayant pas trouvé place dans les deux chapitres précédents.

Afin de mettre quelque ordre dans une aussi vaste matière, je diviserai ce chapitre en un certain nombre de paragraphes dans lesquels je traiterai spécialement d'une série d'objets bien spécifiée soit par la matière dont ils sont faits, soit par la forme qu'ils affectent. J'aurais pu en traitant des vases en pierre faire autant de paragraphes spéciaux qu'il y a eu de pierres employées; mais outre que je n'aurais pas été très certain de ne pas me tromper sur la qualité de telle ou telle matière, car je ne suis pas un pétrographe, il m'aurait fallu répéter presque autant de fois certains détails qu'il y aurait eu de matières différentes employées et j'ai cru devoir me servir de la spécification par la forme. Je n'ai fait exception que pour les vases en cristal de roche parce qu'ils me fournissaient une assez ample matière à traiter. Ce chapitre comportera vingt paragraphes distincts et je traiterai successivement : 1° des vases cylindriques que j'ai surnommés grossiers; 2° des tables d'offrandes en forme de disque; 3° des tables d'offrande avec pied; 4° des vases cylindriques; 5° des vases en forme de coupes; 6° des vases en forme d'assiette; 7° des vases globulaires; 8° des vases de diverses autres formes; 9° des grandes jarres en pierre; 10° des vases ouvragés; 11° des vases en cristal de roche; 12° des objets en métal; 13° des objets en terre émaillée; 14° des objets en ivoire; 15° des silex; 16° des objets avec inscriptions; 17° des poteries; 18° des bouchons en terre; 19° des objets en bois, et 20° des offrandes diverses faites dans le tombeau. J'espère ainsi ne rien laisser passer qui soit digne d'attention.

I. Vases cylindriques grossiers

Deux planches ont été consacrées à ces vases, ce sont les deux premières. Le lecteur en les examinant avec attention verra qu'il y en a de deux matières, d'abord en calcaire blanc et ce n'est qu'en très petit nombre, puis en calcite rubanée, c'est-à-dire marbre onyx communément désigné en Égypte sous le nom d'albâtre et que j'ai appelé au cours de ce volume onyx albâtreux. Le plus grand nombre de ces vases ont été trouvés dans la première partie du monument et à la surface : un certain nombre encore assez grand, comme le lecteur le verra en se rapportant au sommaire du contenu de chaque chambre ont été rencontrés au fond des chambres; dans la seconde partie, il n'y en avait qu'un tout petit nombre, soit dans la couche de sable supérieure à la tombe, soit surtout au fond des chambres. Je n'ai fait ramasser sur les lieux des fouilles que ceux qui étaient entiers, et j'estime qu'il y en avait de 500 à 600 : pour les autres qui étaient à moitié brisés, je les

ai fait ensabler au milieu des décombres, après les avoir préalablement
mis dans un tel état que les indigènes ne pussent être tentés de revenir les désensabler pour les offrir aux voyageurs. Il y en eut environ
400 qui furent ainsi traités, si bien que je crois pouvoir porter à un
millier environ le nombre de ces vases grossièrement faits.

Je vais maintenant m'expliquer sur cette épithète que j'accole à ces
vases. Je ne veux aucunement dire que la matière n'en soit pas belle,
car le lecteur en examinant les deux planches verra facilement que je
dépasserais la mesure en le disant : je veux simplement entendre que
les ouvriers qui les ont faits en auraient pu tirer un parti bien meilleur
et que la plupart de ces vases sont simplement votifs. En effet, on s'est
simplement préoccupé de donner à ces vases l'apparence extérieure
des vases employés journellement dans les maisons riches de l'époque,
et encore le plus souvent n'est-ce qu'une lointaine apparence, sans
songer le moins du monde à ce que l'intérieur du vase répondît à son
extérieur. La plupart d'entre eux en effet n'ont reçu qu'un commencement de creusement et sont pleins, sauf à la surface. L'offrande qu'on y
aurait mise n'aurait été que d'un tout petit volume, si petit que je suis
persuadé qu'ils ont été simplement votifs et que jamais on n'a pensé à
les utiliser pour y déposer des offrandes. J'ai une autre raison de leur
appliquer l'épithète de grossière, c'est que leur forme est si gauche, si
lourde qu'évidemment ils n'ont pas reçu, même à l'extérieur, le polissage
nécessaire pour en constituer des vases élégants d'aspect. Le lecteur
n'a qu'à se donner la peine d'examiner les deux planches à ce point de
vue, et il sera aussitôt frappé de la vérité de l'observation que je fais,
et cela malgré la beauté de la matière employée, comme dans la rangée
supérieure de la planche II. Cependant quelques-uns de ces vases
accusent une certaine recherche dans la forme et un certain sentiment
de la beauté des lignes, par exemple le numéro 3 de la planche I, le
numéro 4, le numéro 13, le numéro 16, le numéro 17 de la même planche[1]; mais, pour ce dernier, l'ouvrier qui le fit n'avait certainement pas
le sentiment des proportions car le vase est trop trapu ; un peu plus de

---

1. Une fois pour toutes, je numérote les objets des planches en partant du bas et de
gauche à droite pour chaque rangée.

hauteur lui eût donné un air plus élégant, comme au numéro 13, bien que celui-ci ne soit pas d'aplomb.

Tous ces vases sauf le numéro 4 de la planche II et les deux vases qui sont situés aux extrémités de la seconde rangée — ceux-ci pour une raison particulière — ont un rebord très accusé : ce rebord est obtenu par deux manières différentes de traiter la pierre soit en l'évidant graduellement et en renflant seulement le rebord, soit au contraire en donnant les mêmes proportions au vase droit et en creusant un sillon pour bien marquer le rebord : c'est ainsi qu'ont été obtenus les rebords des vases suivants, les numéros 1 à 11 de la première planche, 2 à 5 de la seconde planche ; sans doute parmi ceux qui ne sont pas reproduits ici, il y en avait d'autres traités de la même façon.

Ces vases étaient de deux matières, ainsi que je l'ai dit, en calcaire et en onyx albâtreux. Les vases en calcaire affectent deux formes fort différentes, la forme cylindrique et une autre forme représentée seulement par deux petits vases qui ne rentrent pas dans la catégorie de vases dont il s'agit, mais qui cependant ont été trouvés avec ceux de la surface et qui n'ont pas demandé grand travail. Les premiers sont très grossièrement faits, ils ne sont pas d'aplomb : ils sont représentés par les numéros 6, 16 et 25 de la première planche et par le numéro 7 de la seconde. Les trois de la planche I sont très lourds : ils sont à peine creusés à l'intérieur ; ils ressemblent assez aux énormes chandeliers en métal qu'on avait jadis dans certaines des églises catholiques. Les deux autres vases, c'est-à-dire les numéros 14 et 24 de la planche II, ont une apparence élégante, malgré leur massivité : leur progression est juste, elle s'arrête à temps. Leur intérieur est plein, à peine y a-t-il un léger creusement, ce qui suffit à prouver que ce n'étaient que des vases votifs. Cette sorte de vases est très rare, quoiqu'on les rencontre encore fréquemment dans les bas-reliefs représentant des cérémonies religieuses, notamment dans le temple de Séti Ier à Abydos. Les vases qui se rattachent à ce type sont donc précieux, d'abord parce qu'ils sont rares, en second lieu parce qu'ils appartenaient au culte funéraire à une époque très ancienne.

Parmi les vases cylindriques en onyx albâtreux, il en est un, le nu-

méro 19 de la planche II qui a dû être employé à des usages courants :
il est creusé comme les vases ordinaires et je ne l'ai placé au nombre
des vases grossiers qu'en raison de son travail. Il ne contenait absolument rien. Certains autres vases encore assez nombreux, tant à la surface supérieure aux murs du tombeau qu'à l'intérieur des chambres,
avaient également servi aux usages funéraires : je les ai trouvés encore
remplis de la substance qu'on y avait déposée. Quelques-uns d'entre eux
contenaient une sorte de pain de terre desséchée qui s'était moulée en
la forme du récipient. Je ne sais quelle était la valeur de cette terre au
point de vue des usages funéraires : certains auteurs ont écrit que
c'était le dépôt de l'eau clarifiée, et en un assez grand nombre de cas,
toutes les fois qu'il s'agit de poterie, ils me semblent avoir raison ; mais
ici, dans des vases dont la contenance était à peine parfois d'un demi
litre, j'ai rencontré des pains de terre qui remplissaient presque tout
l'intérieur du vase : si l'eau en déposant eût laissé de la terre en quantité aussi considérable, il faudrait dire qu'elle ne méritait aucunement
le nom d'eau, mais de terre pétrie et qu'en tout cas elle était bien loin
d'avoir les qualités de l'eau courante que réclamaient les textes des Pyramides en leur temps, comme devant être utile aux défunts, car ce
n'eût pas même été de l'eau croupissante.

II. Tables d'offrandes ayant la forme d'un disque

Dans un assez grand nombre d'inscriptions, quand on parle des offrandes faites aux défunts et que l'on met un déterminatif, ce déterminatif est un disque rond : s'agit-il simplement du disque rond ou faudrait-il comprendre que le dessinateur égyptien n'eût pas su rendre
d'autres modèles qu'il avait ou pouvait avoir sous les yeux, et cela par
manque de connaissance des règles du dessin et surtout de la perspec-
tive ? c'est ce que chacun sera libre de croire comme il voudra : ce qu'il
y a de bien certain, c'est que les inscriptions en caractères hiéroglyphiques donnent un disque comme déterminatif aux tables d'offrandes,
et que ce signe se trouve plus fréquent à mesure qu'on remonte plus
avant dans l'antiquité égyptienne, j'entends par là l'Ancien Empire égyptien. A l'époque à laquelle doit se placer le monument que j'ai fouillé,

on ne connaissait que deux sortes de tables d'offrandes, le disque simple ou le disque avec pied. J'en ai trouvé un nombre relativement grand
d'exemplaires des deux sortes.

Les uns et les autres sont représentés aux planches III, IV et X. Les
disques ronds sont les numéros 1, 2, 3, 4, 5, 6, 9, 11, 13, 14, 15 et 16
de la planche III et les numéros 1, 2, 3, 5, 6, 7, 10, 11, 12, 16, 17 et 18
de la planche IV. Comme le lecteur ne pourra s'empêcher de l'observer,
cette nomenclature comporte surtout des disques simples : sur 31 tables
ou fragments de tables d'offrandes, il y en a 24 qui ont la forme d'un
disque. Tous les disques simples sans aucune exception étaient brisés
et quelquefois en un assez grand nombre de morceaux : cependant la
plupart ont pu être reconstruits et restaurés, grâce à la précaution
que j'avais prise de faire rassembler les moindres fragments, car les
fragments de ces tables étaient facilement reconnaissables entre tous.
Cependant quelques-uns n'ont pu trouver leur place parmi les tables
qui ont été reconstituées avant d'être restaurées : ce sont les numéros
1, 2, 5, 6 et 7 de la planche IV. Quelques-uns de ces fragments font cependant partie d'une même table, mais les parties intermédiaires manquent et je n'ai pas su où les placer, ni le restaurateur non plus. Pour
mieux dire, la crainte nous a arrêtés que la courbure ne fût pas la
même et nous n'avons pas voulu nous risquer de réunir ensemble des
fragments qui n'auraient pas appartenu au même objet. Tous les disques
trouvés ne sont pas représentés sur les planches indiquées : il en est
resté quelques-uns qui n'ont pas été photographiés parce que leur
représentation semblait de tout point inutile.

Ces disques peuvent être considérés au double point de vue de la
matière et du travail. La matière est très variée : on peut même dire
que pas un seul de ces disques n'est apparemment semblable à son
voisin si l'on veut ne regarder de la matière que les nuances : au point
de vue chimique, la chose serait toute différente. Sur les vingt-cinq
disques ou fragments de disques que j'ai recueillis, il n'y en a pas un
seul dont l'aspect soit identique à celui de son voisin, si l'on ne considère que la matière colorée. L'analyse chimique révélerait sans doute
que tous appartiennent à une pierre calcaire par constitution, mais ces

pierres qui ressortent au genre calcaire sont chacune d'une variété différente. La plus grande partie appartiennent au genre onyx albâtreux
avec des cristallisations si diverses que tous ils en sont différenciés les
uns des autres. La photographie n'a pu reproduire toutes les nuances
de ces pierres, parce qu'un trop grand nombre de ces nuances viennent
exactement de la même couleur au développement du cliché. Cependant sur les grands disques de la planche III, on peut jusqu'à un certain point voir qu'il y avait des nuances fort diverses par suite de la
présence de veines multicolores dans la matière : c'est ce qu'on voit
notamment dans la figure 14 de la planche III et aussi dans le numéro 11.
Ce sont là des pierres que j'appellerai composites, afin de mieux faire
comprendre ma pensée, quoique je me doute bien que ce mot ne s'emploie pas en un pareil sujet. Quelques autres de ces pierres ont des
veines rubescentes sur un fond blanc plus ou moins dégradé, comme
les numéros 3, 5, 16, etc., de la même planche. Le numéro 13 a une
autre apparence ; l'apparence extérieure par devant est d'un blanc sale,
mais le derrière est tout entier d'une autre matière, à ce que l'on croirait si l'on ne jugeait que d'après la couleur, car il est entièrement
jaune. Évidemment il y a eu là une concrétion extraordinaire qui ne se
rencontre pas sur les autres disques, que les ouvriers de l'époque ont
parfaitement observée et qu'ils ont été charmés de trouver afin d'employer la pierre pour en faire une table d'offrandes. Mais comme cette
concrétion n'était pas aussi belle que la pierre elle-même, ils ont mis
l'onyx albâtreux par devant et la concrétion jaune par derrière. Je n'ai
pas rencontré un seul autre objet, pas le plus petit fragment en matière
semblable, et le cas est digne d'être noté, car j'ai rencontré au moins
deux exemplaires de la même matière, quand ce n'était pas cent, deux
cents et même beaucoup plus. Il faut croire ou que les artisans avaient
employé toute la matière qu'ils avaient rencontrée, ou qu'ils l'ont peut-
être méprisée. Le disque en question a été trouvé en dix-huit morceaux :
quand on eut trouvé les dix-huit morceaux en des jours différents et en
des endroits très éloignés les uns des autres, je m'aperçus qu'il était
complet, sauf un tout petit fragment. Le numéro 7 est cette table en
calcaire bleuâtre avec des taches de blanc sale qui fut trouvée sur le

haut du mur ouest d'une des chambres vers la fin de la seconde partie,
à savoir la chambre 25 : cette pierre est quelque peu grasse au toucher, elle absorbe quelque peu l'humidité, mais non autant que le schiste
ardoisier. Je ne dois pas oublier le numéro 9 qui est en calcite. J'ai
trouvé au cours des fouilles pendant cet hiver 1896-1897, un très grand
nombre de tout petits morceaux de cette matière et j'en ai rapporté
une centaine environ : chaque jour les fouilleurs en trouvaient un, deux,
quelquefois dix et plus. On aurait peut-être pu les prendre pour du
cristal de roche peu transparent; mais la cassure était fort différente de
la cassure du cristal de roche, car elle était verticale et seulement verticale, tandis que le cristal de roche se casse en tous les sens. Je sus
depuis que c'était de la calcite. Chose très curieuse, je n'ai guère rencontré de calcite que dans ce monument : à peine si j'en ai rencontré
deux ou trois fragments dans la grande colline sous laquelle était le
tombeau d'Osiris. Mais ces petits morceaux ne sont nullement comparables à ce que devait être ce disque 9 lorsqu'il était intact. Je le trouvai aussi en des jours divers et en des endroits fort différents et j'ai pu
en réunir vingt morceaux, mais le disque est incomplet : il y manque
une partie du centre et une partie latérale, quoique la circonférence
soit complète. Je n'avais jamais vu de semblable pierre presque
transparente et je me demandais d'où elle pouvait provenir, car je
n'avais jamais ouï parler de carrières en Égypte pouvant fournir des
pierres lui ressemblant. Personne ne put me donner le plus petit renseignement à ce sujet, ni en Égypte, ni en Europe. Ce n'a été que le
8 février 1898 que par hasard j'ai connu la provenance de la calcite.
Je fis un jour une excursion dans le désert libyque en compagnie de
mon ami, M. A. Lemoine, et de deux autres voyageurs auxquels j'avais
donné l'hospitalité, et j'avais choisi la route qui va d'Abydos à l'oasis
d'El-Khargeh, afin de voir si, comme on l'avait dit, on trouvait à la descente de la montagne vers la plaine d'Abydos un atelier où l'on avait
taillé le silex. Comme notre petite caravane achevait l'ascension de la
montagne, je vis sur le sol un fragment blanc qui me parut du cristal de
roche; je me le fis montrer et je m'aperçus aussitôt que c'était de la
calcite : plus loin il y en avait des fragments considérables que mes

compagnons ramassèrent de leur côté et prirent à leur tour pour du
cristal. Je les détrompai et leur démontrai que c'était bien de la calcite
en cassant un fragment et en leur faisant observer que la cassure était
verticale, comme j'avais eu soin de leur dire auparavant qu'elle le serait
si la matière était bien de la calcite. La trouvaille de ces fragments
m'avait donné à réfléchir : j'appelai un homme qui nous servait de
guide et je lui demandai s'il avait vu des pierres semblables ; il me répondit : « J'en ai vu l'année dernière dans le grand tombeau que tu as
fait ouvrir (c'est-à-dire le tombeau de Set et de Horus), et il y a au nord
une grande montagne comme cela. » — « Bien loin au nord ? » —
Non, tout près, à un quart d'heure. » J'en savais assez et je le renvoyai
en tête de la caravane. Je savais donc la provenance de cette matière
qui m'avait tant intrigué et dès lors il n'y avait plus à s'étonner qu'on
l'eût employée avec tant d'abondance dans le tombeau de Set et de
Horus. En 1899, dans une expédition au désert, je trouvai la montagne
et je constatai par moi-même que le renseignement était exact.

Si j'examine maintenant le travail de ces disques, je suis tout d'abord
frappé par ce fait qu'il n'y en a pas un seul qui soit complètement régulier. Le lecteur n'aura pas grand'peine à s'assurer du fait, car un simple
coup d'œil suffit pour s'en rendre certain. Il était assez difficile à des
ouvriers n'ayant aucun des instruments nécessaires de faire une circonférence exacte, ou pour mieux dire la chose leur était complètement
impossible. Ils avaient peut-être, il est vrai, la ressource d'attacher un
bout de corde à un morceau de bois, de faire tenir l'autre solidement à
terre et de tourner le premier en marquant son parcours sur le sol ;
mais c'est sans doute là un moyen auquel l'usage du compas aura donné
naissance et c'est un moyen qui accuse un certain avancement dans les
voies scientifiques. Quoi qu'il en soit, que les ouvriers de l'époque
aient eu ou non ce moyen à leur service, ils ne l'ont pas employé, car
les circonférences qu'ils ont tracées ne sont des circonférences qu'à
peu près et par intention. Ils s'en sont évidemment fiés à leurs yeux,
mais cet emploi de l'œil pouvait les conduire à des erreurs palpables,
de plus en plus grosses à mesure que le diamètre du disque était plus
grand : c'est ce qui est arrivé. Au contraire, plus l'œil embrasse une

petite surface, plus il est à même de ne pas s'éloigner de la sensation
d'une ligne circulaire ; aussi, quand bien même les petits disques ne
sont pas complètement réguliers, ils ne sont pas aussi irréguliers
que les grands et même le numéro 3 de la planche III est presque
régulier. La taille de la pierre et le polissage n'étaient pas, ce me semble, une aussi délicate affaire que pour les vases dont j'aurai à parler
au cours de ce chapitre : il est à ce sujet complètement impossible de
dire si les ouvriers qui ont fait ces disques se sont servis d'instruments
en métal ou s'ils n'ont employé que des instruments en pierre ou le
simple frottement avec du sable ou de la poussière de ces mêmes pierres
ou d'autres plus dures encore : il n'y a pas en effet une seule petite
rayure qui indique l'action d'un instrument quelconque, soit sur l'endroit soit sur l'envers. Le polissage a en effet enlevé toutes les marques
qu'avait pu laisser l'instrument soit en métal, soit en pierre, s'il y avait
des instruments de cette dernière sorte, ce que je ne suis pas porté à
croire, à dire vrai. Il n'y a pas en effet que l'action de la taille à examiner, il faut surtout se demander comment on a pu détacher de la carrière
des blocs d'onyx albâtreux aussi grands que ceux qui composent certains des disques examinés ici, car il n'ont pas un diamètre moindre
de 0ᵐ,50, 0ᵐ,65 etc., ce qui donne une circonférence de 0ᵐ,78 et de
1ᵐ,20. Or, pour trouver des pierres qui taillées eussent ces dimensions,
il fallait enlever de véritables petits blocs de la carrière où on les prenait et pour ce faire avoir les instruments nécessaires. Je ne vois pas
comment des instruments en pierre auraient suffi, et, comme le métal
était connu, il faut bien supposer qu'on se servait d'instruments de
métal. Nous en aurons d'ailleurs une preuve péremptoire lorsque
j'examinerai les tables avec pied.

L'envers de ces disques, quoique poli, l'était cependant à un moindre
degré que l'endroit, comme il est facile de le constater. Cet envers
avait même parfois des grains de matière non cristallisée au même
point que le reste et qui formaient tache dans la pierre : ce sont eux
qui se détachent le plus facilement de ces pierres. L'un des disques
a même son envers très sommairement poli, tandis que l'endroit l'est
autant qu'on le savait faire en ce moment. Quelquefois, comme dans

les numéros 2 et 6 de la planche III, la partie apparente, ou l'endroit, avait reçu une forme quelque peu concave. Dans tous les autres disques, la surface était plane autant qu'on l'avait pu obtenir. Je ne veux pas finir ce paragraphe sans appeler l'attention sur l'habileté et la patience qu'il avait fallu à l'ouvrier qui avait taillé et poli, autant à l'envers qu'à l'endroit, la table de calcite que j'ai déjà signalée : il avait fallu une patience à toute épreuve et une habileté merveilleuse pour ne pas casser cette pierre fragile entre toutes.

III. TABLES AVEC PIED.

Sur les sept tables d'offrandes avec pied qui ont été rencontrées au cours des fouilles, six sont représentées aux numéros 4, 8, 10 et 12 de la planche III, au numéro 4 de la planche IV et la dernière au numéro 21 de la planche X ; la septième n'a pas été reproduite comme étant en simple calcaire, car il y en avait déjà deux de cette matière parmi les six qui ont été reproduites. Les deux en calcaire simple sont les numéros 4 et 12 de la planche III. Il y en a une troisième qui faite de ce calcaire dont j'ai déjà parlé à propos d'un disque en matière à peu près semblable au paragraphe précédent : c'est le numéro 21 de la planche X. Dès les premiers jours des fouilles je rencontrai le pied de cette table, encore était-il fragmentaire ; presque à la fin des fouilles, je veux dire aux jours où l'on déblaya les derniers mètres de la partie supérieure de décombres, on rencontra un second fragment du pied de cette même table : entre temps on avait trouvé jusqu'au fond des chambres de la première partie du monument divers autres fragments de la table proprement dite. Les trois autres sont en onyx albâtreux. Je n'ai rien à dire en plus sur la matière des tables avec pied, sinon que deux d'entre elles, à savoir le numéro 8 de la planche III et le numéro 4 de la planche IV étaient en belle matière avec de nombreuses et riches veines ; ces tables avaient été choisies certainement à cause de la beauté et de la richesse des veines qui en faisaient comme une sorte de tapis lapidaire. Malheureusement toutes deux sont incomplètes.

Le travail de ces pierres est digne de toute considération. Toutes les tables étaient polies avec beaucoup d'art quand la matière l'exigeait, dans la partie inférieure, comme dans la partie supérieure, sans qu'on y voie encore la plus légère trace d'un instrument quelconque. Les circonférences de ces tables laissent toutes fort à désirer, et cela pour les mêmes motifs que j'ai énoncés plus haut à propos des disques : peut-être cette irrégularité est-elle encore plus choquante dans celles-là que dans ceux-ci, car on se trouve en face de ce qui semblerait avoir exigé un travail plus soigné et l'on est tout déçu en voyant que le travail a les mêmes défauts d'irrégularité que les grands disques dont il a été question. Cette irrégularité se retrouve aussi bien dans les tables de calcaire ordinaire, très facile à tailler, que dans les pierres d'onyx d'une très grande dureté, preuve qu'elle est bien inhérente à l'ouvrier qui n'avait pas encore en mains les instruments nécessaires pour faire une œuvre régulière. Toutes ces tables étaient exactement polies dessous comme dessus, mais c'est surtout dans le dessous que je dois signaler d'étranges défaillances.

Il semblerait au premier abord que les pieds de ces tables soient exactement situés au milieu : il n'en est pas un seul qui le soit exactement. Ce pied, comme le lecteur pourra le voir à peu près sur les phototypies, malgré la déformation des objets résultant de leur position au moment où on les a photographiés, commençait comme il devait commencer pour donner une chose agréable à l'œil, par un léger renflement de la pierre, puis il allait en s'amincissant pour redevenir ensuite plus grand à l'extrémité, si bien que la ligne ainsi décrite était agréable à l'œil. Ce pied ainsi formé devait alors être évidé. L'évidement n'était pas uniforme et dépendait en grande partie de la hauteur du pied : or, cette hauteur varie pour chaque table. Elle est de 0^m,10 pour le numéro 10 de la planche III, mais elle n'est que de 0^m,06, 0^m,07, etc., pour d'autres. On pourrait croire que la circonférence de cet évidement circulaire était en rapport avec la hauteur du pied : il n'en est absolument rien. Cette circonférence de l'évidement est aussi irrégulière dans son genre que celle de la table qui reposait sur le pied ou que celle des disques examinés dans le paragraphe précédent. Un simple coup d'œil jeté sur le numéro 10 de la planche III suffira pour s'en convaincre : le cercle intérieur est tout à fait irrégulier. Et cependant l'espace compris dans ce cercle est bien petit, et il semble que l'œil pouvait aisément en si petite matière conduire la main de l'ouvrier. Il n'en a rien été et pour la raison suivante : il est indubitable que pour évider ces pieds on s'est servi d'instruments en métal, car sur tous on voit encore les cercles concentriques tracés par l'instrument à mesure qu'il s'introduisait dans la pierre, mais nulle part on ne le voit mieux que dans les pieds des tables en calcaire. Dans les pieds en onyx albâtreux, quoiqu'il me semble qu'on ait voulu les polir après coup, et qu'on se soit contenté d'un très léger polissage, on voit encore les cercles formés par l'instrument à mesure qu'il descendait dans la pierre; sur les tables de calcaire au contraire, l'intérieur du pied n'a reçu aucune tentative de polissage et l'on voit clairement ces cercles concentriques. De quelle manière s'y prenait-on pour faire ces traces circulaires avec un instrument de métal? Il y a deux manières de s'y prendre, ou bien l'on assujettit la mèche de métal et l'on fait tourner le vase que l'on veut forer en le poussant solidement à mesure que le métal entre, ou bien, au contraire on fixe la matière à percer et l'on fait tourner l'instrument perforateur en ayant soin de peser dessus afin qu'il entre et qu'il perce. La première méthode exige une très grande force et une sûreté de main consommée, la seconde ne demande qu'une force ordinaire et une très légère habitude. L'emploi de la première méthode pourrait à la rigueur se comprendre quand il s'agit d'une matière très tendre, comme le calcaire ordinaire; mais quand il s'agit d'une matière très dure, ou simplement assez dure, comme l'onyx ou simplement le marbre, on n'y peut plus penser, car l'outil ne mordrait pas sur la pierre, quelle que soit la force du tourneur, et d'ailleurs en supposant un instant que cette force fût égale à celle qui serait requise pour ce travail, il y aurait une telle dépense dans cet effort continu que le même homme n'y aurait pu résister plus de quelques minutes et que la seule cessation du travail, avant d'avoir fait le trou rond du pied en entier, ou tout au moins une certaine partie, en eût rendu la reprise presque impossible, à cause de la grande difficulté, de la presque impossibilité de retrouver précisément l'équilibre premier dans lequel on avait tenu le bloc à travailler, sans compter que ce bloc lui-même était parfois d'un poids plus que respectable, ce qui n'était pas fait pour rendre le travail plus facile.

Il reste donc l'emploi de la seconde méthode, méthode qui a sûrement été employée dans l'immense majorité, je pourrais même dire dans la presque totalité des cas. Les bas-reliefs et tombeaux de la IVe, de la Ve ou de la VIe dynastie, nous montrent souvent le travail nécessité par la confection de ces vases en pierre dure et l'on en retrouve une représentation très claire dans le tombeau de Mera, qui est de la Ve dynastie ; on y voit un ouvrier en train de forer un vase posé à terre devant lui et dans lequel est enfoncé un instrument dont on ne voit que la tige et le manche, ce qui donne l'idée d'une tarière qui a l'extrémité de la mèche dans le vase qui est foré. S'il en a été ainsi, il faut avouer que les fabricateurs de ces vases avaient à leur service une quantité assez considérable de ces mèches avec différents diamètres, et des diamètres parfois considérables, atteignant jusqu'à $0^m,30$, peut-être $0^m,40$, et descendant jusqu'à $0^m,02$ et même $0^m,01$. Il y a en effet certains petits vases qui ont un goulot si étroit qu'on ne peut y passer un instrument ayant plus de $0^m,01$ de diamètre et où l'on voit encore très bien les cercles concentriques de l'outil qui l'a foré, comme le petit vase si curieux représenté au numéro 22 de la planche XX et qui a $0^m,012$ de diamètre à l'ouverture du col, ou encore comme un autre vase en cristal de roche à long col dont l'ouverture n'avait pas même $0^m,01$, vase qui a été rencontré pendant la troisième année de fouilles et qui sera publié dans le troisième volume. Encore, je dois faire observer ici pour le premier dont il s'agit, lequel a été trouvé dans la chambre 27 de la première partie du monument, que l'intérieur de la panse du vase a un diamètre sensiblement plus grand que l'ouverture du col. D'ailleurs, les tables avec pied dont je m'occupe ici présentent un phénomène tout contraire : le diamètre à partir d'une certaine profondeur diminue insensiblement jusqu'au moment où il s'arrête, et l'on voit parfaitement cette dégression. Il faut donc admettre que pour tracer ces cercles concentriques allant en progression ou en dégression, des outils à diamètres différents étaient nécessaires absolument, à moins que l'on n'admette qu'un seul outil ayant la possibilité de s'élargir ou de se rapetisser à volonté, grâce à un ressort qu'aurait pressé ou non pressé l'ou-

vrier tenant en mains la tarière, chose qui me paraît nullement vraisemblable et même presque complètement inadmissible, malgré les
progrès de la civilisation industrielle dont ces tables avec pied sont la
preuve.

Quoique j'aie trouvé dans ce tombeau, dans ceux de la première année et aussi dans ceux de la troisième année, une assez grande quantité
d'instruments de travail en cuivre presque pur, cependant je n'ai jusqu'ici — et je ne sache pas que quelque autre fouilleur ait été dans ce
cas particulier, plus heureux que moi — rencontré aucun des outils
qu'il a fallu pour forer ces pieds de table, comme les vases dont il sera
question au cours de ce chapitre. Que de pareils vases n'aient pu être
creusés, avec des instruments de silex, c'est ce que tout le monde re-
gardera comme évident, car on n'aurait pu passer un silex assez petit
pour faire des vases qui n'ont que $0^m,012$ d'ouverture au col, quoique
j'aie trouvé certains éclats dont l'extrémité eût pu remplir cet office;
mais alors cette extrémité était si mince qu'elle se serait infaillible-
blement brisée avant d'avoir été utile ; d'ailleurs, les cercles concentriques s'opposent à ce que les instruments aient été de silex. Ils
doivent nécessairement avoir été en métal. Or, tous les instruments que
j'ai trouvés au cours de mes trois années de fouilles sont du cuivre pur
ou ne contenant qu'une très petite quantité d'étain[1]. Il reste à savoir si
les instruments en cuivre pur pourraient attaquer les pierres que j'ai
trouvées et j'ai fait à cet effet l'expérience suivante. J'ai pris un ciseau
de cuivre pur, que j'ai trouvé parfaitement conservé, au cours des
fouilles de la troisième campagne, et des fragments de toutes les
pierres que j'ai rencontrées dans le monument que j'examine, car il n'y
en a pas une seule que je n'aie rencontré aussi la première et la troisième annnée, il m'a été facile de voir si l'instrument mordait ou non
sur ces diverses pierres. Il mordait.

Pour revenir aux tables qui m'occupent, je dois dire que tous les pieds
n'ont pas l'ouverture du fond allant en se rétrécissant graduellement : il
en est un, il se trouve au numéro 4 de la planche III qui est creusé uni-

---

1. Voir la lettre de M. Friedel à la fin du premier volume du *Compte rendu in-extenso*
et dans ce vol. voir l'analyse de M. Berthelot au cours de ce chapitre.

formément jusqu'à la fin où se trouve brusquement un fond de cuvette. L'outil qui servit pour ce creusement a laissé des traces fort visibles et à chaque tour il enlevait environ 0^m,002 de calcaire. Le numéro 21 de la planche X est aussi digne d'attention : c'est cette table d'offrandes bleue et blanche dont j'ai parlé à plusieurs reprises dans les chapitres qui ont trait au déblaiement de la couche supérieure et aux objets trouvés dans la première partie du monument. Malgré tous les soins que j'ai apportés à faire rechercher les plus minces fragments, je n'ai pu la retrouver tout entière. Sur la planche X elle est disposée par fragements, d'abord le pied et sur le pied sont appuyés les divers morceaux collés et non recollés; ce n'est qu'après qu'on en eût pris la photographie que je l'ai fait restaurer. Elle est très finement travaillée et polie comme on pouvait alors polir, même à l'intérieur du pied, car nulle trace d'outil employé pour le creusement n'apparaît.

IV. VASES CYLINDRIQUES.

Les vases proprement cylindriques ne sont pas très nombreux; ils ne sont à proprement parler qu'au nombre de huit, les numéros 15 et 19 de la planche IV, le numéro 15 de la planche V, les numéros 2 et 8 de la planche VI qui appartiennent au même vase, le numéro 14 de la planche X, le numéro 19 de la planche XI et les numéros 1 et 4 de la planche XV : tous les autres, et ils étaient nombreux ainsi que je l'ai dit, appartenaient au type que j'ai nommé grossier et dont j'ai traité dans le premier paragraphe de ce chapitre. Je pourrais peut-être rattacher à ce type les vases qui ont une forme approchant de très près de celle des vases nommé canopes, mais je préfère les rattacher aux vases dits globulaires dont il sera traité au paragraphe neuvième. Un autre vase, le numéro 4 de la planche XV, pourrait sans doute être rangé dans la catégorie des vases cylindriques; mais toute cette planche contient des vases tellement parfaits que j'en traiterai dans un paragraphe spécial.

Tous les vases dont il est traité dans ce paragraphe sont en onyx albâtreux, en marbre rose ou en marbre blanc veiné de bleu. Ceux qui sont en onyx albâtreux sont les numéros 15 et 19 de la planche IV, le numéro 15 de la planche V, les numéros 2 et 8 de la planche VI, et enfin

les numéros 1 et 4 de la planche XV ; ceux qui sont en marbre blanc
veiné de bleu sont les numéros 14 de la planche X et 19 de la planche XI.

La matière des premiers est loin d'être uniforme et de même valeur :
les uns, le numéro 19 de la planche IV et le numéro 15 de la planche V
sont de marbre et d'onyx assez et même très grossier : s'ils n'eussent
été l'objet d'un travail beaucoup plus soigné, je les aurais compris dans
le paragraphe premier ; les autres sont en onyx veiné et le numéro 4
de la planche XVI est d'une très grande beauté sous le rapport de la
matière première. Pour les deux vases cylindriques de cette planche, il
fallut des blocs d'un volume assez grand, car le premier a $0^m,47$ et
le second $0^m,545$ de hauteur. Ce dernier a un diamètre qui n'est pas
moindre que $0^m,215$ et le lecteur peut ainsi se rendre compte du volume
de la pierre d'onyx qu'il fallut travailler. Dans ces deux vases, l'onyx
est veiné d'une manière très heureuse et les veines de la pierre sont
un plaisir pour les yeux.

Le travail qu'a exigé ces vases cylindriques a été considérable et
pour en rendre compte suffisamment, il me faut les passer en revue les
uns après les autres. Le numéro 15 de la planche V a une hauteur de
$0^m,324$; à l'ouverture le diamètre est de $0^m,127$. Il a un col épais de
$0^m,02$ et haut de $0^m,023$. Je n'ai pu mesurer le diamètre du fond du vase
à l'intérieur, mais à l'extérieur ce diamètre est de $0^m,15$ environ[1]. Ainsi
que le lecteur pourra facilement s'en rendre compte en se reportant à
la planche V, la ligne de ce vase, de son sommet à sa base subit une inflexion très apparente et décrit un arc de cercle à très grand rayon.
Comme ce phénomène se retrouvera avec plus ou moins d'apparence,
dans les cinq vases cylindriques dont il s'agit ici, il en faut nécessairement conclure que les artisans qui firent ces vases avaient le sentiment
très vif de la beauté des lignes, d'autant mieux que j'ai déjà fait observer la présence de cet arc de cercle sur certains des vases dont il a été

---

1. Je dois faire observer ici que toutes les mesures de ce paragraphe et je devrais
même dire de ce chapitre ne sont pas des mesures matériellement exactes à un millimètre
près, mais des mesures approximatives à un millimètre près : je n'ai pas eu les instruments nécessaires pour prendre des mesures matériellement exactes.

question dans le premier paragraphe. Le col de ce vase a une épaisseur de $0^m,02$ et une hauteur de $0^m,023$. Si maintenant l'on additionne cette épaisseur avec le diamètre intérieur à l'ouverture, on a $0^m,147$, et si l'on rapproche cette mesure de celle du diamètre extérieur du vase à sa base, on verra qu'il n'y avait pas grande différence entre les deux extrémités. De cette observation l'on pourrait conclure que l'ouvrier qui commençait un vase, ou qui en dressait mentalement l'épure, comme on dit aujourd'hui, devait avoir d'abord pour objectif de se procurer un cylindre de matière parfaitement égal dans toutes ses parties afin de le tailler à son aise et selon son envie. Le vase dont il est ici question a le rebord arrondi, c'est-à-dire que l'ouverture des vases est plus grande à ce rebord qu'elle ne le sera plus tard à la paroi proprement dite du vase. De même à la base, les arêtes du vase ont été rabattues, car l'ouvrier avait parfaitement vu l'élégance que cette opération donnerait à son travail. On retrouverait le même procédé appliqué aux cinq vases. Si maintenant on regarde l'ouverture du vase, on verra que contrairement au travail extérieur la partie creuse du vase va toujours en se rétrécissant, que par conséquent l'épaisseur du vase atteint son minimum au centre de l'arc de courbure et son maximum à la base du vase. Dans les autres vases examinés, dans ce paragraphe le phénomène apparaît toujours le même et par conséquent est voulu ; d'où l'on peut conclure que celui qui fit ces vases devait avoir atteint une très grande habileté et devait être maître de sa main, de ses outils et de la matière qu'il travaillait.

Le numéro 19 de la planche IV est assez grossièrement travaillé. Il a $0^m,277$ de hauteur et un diamètre de $0^m,15$ au commencement de l'ouverture, tandis que plus bas ce diamètre n'est plus que de $0^m,132$. La courbure du cylindre est prononcée, mais elle ne me semble pas régulièrement faite, car le renflement ne commence pas assez tôt pour que que l'œil soit pleinement satisfait. Le rebord du vase est arrondi, mais il est trop gros. Ce vase a une apparence trapue, et de fait il est beaucoup moins élégant que les autres : il lui manque de la hauteur, car il a un diamètre trop grand pour sa hauteur. L'ouvrier a donc manqué de coup d'œil.

28

Le numéro 15 de la planche IV est sans doute le plus élégant des cinq vases cylindriques. Il a une hauteur de $0^m,374$ et l'arc de cercle de sa ligne extérieure est très marqué : peut-être même l'est-il un peu trop, ce qui peut sembler un défaut. La proportion entre sa hauteur et le diamètre de son ouverture est ce qu'elle doit être, à peu de chose près, à savoir $0^m,154$ et plus bas, le diamètre n'est que de $0^m,127$. Le rebord est un peu petit, car il n'a que $0^m,01$ d'épaisseur. Les deux vases précédents n'avaient pas au-dessous du rebord la cordelette que portent la plupart de ces vases et qui peut-être provient de l'imitation de la nature en certaine particularité que nous pouvons connaître. Ce cordon est placé plus bas que le rebord, à une distance de $0^m,015$ et la hauteur de ce rebord est également de $0^m,015$.

Le quatrième de ces vases, c'est-à-dire le numéro 1 de la planche XV, est un vase sans cordelette, haut de $0^m,47$. Le diamètre de son ouverture est de $0^m,159$ au rebord et plus bas seulement de $0^m,13$. Le rebord a une épaisseur de $0^m,028$. L'infléchissement de la ligne du vase sur les côtés et son relèvement sont bien marqués et n'offrent aucune particularité. Au fond la forme de ce vase n'est pas trop élégante et le travail en est resté assez grossier. Cependant lorsqu'on le place en pleine lumière on voit assez bien les veines dont il est parsemé, et ces veines auraient pu être très belles, si le polissage avait été mené plus loin.

Le cinquième et dernier vase cylindrique, représenté au numéro 4 de la planche XV, est sans contredit le plus beau des cinq et le plus soigné. Il a une hauteur de $0^m,545$ et un diamètre à l'ouverture de $0^m,215$, tandis que plus bas le diamètre n'est plus que de $0^m,193$. Le rebord est épais de $0^m,022$ et haut de $0^m,011$. A une distance de $0^m,027$ en dessous du rebord est une cordelette rendue plus apparente au moyen de petites stries inégalement espacées. L'une d'elles à l'extérieur du vase est accusée autant qu'il le faut, si bien que, tout considéré, ce vase est d'une facture presque parfaite. La beauté de la matière employée a été mise en pleine lumière par le fini du travail, et l'on ne peut guère douter que le bloc d'onyx ait été choisi de propos délibéré afin d'obtenir ce but, car on n'a laissé qu'une très mince épaisseur pour la circonférence des côtés et de la sorte on peut voir que cet onyx albâtreux est d'une belle trans-

parence. Ce vase trouvé intact était rempli de sable ; la matière avait
tellement été imprégnée par l'humidité du sol que le vase, à peine fut-il
mis au jour, se brisa de lui-même : je fis recueillir les plus petits fragments et je les emballai ensemble, avec soin. C'est ainsi qu'on a pu reconstituer ce beau vase qui ne comprend pas moins de 52 fragments.
Aucun de ces vases n'a été poli en dedans : on a creusé le dedans, quel
que soit le moyen employé, et l'on peut voir encore sur certains les vestiges de l'instrument employé. Cet instrument était tournant, je peux
le dire avec certitude, car sur les côtés intérieurs du grand vase, on voit
encore les cercles concentriques tracés par l'outil. Mais il est évident
aussi qu'on a dû employer d'autres outils, car on aperçoit près du col du
grand vase, à l'intérieur, des traces d'outil qui ne peuvent pas être des
traces de forage par la tarière, à moins que ce ne soient des éclate-
tements produits par la mèche en des endroits un peu moins durs. Il
faut donc croire qu'on s'est servi d'autres outils, d'un ciseau par exemple.
Ce qu'il y a de certain, c'est qu'on a dû faire le rebord du vase avec un
autre instrument qu'une tarière, afin de l'arrondir et de le polir. La
chose est palpable pour la cordelette où l'on a entaillé de petites stries,
qui n'ont pu être faites que par un instrument en métal très menu et
l'incision a dû être faite des deux côtés de l'entaille, le dernier coup
faisant sauter le morceau. Ce premier point éclairci, comment a été fait
l'intérieur? Y a-t-on fait plusieurs trous circulaires avec une tarière de
petite dimension, ne laissant entre chacun d'eux qu'une très petite cloison qu'on aurait fait ensuite sauter au ciseau? ou bien s'est-on servi de
grandes et larges mèches qui n'auraient pas eu moins de $0^m,19$ de diamètre? Contre la première manière, il y a d'abord à objecter qu'on ne
voit pas trace de l'attache de ces cloisons aux parois des vases, ce que
l'on verrait sans doute, puisque les vases n'ont pas été polis en dedans et que l'éclatement au ciseau laisse des vestiges tout autres que
l'enlèvement de la pierre à la tarière; de plus, le lecteur se souviendra
que le dedans du vase va sans cesse en diminuant de diamètre jusqu'à
la base, ce qui semblera sans doute prohiber l'emploi des petits cercles
avec cloisons.

Contre la seconde manière on peut objecter qu'il aurait fallu un assez

grand nombre de mèches de tout diamètre, que leur emploi eût demandé
une habileté formidable, et bien d'autres choses encore que je ne saurais
formuler. On pourrait penser encore à l'emploi de la poudre d'onyx et
d'un instrument en bois; mais les difficultés ne seraient pas moins
grandes et les objections nombreuses, car comment faire ainsi avec une
telle précision des vases dont le diamètre d'ouverture va toujours diminuant? comment expliquer la présence de cercles qui accusent l'emploi
d'un outil en métal? comment surtout expliquer l'élargissement de l'ouverture de certains vases à panses? Chaque manière est donc sujette à
difficultés et soulève des objections ; la seconde est celle qui en soulève
le moins. Ce n'était pas tout de creuser l'intérieur du vase, il fallait aussi
arriver à lui donner la forme qu'on voulait lui imposer. Je croirais assez
volontiers que pour l'extérieur on employa uniquement le ciseau en
métal, et le sable fournit ensuite le polissage. Comme ce polissage a
enlevé nécessairement toute trace d'outil, je ne puis en dire plus[1].

Les deux autres vases que je fais rentrer parmi les vases cylindriques
sont bien loin d'être aussi grands que ceux dont il vient d'être question :
ce sont de petits vases en marbre blanc veiné de bleu. Contrairement
aux grands vases cylindriques dont il vient d'être parlé, les deux vases
dont il s'agit sont polis à l'intérieur comme à l'extérieur, ce qui n'a pas
dû être très facile, surtout pour le numéro 19 de la planche XI qui est
plus haut que le numéro 14 de la planche X : celui-ci a une forme quelque peu trapue et il semble trop large pour sa hauteur. Ce vase accentue trop aussi la ligne d'infléchissement et de relèvement, c'est-à-dire
l'arc de cercle qui n'est pas fait avec assez de régularité, ce semble. Seul
il a la cordelette au dessous du rebord; la distance entre cette cordelette
et ce rebord n'est pas toujours la même ; il semble que cette distance
a été creusée avec une gouje, ce qui serait possible, car la matière n'est
pas trop dure à la surface. L'autre vase au contraire, plus élancé, plus
régulièrement fait, qui n'a pas de cordelette au dessous du rebord, a
une belle apparence et se présente bien. Tous deux ont le rebord assez

---

1. Je ne dis rien des numéros 2 et 8 de la planche VI qui font partie d'un même vase
dont je n'ai pas trouvé la base : ils sont cependant remarquables par les veines de la
matière, veines concentriques, dont l'ouvrier a tiré tout le parti qu'on en pouvait tirer.

large pour leur hauteur et ce rebord n'a pas été arrondi aux arêtes comme
dans les vases précédents ni à l'intérieur pour les deux ni à l'extérieur
pour le premier, car il semble pour le second que le bord ait été
arrondi à l'extrémité visible sur la phototypie. Tous les deux ont également leur assiette uniformément droite, c'est-à-dire que les extrémités
de la base n'ont pas été arrondies et que l'angle est très aigu. La taille
de ces deux vases n'a dû être qu'un jeu d'enfant pour les ouvriers qui
ont fait les grands vases dont il a été traité précédemment. Le marbre
avait fourni d'autres vases de ce genre dont il n'est resté que des fragments, le numéro 2 de la planche XI, par exemple, qui devait être très
fin et peu élevé, si l'on en juge par la courbure, et un autre qui n'est
pas représenté sur les planches. Tous les deux ont des rebords à arêtes
vives et la cordelette au dessous du rebord. Ils devaient avoir probablement l'infléchissement et le relèvement de leur ligue verticale, si bien
qu'on pourrait dire que la presque égalité de la surface à la base et au
sommet du vase, plus l'arc de cercle dans la ligne verticale tombant
du sommet à la base, déterminaient la forme de ces vases cylindriques
dont la sévère beauté comportait malgré tout des ornements qui,
s'ils étaient simples, n'étaient pas sans grâce, comme on peut le voir.

V. — ASSIETTES.

Les assiettes proprement dites forment une partie considérable des
vases qui ont été trouvés dans le tombeau que j'ai fait connaître : il n'y
en a pas moins de cent seize figurées dans les planches de ce volume,
mais c'est à peine la moitié de celles que j'ai reconstituées. Si je ne les
ai pas fait toutes reproduire, c'est que je n'en ai pas vu l'utilité, car elles
appartiennent à un petit nombre de variétés dans le même type, quelle
que soit la matière dont elles sont faites. Comme toujours, je considé-
rerai d'abord la matière, puis la forme et le travail qu'elle a nécessité.

Les diverses matières dont sont faites les assiettes dont il s'agit sont :
la pierre schisteuse ardoisière, l'albâtre, l'onyx avec toutes les nuances,
le porphyre, le marbre, le granit, la prase, l'améthyste, le feldspath.
Peut-être se trouve-t-il parmi les vases dont je traite quelque autre pierre
employée pour la fabrication ; cela est très possible et même très pro-

bable ; j'aurais pu y joindre le cristal de roche, mais j'ai préféré rassembler tous les vases en cette matière dans un paragraphe spécial. Ce qu'il y a de certain, c'est que l'apparence des pierres dont on s'est servi demanderait des dénominations autrement nombreuses que celles que je viens d'écrire, mais je ne suis au plus qu'un ignorant en pétrographie, sachant seulement que pour les pétrographes de profession presque toutes les pierres citées plus haut se réduisent à un tout petit nombre de matières fondamentalement différentes. Je vais repasser une à une toutes celles sur lesquelles il me semble que j'ai quelque chose à dire.

La pierre schisteuse ardoisière a été avec l'onyx la pierre la plus souvent employée dans la confection des assiettes : le peu de résistance qu'offrait cette pierre au travail doit sans doute entrer en ligne de compte dans les raisons qui l'ont fait choisir. Il y avait sans doute plus de deux cents assiettes en cette pierre dans le tombeau de Set et d'Horus. Certaines de ces assiettes, ou plutôt certains des fragments d'assiettes en pierre schisteuse ardoisière ont un rayon considérable : les assiettes entières que j'ai pu reconstituer ne sont pas démesurément grandes, mais les fragments devaient appartenir à des assiettes d'au moins o^m,35 de diamètre. Les assiettes en cette matière ont une double apparence : ou bien elles ont la couleur ordinaire de l'ardoise, quoique non aussi foncée, ou bien elles sont d'un bleu très étendu tirant vers le vert. Certaines de ces assiettes ont des défauts de pierre : il semble qu'il y aurait eu des taches grisâtres qui enlèvent une partie de la beauté ; mais le plus souvent la matière est pure de tout alliage étranger. Quand on touche les vases en cette matière, aussi bien assiettes que coupes et écuelles, la main laisse sur le vase les traces de sa préhension et la pierre absorbe ensuite en elle-même toutes ces traces.

L'albâtre est relativement très rare dans les assiettes en question, comme aussi dans tous les vases trouvés dans le tombeau de Set et de Horus, et cela parce qu'il ne se rencontrait que très peu en Égypte, ce qu'on appelle ordinairement albâtre étant de l'onyx. Malgré tout, quelques assiettes sont en cette matière relativement facile à travailler.

L'onyx est la pierre le plus souvent représentée dans les assiettes, comme dans tous les vases qui sont sortis du tombeau de Set et de

Horus. Les ouvriers égyptiens, ainsi que je l'ai dit, savaient parfaitement choisir les pierres d'onyx les mieux veinées et s'appliquaient à en
faire ressortir les veines, grâce à leur travail de polissage, si mince que
ce polissage nous semble. Quoique les photographies n'aient pas pu
faire ressortir, autant que l'a fait la nature, les diverses couleurs des
veines, cependant si l'on examine soigneusement numéros 6, 8, 12, 13,
14, 16, 17, 18 de la planche V, les numéros 10, 12, 17, 18 et 22 de la
planche VI, les numéros 2, 4, 6, 8, 10, 14, 15, 16, 17 et 18 de la
planche VII, on pourra se faire une idée éloignée de la beauté de la
matière travaillée. La collection en renferme bien d'autres qui auraient
également mérité de figurer sous ce rapport dans les planches de ce
volume. Quelques-unes des assiettes représentées méritent une description plus minutieuse. Le numéro 6 de la planche V a une apparence lourde et la pierre ne semble pas très belle, mais si l'on fait attention au fond mat du vase, puis à la cristallisation blanchâtre qui entoure
ce fond, avec deux cercles irréguliers qui l'entourent, puis aux trois
cercles également peu réguliers qui par deux fois rompent l'uniformité
du fond par des lignes circulaires capricieuses, on verra que malgré sa
lourdeur cette assiette méritait une mention spéciale. De même le numéro 13 de la même planche nous montre une assiette traversée par
une première série de sept arcs, puis une seconde de huit arcs de
cercle qui partent d'un bord de l'assiette pour finir à l'autre bord après
avoir fait un angle aigu et repris leur chemin en sens inverse. En face
de ces arcs de cercle et près de l'autre extrémité de l'assiette il y a
d'autres petits arcs de cercle qui terminent la décoration. Le numéro
suivant a des lignes si parfaites qu'on dirait vraiment que cette assiette
a été décorée à la main. Le fond est occupé par un petit cercle de matière blanche, bordé par un second cercle de matière de couleur brune.
Puis vient une couleur qui tient le milieu entre le brun et le blanc,
suivie d'un cercle blanc comme le fond. Après divers cercles de
couleurs qui vont en se dégradant, on voit un large cercle de couleur
qui aurait bavé entouré d'un léger filet circulaire de blanc, puis un
second cercle de bavure et deux filets roses : le tout par cercles
concentriques si régulièrement tracés que c'est un charme pour les

yeux. Aux numéros 16 et 17 les lignes des veines sont des plus capricieuses et je ne peux en entreprendre la description minutieuse. Les numéros 12 et 18 appellent de même l'attention, car ils sont d'une matière évidemment tendre en certains endroits et capables de recevoir l'humidité, pendant qu'en d'autres les veines sont de l'onyx le plus dur. J'ai trouvé des quantités considérables de ces vases, mais je n'ai pu en restaurer qu'un nombre tout à fait restreint, à cause de cette trop grande appétence de l'humidité qui en détachait les parties. La pierre avait de véritables arabesques dues au caprice des éléments. Le numéro 10 de la planche VI est d'une matière avec laquelle on a fait des vases encore assez nombreux dont j'ai pu reconstituer seulement quelques spécimens : sur un fond d'onyx courent de grandes bandes de ce qui me paraît une cristallisation marmoréenne; l'ouvrier a su les prendre au moment où elles s'inclinent en faisant un angle très obtus afin de les disposer au centre du vase. J'en ai retrouvé de semblables et d'intacts au cours de la troisième année de fouilles. Les numéros 12 et 22 de la même planche ont une décoration de forme analogue sur des fonds différents : on dirait[1] des broderies rouges sur fond de diverses couleurs et je ne doute pas que ces broderies de pierrerie ne soient des filons de pierre précieuses, comme le grenat, égarées au moment de la cristallisation parmi des onyx : elles sont beaucoup plus transparentes que les fonds des assiettes. Les numéros 2 et 15 de la planche VII sont aussi remarquables par leurs cercles irrégulièrement cristallisés. Le numéro 8 appartient au genre des vases représentés par le numéro 10 de la planche VI : il a deux larges veines presque pareilles qui occupent tout un côté de l'assiette, pendant que l'autre n'a qu'une très légère coloration provenant d'un commencement de cristallisation semblable. Le numéro 18 de la même planche est aussi remarquable parce que les veines de l'onyx sont disposées de telle manière qu'elles inscrivent une sorte de triangle équilatéral dont les angles auraient été arrondis. Ce sont là les principales assiettes qui m'ont paru par

---

1. Les rayures irrégulières qui de bas en haut traversent l'assiette sont des taches faites sur la pierre par le contenu de cette assiette ou de quelque autre vase qui se sera épanché sur ce numéro.

la beauté ou la rareté de l'onyx employé, mériter une mention spéciale, mais il en est beaucoup d'autres, surtout parmi les fragments, qui mériteraient une description scientifique que je ne peux donner à cause de mon incompétence et parce que la description allongerait singulièrement ce chapitre.

Le porphyre est représenté sur les deux planches XIII et XIV par diverses assiettes avec toutes les nuances de couleur et de cristallisation, notamment par les numéros 2, 5, 8, 9 et 11 de la planche XIV et 1, 2, 3, 6, 12 et 16 de la planche XVII. Comme il me serait par trop fa cile de me tromper en une matière que j'ignore complètement, je me bornerai à faire observer la beauté de la cristallisation dans les numéros 2 et 16 de la planche XIII, et 8 et 9 de la planche XIV. Le numéro 16 de la première de ces planches est remarquable avec ses grands et petits cristaux blancs irrégulièrement placés dans le porphyre noirâtre qui constitue le fond de la pierre. Cette matière semble avoir été exploitée avec amour, car j'ai rencontré dans les trois années de fouilles d'assez nombreux spécimens de cette pierre pour montrer le soin avec lequel on la recherchait.

Le marbre a fourni des vases en très grand nombre. Cette pierre comprend deux espèces très distinctes qui ont été employées pour les vases de ce tombeau : le marbre rouge et le marbre blanc. Le marbre rouge peut se subdiviser en deux sous-espèces, selon que les cristallisations qui y sont mélangées sont blanches ou vertes. Le lecteur trouvera à la planche XII des assiettes de marbre rouge à cristaux blancs; ce sont les numéros 1, 2, 7, 8, 10, 11, 12, 13, 14, 15 et 16 de cette planche. Ces cristaux sont très apparents et occupent parfois une assez grande partie de l'assiette, comme au numéro 7. Les cristaux verts sont mélangés aux cristaux blancs en très petite quantité, par exemple au numéro 9 où ils ne se voient pas, mais où ils existent réellement. La couleur de ces cristaux est un vert très pâle. Le marbre rouge est quelquefois d'un très mauvais grain : soit que la pierre soit naturellement mauvaise, soit que l'humidité l'ait pénétrée, on croirait avoir en mains une grosse brique très cuite dont certaines parties se détacheraient, bien entendu avec la différence qui existe entre la pierre et la terre cuite. Le marbre blanc se divise lui-même en deux sous-espèces, selon que les cristaux sont bleus ou noirs. On en trouvera des spécimens à la planche XI aux numéros 1 et 20. Ce marbre blanc a fourni un très grand nombre de fragments de vases, et même d'assiettes; mais, sans doute à cause du peu de dureté de la pierre, ils ont été brisés en tant de morceaux que je n'ai pu en reconstituer un grand nombre : d'ailleurs, il semble que cette matière ait été plus spécialement réservée à certaines formes de vases dont il sera question dans les paragraphes suivants. Le numéro 20 donnera une idée du bloc de marbre qu'il fallait tailler pour faire quelques-unes de ces assiettes. J'ai peu de chose à dire sur les vases en granit qui sont mélangés aux vases en porphyre sur les planches XIII et XIV, sinon qu'il y a du granit gris, du granit noir, peut-être du granit rose ou syénite, mais je n'ai trouvé que quelques fragments de cette dernière roche. Ces pierres sont facilement reconnaissables à cause des grains de mica qu'elles contiennent.

La planche X contient un certain nombre d'assiettes, les numéros 1, 3, 4, 5, 6, 7, 9, 11, 17, 19, 20, 22, et 23 en une sorte de calcaire plus ou moins bleuâtre veiné parfois de blanc et parfois de rouge. Si on met la main sur cette matière, elle s'humidifie et absorbe ensuite l'humidité comme le schiste ardoisier; mais elle est beaucoup plus douce au toucher que cette dernière pierre dont ce n'est peut-être qu'une variété.

Plusieurs assiettes sont sans doute en racine d'émeraude, plus ou moins tachetée, c'est-à-dire en ce qu'on nomme prase. L'une d'elles a les taches rougeâtres qui constituent la variété dite héliotrope.

Une assiette presque entière est en améthyste, c'est-à-dire en quartz avec les cristaux violets qui constituent l'améthyste proprement dite.

L'une des pierres que j'ai trouvées le plus fréquemment est une pierre transparente, à peu près comme le verre, plus que le cristal de roche, tachetée de points noirs non transparents. Quelquefois, la matière a été rendue presque opaque par la grande quantité de ces cristaux noirs, gris quelquefois; mais quand ces cristaux se rencontrent en grand nombre, ils n'ont pas une opacité si dense. Le nom scientifique de cette pierre m'a été fourni par M. Cayeux, de l'École nationale des Mines, et c'est du feldspath avec cristaux d'amphibole. Le lecteur

trouvera des spécimens de cette pierre dans les numéros 2, 3, 6,
8, 10, 11, 19, 20 et 21 de la planche VIII et 3, 7, 10, 18, 19, 20, 21, 23 et
27 de la planche IX. Certaines de ces assiettes qui ne sont pas représentées ici atteignaient 0^m,30 de diamètre, et par conséquent il fallait
des blocs considérables de la roche primitive pour les façonner.

La dernière des pierres dont j'ai à parler a fourni des assiettes de très
forte dimension, les numéros 9 et 14 de la planche IX entre autres,
qui ont une apparence transparente et qui cependant sont opaques. La
matière est d'un grain gris blanchâtre, avec de petites veines de noir
mélangées à du blanc, si bien que le tout à une couleur laiteuse. C'est
une pierre dont j'ignore le nom et la composition. Ce que je viens de
dire de la matière première de ces assiettes me dispensera de revenir
sur ce sujet dans les divers autres paragraphes qui seront consacrés
aux vases en pierre. Je vais maintenant m'occuper du travail nécessité
par ces diverses assiettes.

Si l'on examine la forme, on verra facilement qu'il y a, comme nous
disons, des assiettes plates et des assiettes creuses. Les assiettes plates
se subdivisent elles-mêmes en trois variétés selon qu'elles n'ont ni
rebord ni fond, qu'elles n'ont qu'un rebord sans fond, ou qu'elles
ont à la fois rebord et fond. Le lecteur trouvera lui-même dans les
planches celles qui se rapportent à l'un ou à l'autre de ces types ; mais
je dois faire observer ici que la plupart des assiettes en albâtre et en
onyx rentrent dans les deux premières catégories, et que la dernière
est surtout composée d'assiettes en autres pierres. Les assiettes creuses
comprennent aussi ces mêmes catégories, mais presque toutes elles
n'ont ni rebord ni fond, surtout quand elles sont en onyx. Peut-être la
variété des veines leur tenait-elle lieu de fond. Le travail est quelquefois d'une finesse remarquable, comme dans le numéro 8 de la planche
VII qui ne comprend pas moins de quarante-deux morceaux, tellement
cette assiette plate avait été brisée. Le rebord lui-même était plus ou
moins large, plus ou moins épais, selon le caprice de l'ouvrier ; il faut
noter en plus que ni la largeur, ni l'épaisseur n'étaient égales dans le
même vase. Précisément, ce rebord devait se tailler au ciseau, ainsi
que toute l'assiette, à l'exception du fond ; ce fond indique d'une ma-

nière indubitable qu'il était fait au moyen d'une tarière, car on voit encore les traces laissées par l'outil à mesure qu'il tournait. L'ouvrier s'y est même repris à plusieurs fois dans certains vases en feldspath : ayant vu que le cercle qu'il avait commencé de creuser ne correspondait pas au fond extérieur de l'assiette, il l'a retracé un peu plus bas [1]. Je ne dois pas oublier que l'une des assiettes en onyx sans rebord a cependant un petit fond, comme les numéros 4 et 6 de la planche IX ; mais la pente de l'assiette jusqu'au fond formé par un cercle de $0^m,03$ de diamètre correspond au diamètre de l'assiette, lequel est autrement grand que celui des numéros 4 et 6 de la planche citée.

Toutes ces assiettes, cela va sans dire, étaient polies à l'intérieur comme à l'extérienr et ce polissage n'a laissé aucune trace.

VI. Coupes.

Les vases que je désigne sous le nom de coupes mériteraient peut-être un autre nom ; mais, comme déjà on les a désignés sous ce nom, je le conserverai ici afin de ne pas amplifier outre mesure les dénominations provisoires qu'on tente de faire entrer actuellement dans la science.

Les vases que je qualifie de coupes peuvent être partagés en deux variétés les coupes évasées, comme les gobelets qui ont cette forme, et les coupes qui ont un rebord se repliant à l'intérieur. A la première classe appartiennent les numéros 19, 20, 21, 22, 23, 24, 25, 26 et 27 de la planche VII et un certain nombre d'autres qui n'ont pas trouvé place dans les représentations figurées de ces vases ; à la seconde appartiennent les numéros 1, 7 et 11 de la planche VIII, les numéros 2, 8, 11, 12, 16, 17, 22, 24 et 25 de la planche IX, les numéros 12 et 16 de la planche X, le numéro 9 de la planche XI, les numéros 4, 5, 19 et 15 de la planche XIII, plus le numéro 13 de la planche XIV. Ceux de la pre-

---

1. Quand je parle d'assiettes qui n'ont pas de fond, je veux simplement dire qui n'ont pas de fond marqué à l'intérieur, car toutes ont évidemment un fond extérieur sur lequel elles reposent.

mière classe sont exclusivement en onyx, ceux de la seconde sont en granit, en feldspath, en marbre blanc et en porphyre.

Les coupes de la première catégorie rentrent comme matière dans les onyx dont il a été question au paragraphe précédent : je n'y ajouterai donc rien autre chose sinon que là aussi on s'est servi des veines de la pierre pour aider à la décoration et qu'on a recherché des veines circulaires, étant donnée la forme du vase. J'ajouterai cependant que l'un de ces gobelets évasés renferme des cristallisations rouges qui pourraient bien être du grenat. Ceux qui font partie de la seconde classe n'offrent rien de particulier comme matière et je n'en dirai absolument rien parce que j'ai déjà dit tout ce que j'avais à en dire. Il en est tout autrement du travail.

Les vases-coupes en onyx ont demandé un travail méthodique et très méticuleux. Il a d'abord fallu retrancher du bloc d'onyx toute la partie qui devait être éliminée du cercle primitif afin de donner à la coupe sa forme de gobelet évasé. Pour ce faire, on a dû faire usage du ciseau. Ce travail d'élimination a dû être difficile : il fallait que l'axe du vase fût dans le milieu, ce qu'on n'a pas toujours réussi à obtenir, car on n'a qu'à considérer les vases de cette sorte qui sont en haut de la planche VII et l'on s'apercevra facilement que l'axe n'est pas perpendiculaire. Il ne pouvait guère en être autrement, car l'épure de ce vase exigeait des instruments que les ouvriers ne pouvaient avoir à leur service en ces temps lointains. Qu'il en ait été ainsi, c'est ce que prouvaient les fragments de ces vases quand ils n'étaient pas encore assemblés, car on voyait que l'ouvrier n'avait pas réussi à donner toujours aux parois du vase la même épaisseur à la même hauteur. De plus le travail de creusement à l'intérieur de ces gobelets n'a pas dû non plus être des plus faciles, et c'est la raison pour laquelle l'axe du vase n'est pas perpendiculairement au milieu : il était en effet difficile de maintenir le cube évidé constamment dans la même position de manière à ce que la tarière ne quittât pas le centre du vase. Le creusement du cube de pierre, comme l'indique la forme de la coupe évasée, a dû se faire à des diamètres sans cesse diminuant sur l'autre, jusqu'au moment où l'on a arrêté ce creusement, à des distances variables du fond extérieur mais toujours à une épaisseur qui n'est pas moindre de 0^m,03. Le fond intérieur de ces coupes est encore assez large et ne se termine pas le moins du monde en entonnoir. Le tout a été soigneusement poli autant qu'on le pouvait faire à cette époque et ce qu'on pouvait faire alors est très éloigné de ce qu'on fait aujourd'hui, même de ce qu'on pouvait faire en Égypte sous les grandes dynasties conquérantes.

Le travail de la seconde classe de coupes, évasées à vrai dire, mais non pas autant que les précédentes, a dû être à peu près fait de la même manière et avec les mêmes instruments. Cependant il y a deux différences provenant de la forme du fond intérieur et du rebord. Le fond intérieur est de la même largeur que l'assiette du vase, si l'on défalque de cette largeur l'épaisseur des parois. Ces coupes étaient en effet creusées jusqu'au fond du cube de pierre et l'on se contentait de laisser seulement l'épaisseur du vase; on peut voir encore les cercles concentriques que traçait l'outil. Cet outil demandait à être tenu perpendiculairement au centre du fond du vase, et il ne l'a pas toujours été; car les fragments nombreux de vases ayant eu cette forme montrent qu'il en a été ainsi. L'épure de ces vases était en effet tout aussi difficile que celle des coupes appartenant à la première catégorie. Le rebord a demandé un travail très délicat surtout dans les coupes en feldspath qui avaient presque la fragilité du cristal de roche. Ce rebord a un double aspect : ou bien il est arrondi au sommet comme dans le numéro 1 de la planche VIII, avec un évidement particulier en dessous à l'intérieur, ou bien au contraire, il conserve la forme du rebord des grandes assiettes que j'ai décrites plus haut. Il y a peut-être d'autres factures spéciales de ce rebord dans les coupes de cette catégorie comme dans les assiettes dont il a été question au paragraphe précédent; mais je prie le lecteur de considérer que je n'ai nullement l'intention de faire ici un traité complet des vases que j'examine : je ne prétends qu'effleurer la matière de telle manière que j'inspire à quelque autre plus compétent que moi le désir d'étudier à fond ces monuments si anciens d'une civilisation déjà si avancée. Le travail nécessité par l'évidement au dessous du rebord à l'intérieur de la coupe a dû exiger des instruments spéciaux que je ne peux connaître, car il me semble complètement impossible que par le seul frottement

avec du sable on ait pu obtenir une aussi grande régularité que celle dont
témoignent les coupes en question. Et ce travail atteint parfois une
extrême limite d'épaisseur au delà de laquelle le vase aurait été brisé,
car certains des vases en feldspath n'ont pas plus de $0^m,001$ ou $0^m,002$
d'épaisseur près du rebord. Ensuite pour obtenir le rebord rectangulaire ou à peu près que l'on donnait aux assiettes et que l'on a donné
aux coupes, il a fallu un coup d'œil, et partant une habileté, beaucoup
plus sûr de lui-même que pour les assiettes, précisément à cause de
l'inflexion de ce rebord vers le centre des vases et de l'évidement qu'on
a fait en dessous. L'année précédente, j'avais trouvé des vases qui
avaient été brisés au milieu du travail qu'ils avaient nécessité et qu'on
avait ensuite recollés grâce à une sorte de gomme laque que j'ai prise tout
d'abord pour du ciment : pendant l'hiver 1896-1897, je n'ai pas rencontré
un seul vase ayant eu besoin d'être collé ; par conséquent on avait apporté
les plus grands soins à la façon des vases trouvés dans le tombeau de
Set et de Horus et ces soins sont une preuve de l'habileté de l'ouvrier
qui les a faits.

VII. Vases globulaires.

Ce nom donné aux vases dont je vais parler n'a qu'un lointain rapport
avec les objets auxquels il se rapporte : je ne l'emploie que parce qu'on
l'a déjà employé, et pour les mêmes raisons qu'au paragraphe précédent. Je l'applique aux vases qui ont une forme arrondie au milieu,
c'est-à-dire une panse finissant brusquement en conservant une forme
ronde. Les vases dont il va être question ont la forme globulaire plus ou
moins déterminée et se distinguent les uns des autres par certaines petites particularités qui les différencient spécifiquement. Si le lecteur veut
bien en effet examiner les numéros 5, 13 et 15 de la planche X, les numéros 5, 16, 17, 21, 22, 26 et 30 de la planche XI, les numéros 4, 6 et 19 de
la planche XII, les numéros 3, 4, 15, 16, 17, 18 et 20 de la planche XIV, il
s'apercevra facilement que ces vases, s'ils méritent plus ou moins l'épithète de globulaires, sont cependant différenciés entre eux au point de
vue de la forme extérieure, si bien qu'on ne saurait impunément les
confondre les uns avec les autres.

Au point de vue de la matière, ces vases ont été faits en marbre blanc veiné de noir ou de bleu, en marbre rouge veiné de blanc, en granit et en prase ou racine d'émeraude. La matière employée, après ce que j'ai déjà dit aux paragraphes précédents, ne demandera qu'une observation, à savoir que certains vases devaient sans doute être faits de telle ou telle matière, car je n'ai jamais rencontré de vases globulaires faits en onyx, en albâtre, en pierre schisteuse ardoisière, en feldspath, etc. Tous ceux que j'ai trouvés dans le tombeau de Set et de Horus étaient en quelqu'une des matières énoncées plus haut. Ce fait seul, à moins qu'il ne vienne à être controuvé par des découvertes ultérieures, témoigne combien on apportait de conscience à choisir la matière propre, de par la tradition ou de par la nature, à faire des vases de telle ou telle forme.

Quant au travail nécessité pour le forage de ces vases globulaires, il a dû être des plus difficiles à faire. Aussi pour mieux faire comprendre cette difficulté, je vais décrire l'un après l'autre les vingt vases qui ont été mentionnés en tête ce ce paragraphe. Cependant avant d'entrer dans le détail de chaque vase en particulier, je dois dire qu'il y a deux types principaux de vases globulaires : les vases ordinaires que connaissent tous les archéologues s'étant tant soit peu occupés d'archéologie égyptienne, type représenté bien souvent dans les musées, notamment au Musée de Gizeh, et les vases globulaires d'une forme assez petite et que je crois avoir été des vases à vin.

Le numéro 5 de la planche X, en marbre blanc, appartient au type des vases à vin, légèrement modifié. Ce type comprend en effet des vases à étroite ouverture, creusée au milieu du vase, qui continue à angle droit jusqu'à sa panse, laquelle alors affecte la forme ronde et descend légèrement jusqu'à la base un peu plus étroite que le haut du vase. Le vase 5 de la planche X a une ouverture plus large que les vases ordinaires de ce type et un rebord qui retombe sur la partie droite comme un col sur les épaules d'un enfant. L'ouverture est arrondie à la surface intérieure à l'ouverture, et au-dessous de l'extrémité extérieure du rebord, il y a comme une rainure de très petite dimension et relativement très profonde. Pour faire cette rainure, il a nécessairement fallu employer un ciseau de métal de très petite dimension, afin d'enlever la pierre avant de la polir. Le forage intérieur a nécessité d'autre part, l'emploi d'outils spéciaux que je ne connais pas. On peut en effet comprendre que le forage ait pu se faire au moyen de tarières à divers diamètres à l'intérieur du vase; mais il y a une chose qui prouve l'emploi de ces instruments, c'est qu'en dessous de l'épaisseur du vase, en sa partie supérieure, on a un travail parfaitement parallèle à l'extérieur du vase, travail qu'on n'aurait jamais pu obtenir avec le forage primitif au moyen d'un bâton et de sable, mais qui est le résultat obligé du travail d'une tarière creusant à un niveau donné. Je n'aurais pu savoir qu'à peu près comment avait été exécuté ce travail dans les vases de ce type, si je n'avais eu en mains des fragments le prouvant jusqu'à l'évidence. Le moyen d'obtenir un semblable résultat sans un instrument rotatoire en métal ? Je ne le vois pas. Il va sans dire que de semblables vases n'ont pu, et pour cause, être polis à l'intérieur.

Le numéro 13 de la même planche appartient au même type que le précédent, mais il offre des particularités intéressantes, car il est du type à peu près pur des vases à vin. L'ouverture est très peu large, le rebord peu épais et il est arrondi à l'intérieur de l'ouverture. Il existe également une rainure sous le col et cette rainure est assez profonde. La forme de ce vase est plus arrondie dans tout son ensemble que les vases à type pur et l'angle notamment de la partie supérieure avec la partie inférieure est beaucoup moins saillant. La hauteur de ce vase est plus grande que celle des vases ordinaires de ce type, même proportionnellement à sa largeur. Si l'on admet l'emploi d'une tarière ou de quelque autre instrument rotatoire, le forage ne présente pas plus de difficulté pour un vase plus ou moins haut. Comme le vase dont il s'agit était en un certain nombre de fragments, il m'a été facile de voir que les parois n'avaient pas une épaisseur identique, ce qui se comprend parfaitement et ce qui accuse en même temps que l'inhabileté de l'ouvrier l'extrême difficulté du travail.

Le numéro 15 de la même planche est un vase globulaire proprement dit. Il a une ouverture relativement grande, est entouré d'un col très large qui tombe à son extrémité perpendiculairement sur le haut du

vase. La distance entre l'extrémité de ce col et l'angle arrondi de la
panse est très petite, ou pour mieux dire la courbure de la panse commence presque immédiatement. Au-dessous de la panse sont deux
oreilles cylindriques placées horizontalement et percées à jour sans
doute pour permettre d'y introduire des cordelettes destinées à soutenir le vase quand on le portait. L'intérieur du vase n'a reçu aucun
polissage et l'on comprendrait jusqu'à un certain point qu'on l'eût pu
creuser sans instrument rotatoire, car l'ouverture est assez large pour
permettre le forage d'une autre manière.

Le numéro 5 de la planche XI, de même que les numéros 16 et 22 de
la même planche, sont des types purs du vase à vin : ils ont une toute
petite ouverture, avec un col plus ou moins large, ayant au-dessous de
son extrémité une rainure plus ou moins profonde. La distance entre
l'extrémité de ce col et l'angle de la partie supérieure du vase et de la
partie inférieure est relativement très considérable. Ces vases, ainsi
que le montre le numéro 16, n'avaient qu'une très petite assiette. Naturellement, ils n'offrent aucune régularité dans leur forage et les parois
sont loin d'avoir la même épaisseur, quoique le travail, malgré son irrégularité, soit admirable, car c'est dans le forage de ces vases qu'apparaît surtout la difficulté à vaincre.

Les numéros 7 et 30 de la même planche étaient du même type de
vases globulaires et forment une variété nouvelle que l'on n'avait pas rencontrée jusqu'ici. Ils tiennent à la fois du vase globulaire proprement
dit et du vase à vin : du premier, ils ont la large panse et les dimensions
très grandes ; du second, ils ont le col large et l'éloignement de l'ouverture
à l'angle où commence l'inflexion de la ligne. Ce col n'apparaît pas sur
les vases pour la bonne raison qu'il était mobile, qu'il a été enlevé et
que je ne l'ai pas trouvé ; mais on voit encore sur la pierre l'endroit où
on le plaçait, car la pierre est moins teintée. J'ai trouvé de ces cols séparés de leurs vases, par exemple les numéros 4, 10 et 11 de cette même
planche : ce dernier est même de la même pierre que le vase numéro 30,
mais il ne va pas à l'ouverture du vase. Je n'en ai trouvé qu'un seul qui
s'adaptât à un vase et il en sera question plus loin. Ces cols étaient travaillés au métal et ils avaient reçu un commencement de polissage

dans leur partie inférieure : le numéro 11 a même une sorte de tore en pierre qui court le long de la circonférence. La distance de ce col posé sur le vase à la panse du vase est relativement considérable, comme on peut facilement s'en rendre compte en se reportant aux planches ; par conséquent le creusement de l'intérieur a été difficile et l'on peut voir d'après le numéro 30 que ce creusement s'est fait parallèlement à la surface supérieure. On peut aussi voir sur le fragment numéro 7 que l'épaisseur du vase n'était pas toujours la même et que ce que j'ai dit plus haut se vérifie encore au sujet de ces deux vases globulaires.

Le numéro 17 de la même planche est un vase de forme particulièrement heureuse : la ligne d'inflexion de sa panse est parfaite et donne au vase un air d'élégance peu habituelle. L'ouverture était peu large ainsi que le col sous lequel était la rainure dont j'ai déjà parlé. La courbure du vase commence presque immédiatement à partir du col, elle se renfle jusqu'à une ligne inférieure parfaitement calculée, puis elle descend graduellement jusqu'à l'assiette du vase parfaitement établie.

Le numéro 21 montre un autre type du vase improprement globulaire et d'une forme tout à fait particulière. Il a une ouverture relativement petite, et de même un col sous lequel est la rainure déjà connue. La ligne du vase s'avance horizontalement jusqu'à l'angle de saillie, et de cet angle elle descend graduellement jusqu'à l'assiette. Ce serait la forme même du vase à vin, si la courbure au-dessous de la panse était plus prononcée et le vase moins haut. La forme du vase est assez légère et non sans beauté.

Le numéro 26 est un grand vase globulaire qui tient du vase à vin. La forme de ce vase ne serait pas sans grâce, s'il n'était aussi gros. L'ouverture est très petite relativement à la grosseur du vase, et de même le col qui a la rainure courbe et profonde en dessous. La ligne supérieure du vase s'infléchit à partir du col pour se renfler à la panse et descendre ensuite graduellement. Ce qu'il y a d'étonnant dans ce vase, c'est l'étroitesse de l'ouverture et la largeur de la panse intérieure. Comment est-on arrivé à obtenir cette panse énorme ? c'est ce qu'il est difficile de dire et même d'imaginer, car le diamètre de ce vase est tellement grand qu'il a fallu des outils correspondants, et dès lors comment les introduire par l'ouverture ? Aussi ce vase est-il de ceux qui prouvent le mieux la nécessité des outils dans le genre de ceux dont j'ai déjà parlé.

Le numéro 19 de la planche XII est un pur vase globulaire, avec oreilles cylindriques et horizontales ; il est en beau marbre rouge avec de larges cristaux blancs. Il a au-dessus de la surface supérieure un col mobile qui s'adapte à la circonférence de l'ouverture grâce à une sorte de tenon et qui recouvre ensuite la surface du vase.

Les numéros 4 et 6 de la même planche montrent deux de ces cols en même matière, mais dont on n'a pas trouvé les vases correspondants. J'ai été longtemps sans savoir l'usage de ces larges anneaux, et ce n'est qu'après avoir trouvé le col mobile du vase en question que je fus fixé sur leur usage. La partie inférieure de ces cols mobiles n'a pas reçu le même fini d'exécution que la partie supérieure. L'intérieur du vase proprement dit a été creusé comme ci-dessus et n'a pas reçu de polissage, comme il est apparent par les cristallisations qui se sont formées après le creusement, peut-être par suite de l'humidité. Ce vase unique au monde est un des plus beaux spécimens de ce que savaient faire les ouvriers de cette antique époque.

Le numéro 3 de la planche XIV nous montre un vase globulaire proprement dit, sans oreilles cylindriques et horizontales. Ces oreilles ont cependant existé à un certain moment, car on en voit encore les traces très apparentes sur la photographie de ce vase. Il a à son ouverture un col arrondi avec une petite rainure en dessous, le différenciant des vases dont je vais avoir à parler plus loin.

Le numéro 4 est un vase tenant le milieu entre les vases globulaires et le vase à vin : il avait un col mobile que je n'ai pas retrouvé. La matière est la prase ou racine d'émeraude. Ce que j'ai dit plus haut s'applique à ce vase.

Les numéros 15, 18 et 20 ont le type des vases globulaires, pur chez le 18 et un peu mélangé chez les deux autres. Ils offrent cependant entre eux de légères différences autres que celles de la forme. Le numéro 15 a un col droit et perpendiculaire, la panse n'est pas fort grande et il est relativement haut. Il n'a maintenant qu'une seule oreille cylindrique et horizontale, mais il en avait primitivement deux et l'on voit les traces de la seconde qui a dû être cassée pendant le travail et l'on a essayé de faire disparaître les attaches de l'oreille et les traces du trou. Les deux autres numéros ont un col à peu près arrondi et offrent une rainure en dessous, mais cette rainure n'est pas profonde et a été obtenue seulement par l'évidement du col, sans qu'on ait eu besoin de creuser profondément et parallèlement au col en dessous. Le col du numéro 18 se détache plus que celui du numéro 20 : ce dernier vase a une assiette solidement établie, tandis que l'autre a été creusé en dessous de manière à lui donner la forme globulaire parfaite, mais son ouverture me semble un peu trop étroite. Pour percer les oreilles de ces vases il a fallu un outil très fin et très résistant, car les pierres sont d'une très grande dureté.

Le numéro 17 est le dernier des vases dont j'ai à parler dans ce paragraphe : il est en porphyre, a une grande hauteur et n'appartient que d'assez loin à la forme globulaire. Il ressemble bien plutôt à une marmite sans pieds et l'on fait encore usage en France de poteries de cette forme, mais n'ayant pas de rebord en haut du col. Ce col n'est pas arrondi autour de l'ouverture ; à l'extérieur il est à arêtes vives et il a été évidé en dessous de manière à former un angle aigu. Immédiatement au dessous du col, la panse va en s'élargissant et ne commence à s'infléchir qu'assez près du fond. Il semblerait d'après la forme de cette marmite, que rien n'eût été plus facile que de creuser la pierre perpendiculairement en donnant aux parois une épaisseur uniforme parallèlement à la surface extérieure ; mais il n'en a pas été ainsi, comme j'ai pu le constater de mes propres yeux, quand ce vase était en morceaux. Le lecteur verra aussi en examinant la figure 17 de la planche XIV que le vase n'est pas d'aplomb, qu'il semble pencher vers la droite et que le côté gauche présente une panse plus large : c'est une preuve que la perpendiculaire n'a pas été maintenue en forant le vase. Il a deux larges oreilles cylindriques et horizontales percées de part en part, et l'on peut voir à l'oreille gauche que la perforation ne s'est pas faite sans tâtonnement. En somme, ce vase n'est pas élégant dans sa forme, il est même lourd, et l'on peut dire jusqu'à un certain point que l'artisan qui

l'a conçu et exécuté n'était pas très habile, qu'il n'avait pas le sentiment
des belles lignes, sentiment que d'autres autour de lui possédaient au
plus haut degré ; on peut même ajouter beaucoup d'autres choses qui
ne sont pas à l'honneur de cet ouvrier ; mais il n'en restera pas moins
vrai que ce vase est unique au monde en son genre, que sa rareté en
fait son prix et que ce sera toujours un témoignage extrêmement précieux que les artisans égyptiens à cette lointaine époque savaient donner libre carrière à leur fantaisie, ainsi qu'ils l'ont toujours fait depuis.

VIII. Autres formes de vases non comprises dans les paragraphes
précédents.

Un certain nombre de vases n'entrent pas dans les formes dont il a
été question aux paragraphes précédents : il me faut donc en parler dans
un paragraphe qui leur sera spécialement consacré. Ils sont encore
assez nombreux et le lecteur les trouvera aux planches qui vont être
énumérées ci-dessous : à la planche V, le numéro 10 ; à la planche VI,
les numéros 13, 19, 20 et 21 ; à la planche IX, les numéros 4, 5 et 6 ; à
la planche XI, les numéros 3, 12, 13, 14, 23, 24 et 25 ; à la planche XIV,
les numéros 10, 16, 19 et 21 et les neuf de la planche XVI, en tout vingt-
quatre vases. Afin de n'en oublier aucun, je vais les repasser tous en
revue les uns après les autres et en dire ce que je pourrai en y joignant
la caisse en albâtre et les deux fermoirs en onyx, et les numéros 4, 5 et
6 sur la planche VI.

Le numéro 10 de la planche V est un tout petit vase en onyx qui ressemble assez à une écuelle, mais qu'une particularité de sa forme em-
pêche de ranger dans cette catégorie. Il est arrondi dans sa forme générale et a une grande ouverture. Seulement l'artisan qui l'a fait, au lieu
de marquer le col par un rebord supérieur à la panse, l'a marqué au contraire en mettant le col à environ un centimètre plus près du centre de
ce vase, et ce simple retrait constitue une innovation gracieuse qui
donne un grand aspect de légèreté à son travail, au lieu de l'aspect lourd
qu'il eût eu autrement.

Le numéro 13 de la planche VI est un vase de forme très jolie et très
pure, en albâtre, avec des lignes harmonieuses et un sentiment presque

parfait des proportions : la matière n'est pas malheureusement très belle. Le col surmonte le vase d'une manière très heureuse, après une rainure faite à la gouje. L'intérieur a dû être évidé comme il a été dit si souvent au paragraphe précédent.

Les numéros 19, 20 et 21 de la même planche sont les types des vases qui peu à peu ont amené la forme des vases dits canopes. Ils sont en très bel onyx et ont été taillés à peu près dans la même forme : le 19 est plus petit que le 21 et celui-ci n'a pas la hauteur du 20. C'est le 20 qui a la forme la plus élégante et qui accuse la meilleure facture. Tous les trois ils ont un col bien apparent avec une gorge, gorge profondément gravée sous le col du 20 ; de cette gorge la panse s'annonce tout à coup et descend graduellement jusqu'à l'assiette du vase, dans une ligne harmonieuse ; mais dans les vases 19 et 21, la panse est trop large et la hauteur du vase trop courte pour que l'effet obtenu soit de tout point satisfaisant, ce qui arrive au contraire pour le vase 20. L'intérieur de ces vases n'a reçu aucun fini.

Les trois vases 4, 5 et 6 de la planche IX nous montrent la même forme de vases en trois matières différentes, granit gris, feldspath et granit noir. Tous les trois ont la forme d'une assiette très profonde avec un tout petit fond. Les numéros 4 et 6 ne présentent pas de grandes particularités, sauf que le fond du second est très petit et celui du premier plus large, et que la courbure intérieure du second est plus accusée que celle du premier. Le vase 5 au contraire est remarquable en ce que sa ligne de courbure intérieure se renfle avant d'arriver au fond qui est également très étroit. Ce renflement donne à ce vase un aspect extraordinaire et fait que l'évidement paraît plus grand qu'il ne l'est en réalité. Les bords du vase sont arrondis et la ligne intérieure passe insensiblement à la ligne extérieure, ce qui donne un aspect de grande délicatesse. Je retrouverai ce vase plus loin, au paragraphe spécialement consacré aux inscriptions, car il a été gravé et très finement.

A la planche XI, le numéro 3 semble avoir appartenu à un vase de la même famille que le numéro 10 de la planche V. Le numéro 12 qui nous montre un col de vase très étroit, à large rebord avec une anse parfaitement travaillée et attachée au vase, est une preuve que les artisans égyptiens avaient déjà su trouver des formes comparables à celles de l'art grec qui a tant emprunté à l'art égyptien. Le numéro 13 ne nous fait voir qu'un col de vase, mais le petit fragment qui est attenant à la partie gauche montre qu'on avait là une forme nouvelle dont je ne peux malheureusement rien dire. Les numéros 14, 23, 24 et 25 nous donnent des vases appartenant sans doute au même type. Quiconque prendra le soin de les examiner verra cependant que chacun d'entre eux, si le type était le même, en exprimait une variété différente. Ainsi au numéro 23 le col était de plus petite circonférence qu'au numéro 14, et sans doute il en était aussi de la sorte pour le numéro 24 dont il ne reste plus qu'une toute petite partie du col. Le premier de ces vases a un air d'élégance non à mépriser ; il se tient parfaitement debout et les lignes sont agréables à la vue. Il en était probablement de même pour le numéro 24. Quant au 25, il n'est pas très facile de savoir quelle était proprement sa forme ; mais ce qui en reste est d'une belle ligne, sans qu'il faille préjuger pour cela de la beauté du vase entier, car les vases peuvent présenter à l'extérieur une beauté peu commune de lignes et pécher par l'ouverture disproportionnée, ou par la hauteur du vase, ce qui arrive fort fréquemment pour l'Égypte. Il n'y avait pas de rainure en dessous aux numéros 23 et 24 ; mais cette rainure profonde existe bien pour le vase 14. La panse du 23 était aussi plus large que celles du 14 et du 24 : aussi ce vase était beaucoup moins élégant que les deux autres.

Les cinq vases de la planche XIV, les numéros 10, 14, 16, 19 et 21 sont du même type que les précédents, mais ils ont un grand air d'élégance que n'ont pas ceux de la planche XI, parce que les formes sont beaucoup mieux proportionnées, sauf le 14 qui a une trop large panse. Les numéros 16, 19 et 21 ont tous les trois un col plat, taillé à angle vif sur le rebord extérieur et l'on a seulement creusé une gorge en dessous ; le 10 au contraire a un col arrondi et il en devait être de même du vase 14. Le 19 est d'une beauté particulière due à la beauté du porphyre dans lequel il a été taillé. Le 21 présente une particularité intéressante, car à la naissance de la panse sont deux oreilles cylindriques placées horizontalement et percées. Ce vase est en porphyre à petits cristaux blanchâtres ; l'aspect en est un peu terne, mais il est peut-être encore mieux proportionné que le 19. Le 16 est un vase quelque peu fluet pour sa taille. Dans tous ces vases, sans doute à cause de la difficulté du travail, l'axe du vase n'est pas au centre.

Des neuf vases représentés à la planche XVI, il faut tout d'abord retrancher le numéro 7 qui est l'un de ces vases que j'appelle ouvragés. Ces neuf vases, si l'on en excepte le 8, sont intacts et tels qu'ils ont été trouvés. Le numéro 1 est une grande et simple assiette en onyx rubané et la beauté des veines presque parallèles a été évidemment recherchée par l'ouvrier qui les a fait ressortir de son mieux. Le numéro 5 est une sorte de terrine haute et possédant un bec. Elle a un col rabattu, avec une légère rainure à l'extrême rebord, et cette ligne du col est d'une grande élégance. Le bec par contre est un peu grand et surtout un peu trop gros, et le vase tout entier a un aspect trop massif. Le numéro 4 est un vase cylindrique avec bord recourbé, arc de cercle dans la ligne de ses parois, assiette uniforme et d'un très beau travail. Tout ce que j'ai dit au paragraphe des vases cylindriques trouve ici son application. Le numéro 2 est un vase comme ceux des planches XI et XIV dont il a été question précédemment : il a deux oreilles à la naissance de la panse et un col très léger. Il se tient admirablement debout et a une élégance souveraine. Le numéro 3 est de pure forme grecque et jusqu'ici c'est le vase qui accuse en Égypte l'art le plus avancé. La forme en est unique en Égypte : l'ouverture est moyenne et bien proportionnée à la hauteur du vase ; le col arrondi se rabat sur l'extérieur juste en la proportion nécessaire et l'évidement en dessous est parfait. Le col est rattaché à la panse par une ligne qui se renfle avec grâce et la panse s'enfle pour descendre par une très belle ligne presque jusqu'à la base où elle se renfle un peu. Ce vase est unique jusqu'à présent. Il est malheureux que l'exécution n'en soit pas parfaite et que l'axe du vase ne corresponde pas au centre, comme il est facile de l'apercevoir. Les numéros 6 et 9 sont des vases improprement globulaires : le premier a une forme trapue qui n'est pas sans grâce, car les lignes sont harmonieuses et le col est bien proportionné avec sa rainure profonde ; le second est d'une grande beauté de forme avec son col arrondi et plus élevé et sa

panse descendant régulièrement jusqu'à l'assiette du vase. Le numéro 8
comme forme est l'un des plus extraordinaires que j'aie trouvés : l'épure
en a dû être d'une extrême difficulté. C'est un vase rond dont on aurait
aplati les extrémités sur un même axe pour en former une sorte de vase
ellipsoïdal. Il était brisé en un grand nombre de morceaux et j'ai passé
une après-midi tout entière à en rechercher les fragments, un jour que
mes ouvriers ne travaillaient pas : ma ténacité et le temps employé furent amplement récompensés lorsque je l'eus reconstitué. Il a l'apparence d'une saucière sans anse ni soucoupe et jusqu'à présent il est
unique au monde. Il fut trouvé, comme la plupart des vases en marbre
blanc veiné de bleu ou de noir, au-dessus de la chambre ayant des murs
en pierre et pavée également en calcaire : on y avait sans doute amoncelé les vases pour les briser. Les numéros 2, 3, 4, 6, 7 et 9 de cette
planche XVI ont été trouvés, ainsi que je l'ai dit, sous un mur retombé
dans le corridor attenant à la chambre 20. Ces vases sont d'un prix inestimable pour l'histoire de l'art.

Il ne me reste plus, pour terminer ce paragraphe, qu'à parler de la
boîte et des deux couvercles représentés à la planche V, aux numéros 4,
5 et 6. La boîte est un quadrilatère d'albâtre évidé en son milieu jusqu'à
une certaine profondeur. Elle est excessivement lourde et un homme a
besoin de toute sa force pour la porter. Elle a 0^m,416 de long sur 0^m,144
de large et une hauteur de 0^m,214. Elle n'est évidée qu'environ aux deux
tiers de sa hauteur. Les bords ont environ 0^m,03 d'épaisseur. A droite,
à l'extrémité de la longueur intérieure, il y a sur les deux côtés une
sorte de mortaise taillée en angle aigu du côté gauche ; à l'extrémité gauche de la boîte, il n'y a qu'une seule de ces mortaises également
taillée à angle aigu rentrant dans la pierre. Chose curieuse, les parois
comprises entre ces mortaises sont d'égale hauteur avec les petits côtés
de la boîte. Par conséquent le couvercle devait se maintenir par des
tenons d'inégale longueur glissant dans les mortaises. Il me semble
avoir trouvé plusieurs de ces couvercles au cours des fouilles ; malheureusement il n'a pas été possible d'en assembler les divers fragments.
Les deux couvercles qui, à droite et à gauche, s'appuient sur la boîte,
devaient appartenir à des caisses beaucoup plus petites que celle dont

il s'agit, et ces caisses devaient avoir un autre système de fermeture, quoique analogue. Je n'ai pas retrouvé vestige de ces petites caisses. Quel pouvait être l'usage de meubles aussi lourds que la boîte dont il vient d'être question ? Il est impossible de le dire, et l'endroit où a été trouvée cette boîte n'est pas fait pour nous l'apprendre, car elle était couchée sur le côté et prise dans la terre étalée du mur nord de l'une des chambres ouest de la première partie : elle était remplie de sable. Je laisse à de plus habiles que moi le soin de deviner l'usage de ces caisses. Tout ce que je puis dire, c'est que celle-ci n'était pas la seule qu'il y eût de cette taille, car j'ai rencontré un assez grand nombre de fragments qui ne pouvaient appartenir qu'à des couvercles de semblables boîtes, et il y avait au moins deux de ces autres petites boîtes, puisque j'ai trouvé deux couvercles.

IX. GRANDES JARRES EN ALBATRE ET EN ONYX.

J'ai rencontré au cours des fouilles deux grandes jarres intactes dont l'une ornée de dessins primitifs, une troisième incomplète et portant une inscription, plus sept ou huit autres jarres semblables qu'il a été impossible de reconstituer et par conséquent de restaurer. Toutes ces jarres étaient d'une taille énorme. Les unes étaient en ce que j'appelle de l'albâtre, c'est-à-dire de l'onyx ordinaire, mais d'autres étaient bel et bien en onyx rubané, car dans les cassures on voyait les petits cristaux à facettes qui sont constitutifs de cette pierre précieuse.

Parmi les fragments de grandes jarres, je ne dois pas oublier la partie supérieure presque complète d'une grande jarre avec col droit rabattu vers la panse. A la naissance de cette panse est un cordon strié qui faisait tout le tour du grand vase. De même il y a trois ou quatre fonds de jarres, creusés plus ou moins profondément. Certaines autres parties de ces grandes jarres sont restées sur les lieux, ensevelies sous une avalanche de sable qui, en une seconde ou deux, remplit une chambre entière. Comme ces fragments ne se rapportaient pas à quelque jarre que je connusse par avance et qu'on n'en a point trouvé d'autres depuis, j'ai peu de regrets de les avoir laissés sous le sable.

Le numéro 3 de la planche XV est la jarre fragmentaire sur l'inscrip-

tion de laquelle je reviendrai plus loin. Cette jarre en matière très dure
était debout dans le sable telle que je l'ai fait photographier ; les autres
parties étaient absentes. En l'état actuel elle a environ 0^m,80 de haut ;
mais il manque tout le cou et le rebord de l'ouverture, soit environ
0^m,06 ou 0^m,07, ce qui ferait une hauteur totale de 0^m,86 ou 0^m,87. A l'assiette, le pied a 0^m,097 de diamètre environ : il est un peu trop massif.
Comme le lecteur peut le voir sur la phototypie, l'épaisseur des parois
est loin d'être identique à la même hauteur, ce qu'il est très facile de
comprendre si l'on veut réfléchir à la difficulté du forage. D'ailleurs
cette inégalité des parois est tout à fait évidente sur les fonds de jarre
dont j'ai parlé tout à l'heure, car de ces fonds certaines parties ont à
peine un centimètre d'épaisseur quand d'autres en ont deux ou deux et
demi.

La grande jarre qui porte des dessins n'est pas représentée dans la
planche parce que je n'ai pu la faire photographier avant le partage : j'en
donne donc ici le dessin qui en a été publié dans l'ouvrage de M. de Morgan sur les *Origines de l'Égypte*[1]. Cette jarre a 0^m,73 de hauteur, 0^m,198 en
sa plus grande largeur et seulement 0^m,09 à sa base. Un peu après la naissance de la panse est un cordon de stries qui l'entoure complètement et à
0^m,36 plus bas un second cordon parallèle. Ces deux cordons sont reliés
entre eux par un système de cordelettes attachées successivement à l'un
puis à l'autre de ces deux cordons et formant une série d'angles alternes
internes. A 0^m,013 de la base est un troisième cordon parallèle non strié
et qui ne semble employé que pour l'ornementation. Les autres cordons reliés entre eux par des cordes figurées sur le vase sont sans doute
ici pour l'ornementation du vase, mais ils sont figurés d'après nature
parce que réellement ils entouraient le vase pour le porter. On n'a qu'à
voir en effet comment les marchands ambulants du Caire et les fellahs
de toute l'Égypte portent encore aujourd'hui les grandes jarres dans
lesquelles est contenue leur marchandise. Cette décoration, qui est du
même système que celle dont j'ai déjà parlé dans le *Rapport* sur les
fouilles de la première année et leurs résultats, est une très forte preuve

1. J. de Morgan : *Recherches sur les origines de l'Égypte. Ethnographie préhistorique
et tombeau royal de Négadah*, t. II, p. 245, fig. 823.

à l'appui de la haute et très haute antiquité de semblables vases : à mesure que la civilisation progresse elle trouve d'autres motifs de décoration et dans les tombeaux les plus anciens de l'époque historique on ne
retrouve déjà plus les motifs de décoration dont il est ici question.

Le numéro 2 de la planche XV est le plus beau spécimen des grands
vases connus jusqu'à ce jour. M. Quibell, à Ballas[1], en a trouvé cinq
qui, s'il faut s'en rapporter à l'échelle qu'il a mise en tête de la planche

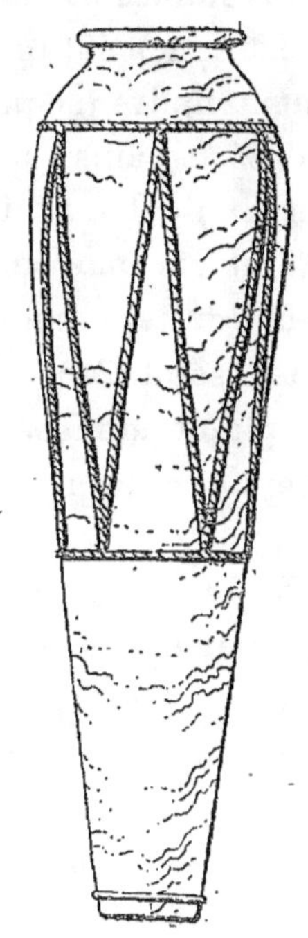

Jarre d'albâtre (Abydos). 1/9 grandeur naturelle.

où un seul est représenté, auraient eu une hauteur de $0^m,316$: celui
dont il s'agit ici serait donc le triple du vase trouvé par M. Quibell,
puisqu'il a $0^m,98$ de haut. Cette jarre est intacte, ainsi que la précédente.
Elle est d'une belle pierre et d'une forme magnifique où les lignes sont
harmonieuses au suprême degré. L'ouverture est bien proportionnée
et entourée d'un col qui déborde sur la gorge inférieure, après laquelle

1. *Naqâda and Ballas*, by Flinders Petrie and E. Quibell, p. 10, n° 19; p. 36, n°s XIII,
XIV, XV et XVI; planche XVI, n° 160. L'échelle indiquée est 1 : 3.

commence aussitôt le renflement de la panse laquelle atteint de suite son plus haut point pour descendre graduellement vers la base qui a 0^m,098 de large. On voit ainsi que cette largeur est juste le dixième de la hauteur totale, et ce rapport n'est pas fait pour faire douter du coup d'œil de l'ouvrier qui fit cette jarre. Elle est creusée à environ 0^m,05 du fond extérieur. Comment l'ouvrier s'y prit-il pour forer une aussi grande profondeur? C'est ce qu'il n'est pas facile de dire, surtout quand on veut faire attention que certaines parties les plus élevées sont aussi les plus larges. La tarière est nettement indiquée pour ce travail, et une très grande tarière pouvant atteindre jusqu'à 0^m,93 de profondeur. Il est facile de comprendre, s'il en est ainsi, que l'axe du vase n'ait pu être maintenu dans la ligne perpendiculaire tombant du centre de l'ouverture au centre de l'assiette et que par conséquent les parois du vase n'aient pas une épaisseur uniforme, ni même égale à la même hauteur. Il ne faut pas demander l'impossible à la civilisation industrielle de ces temps reculés. Il faut bien plutôt admirer l'art étonnant dont ont fait preuve ces antiques ouvriers dont la patience n'avait d'égale que l'habileté.

X. Vases ouvragés.

Le nombre des vases ouvragés rencontrés dans la campagne 1896-1897 est beaucoup moins grand que celui des vases de la même sorte rencontrés la première année et que le lecteur trouvera dans les planches du rapport sur les travaux de l'hiver 1895-1896. Mais ici la qualité supplée à la quantité, car j'ai l'inestimable avantage d'en posséder un que j'ai retrouvé intact et un autre qui, bien qu'il ne soit pas complet, a pu être restauré en très grande partie. Un troisième aurait pu être restauré si j'avais rencontré quelque morceau du fond; malheureusement je n'en ai rencontré aucun fragment et c'est bien regrettable, car outre que le vase porte une inscription, il est dans ce qui nous reste d'une très grande élégance. Ces sortes de vases que j'appelle ouvragés parce qu'ils ont dû demander beaucoup de travail et beaucoup de soin pour achever soit leur forme soit leur décoration, ne sont pas en très grand nombre. M. Fl. Petrie ne me semble pas en avoir trouvé plus d'un, si l'on excepte les vases ayant la forme d'animaux, lesquels sont au nombre

de cinq[1]. De son côté M. de Morgan, dans le tombeau de Neggadeh en a
trouvé, dit-il, cinq ou six et en a représenté deux qui sont incomplets,
d'où l'on peut conclure que les autres l'étaient aussi, sans quoi l'auteur
des *Recherches sur les origines de l'Égypte* n'eût pas manqué de les
représenter dans son volume[2]. M. Quibell n'en a pas trouvé dans ses
fouilles si heureuses et si importantes d'El-Kab pendant l'hiver dernier
1897-1898. Par conséquent on voit l'importance qu'ont ainsi les plus
simples fragments de ces vases rencontrés à Om el-Ga'ab pendant les
trois années des fouilles que j'ai eu le grand honneur de diriger. Quelle
que soit la beauté des vases de Neggadeh et quelle que soit la forme
extraordinaire des vases à forme animale rencontrés par M. Petrie,
aucun d'eux n'égale en beauté de forme et de facture les vases que j'ai
eu le bonheur de trouver à Om el-Ga'ab.

La plupart de ces vases, sauf certaines exceptions parmi ceux de la
première année, ont une forme imitée de la nature inférieure et tous
sans la moindre exception sont imités de la nature en général et en ont
pris leur décoration. Ceux de cette seconde année ne dérogent aucunement à cette règle. Si certains de ces vases ont la forme de coquilles
marines et en ont tiré leur décoration, certains autres ont la forme de
feuilles avec leurs nervures et en ont aussi fait leur décoration. D'autres
imitent certains ouvrages de vannerie ou les paquets de joncs appelés
à être tressés. Il ne me semble guère y avoir d'exceptions jusqu'ici, car
les vases globulaires représentés par M. de Morgan sont divisés en
tranches et la nature offre assez d'objets divisés ainsi pour que l'auteur
de ces vases l'ait pu copier. Dans ceux qui ont été découverts dans le
tombeau immense qui fait le sujet de ce rapport, il n'y a guère que des
imitations des objets que présente la nature même ou de ceux que savait
faire le travail humain. Afin de donner à mes lecteurs une idée complète
de ce que j'ai trouvé en ce genre, j'ai fait représenter les moindres fragments et je vais les repasser tous en revue.

1. *Naqâda and Ballas*, by Fl. Petrie and E. Quibell, ch. ix, n⁰ 58, p. 36 et planche XII,
nᵒˢ 64, 80, 81, 82, 83 et 84.
2. J. de Morgan : *Recherches sur les origines de l'Égypte. Ethnographie préhistorique
et tombeau royal de Neggadeh*, p. 184, fig. 664 et 665.

Les numéros 28, 33 et 34 du premier quart de la planche XXIII sont les trois fragments du vase que j'ai fait restaurer et que le lecteur retrouvera ailleurs où j'aurai l'occasion de le décrire tout au long. Le numéro 29 représente une décoration cannelée coupée par une ligne horizontale. Le numéro 35 est un fragment de vase sans doute polygonal avec une partie non aussi élevée que les autres : j'en avais déjà trouvé de cette facture la première année. Les numéros 30, 36 et 40 appartenaient sans doute au même vase, ou à des vases décorés d'une manière analogue dans leur partie postérieure, car la partie antérieure non décorée me semble être indiquée à droite par l'abaissement du niveau au fragment 40. La décoration consistait simplement en lignes horizontales tracées un peu au petit bonheur et parallèles seulement par intention. La forme intérieure du vase donne celle d'une noix de palmier doum coupée et évidée. Les numéros 43, 44 et 45 appartenaient aussi à la même assiette de marbre blanc d'un diamètre fort respectable. Ces trois fragments ne concordent malheureusement pas l'un avec l'autre, mais la décoration identique, extérieure comme intérieure, ne laisse aucun doute sur la question de savoir s'ils faisaient partie du même vase. Cette décoration me semble avoir été imitée des écailles d'un poisson que le décorateur aura alignées horizontalement autour de son vase. Le numéro 43 contient six de ces lignes, le numéro 44 douze et le numéro 45 quatre. Je laisse à penser quelle patience aura été nécessaire à l'ouvrier pour tracer toutes ces écailles et séparer les lignes les unes des autres! Les numéros 31 et 37 sont deux fragments d'un même objet dont je n'ai pu réussir à deviner l'usage : c'est une sorte de baguette en pierre schisteuse ardoisière très étroite, divisée en deux parties par une rainure, laquelle est coupée par endroits de traits verticaux. Je crois que les numéros 38 et 39 appartiennent à une assiette représentée au numéro 27 de la planche. Le numéro 41 est un fragment de vase de forme très curieuse déjà rencontrée l'année précédente, mais que je n'ai pu réussir à identifier. Le numéro 42 me semble être un de ces vases formés à l'imitation de certaines feuilles et je ne sais pas ce que représente le numéro 46. C'est une coquille striée qui a fourni l'imitation du vase fragmentaire 32 et le lecteur verra de lui-même l'étrange forme des deux fragments recollés qui constituent l'intérieur du numéro 47 ; j'avais déjà rencontré l'année précédente des vases de cette forme.

La première partie supérieure de la planche XXIII reproduit au numéro 15 un vase à fond circulaire qui me semble avoir eu plusieurs avancées en forme de bec allongé. J'ignore ce que représentent les numéros 16 et 22, taillés en forme arrondie. Les numéros 23 et 27 me semblent avoir fait partie d'une même assiette dont il n'est pas très facile de déterminer la forme avec certitude. Le trou qui est au numéro 23 servait sans doute à passer la cordelette qui la suspendait. L'épaisseur n'en était pas partout égale, et cela de propos délibéré, comme le montrent les deux différences de niveau de la partie gauche. La décoration changeait avec les divers niveaux : le numéro 27 montre en effet que cette décoration était faite à gauche de lignes verticales et qu'à partir du changement d'épaisseur de simples stries sans cesse grandissantes décoraient le pourtour. Le grand fragment du 27 est composé lui-même de six petits fragments qui s'adaptaient les uns aux autres. Le numéro 20 montre un fragment de petit vase de forme sans doute cylindrique portant en dessous du col trois cordelettes parallèles les unes aux autres et très finement faites. Le numéro 24 donne la partie postérieure d'un vase qui me semble rentrer dans la catégorie de ceux qui ont été faits à l'imitation des feuilles. Le numéro 17 donne un fragment de vase semblable au numéro 35 de cette même planche. Le numéro 21 me semble être un fragment de vase avec bec rond. Le numéro 25 représente une forme de vase déjà trouvée la première année ; il était creusé comme le bec d'une lampe primitive : la partie gauche était recouverte sans doute par le fragment absent, mais la partie de droite était libre, à moins que les suivantes ne continuassent jusqu'au bout en formant une sorte de canal qui allait en se rétrécissant toujours plus. Des parties de vases de cette forme avaient déjà été rencontrées la première année, de même que les formes données par les fragments 18 et 26.

La partie inférieure droite de la planche XXIII ne contient pas que des objets en pierre : il comprend aussi deux objets en ivoire qui ont trouvé place en cette planche, les numéros 10 et 14. Les numéros 3, 4, 8 et 13 de cette partie me semblent avoir fait partie d'un même vase à forme inconnue et qui me semble avoir été géminée. Sa matière est du marbre et l'ouvrier qui a su lui donner la forme que laisse un peu deviner le numéro 3 n'était pas un ouvrier ordinaire. La gémination me semble indiquée par l'arête du milieu de chaque côté de laquelle la matière a été creusée de façon identique, pendant qu'à l'extérieur le vase a été évidé à l'endroit de l'arête, car il faut noter que ce curieux travail est aussi parfait à l'extérieur qu'à l'intérieur. Malgré les plus actives et les plus minutieuses recherches, je n'ai pu réussir à mettre la main sur d'autres fragments de ce vase à forme si curieuse. Les numéros 5 et 7 sont complets et me semblent être des moules en calcaire employés à de certains usages que je ne peux spécifier. Les numéros 6, 9 et 11 représentent des objets en bois : j'en ai trouvé quatre de la sorte, tous en pierre plus tendre que l'albâtre, mais beaucoup plus dure que le calcaire ; dans les quatre ils sont taillés d'une manière identique et peuvent se joindre par leur sommet aigu de manière à former une sorte de mosaïque incrustée. Le numéro 6 a été représenté la face postérieure apparente, parce qu'il porte des rainures. A quoi servaient ces objets ? c'est ce que rien ne m'a appris. J'ignore de même ce qu'était le numéro 12.

Le numéro 2 de la même planche représente sans doute un ouvrage de vannerie avec des attaches visibles à l'intérieur comme à l'extérieur pour relier ensemble les diverses branches figurées : le tout a la forme d'un cartouche avec la barre transversale qui le ferme. Sous cette barre, au milieu, ou voit un faisceau de branches qui s'écartent pour former les divisions du cartouche. Il est très malheureux que ce vase ait été brisé, car probablement il n'en existe pas un semblable dans les divers musées égyptiens. Le cartouche est creusé dans du schiste ardoisier et toutes les rainures sont très bien fouillées, au dehors comme au dedans. La barre de clôture est de même travaillée avec amour, tant au trou du milieu qu'aux extrémités. Un second vase est représenté aux numéros 2 et 5 de la pl. XXII ; il est de forme globulaire, mais d'une grande élégance. J'en ai retrouvé le tour à peu près complet. Ce tour se compose de l'angle saillant de la panse et d'un col en retrait, droit et perpendiculaire à la surface supérieure du vase. Ce col est d'une hauteur très bien proportionnée et il est orné d'un double cordon strié qui fait le tour du vase et dont les extrémités viennent se nouer en une certaine partie. Ce double cordon est de l'effet le plus gracieux et jamais on n'aurait pensé qu'une si mince et si élémentaire décoration pût produire un pareil résultat. La matière du vase était relativement facile à travailler, si on la compare à d'autres matières déjà rencontrées; cela n'a point empêché que le forage du vase n'ait été inégal. Ce vase contient en outre une inscription finement gravée dont je parlerai au paragraphe spécialement consacré à ce sujet.

Le vase que j'ai fait restaurer est représenté au numéro 1 de la planche XXIII. Il a la forme d'une assiette creuse et de forme rectangulaire. L'avant de ce récipient communiquait avec la partie postérieure par un double canal à forme arrondie, surmonté de ce que je puis comparer à une sorte de pont, à deux arches. A quoi servait ce vase? C'est ce que je ne puis indiquer. La partie qui forme le pont est représentée au numéro 41, et l'extérieur au numéro 28 de la même planche. Cet extérieur est orné de lignes qui se croisent et se nouent les unes aux autres; le vase était presque complet tel qu'il est représenté, abstraction faite de la partie antérieure : il ne manquait qu'un fragment du fond, à savoir le milieu.

Il ne me reste plus à parler pour terminer ce paragraphe que du vase portant le numéro 7 à la planche XVI. Le vase est droit dans sa forme polygonale irrégulière. Il a une ouverture circulaire assez bien proportionnée à la hauteur, et le col arrondi a en dessous de la partie extérieure une gorge assez profonde. A la naissance de la panse qui se conforme à la forme du vase sont deux oreilles cylindriques et pleines, ornées de rainures et d'une sorte de cordelette à l'endroit où elles se rattachent au vase. Cet endroit autour du vase est marqué par une rainure circulaire au dessous de laquelle commence la décoration. Cette décoration qui tombe jusqu'au fond extérieur du vase et en fait le tour pour remonter ensuite de l'autre côté jusqu'à la rainure circulaire, se compose de petites et de grandes rayures horizontales allant du commencement au bout des grandes et petites côtes figurées sur le vase. Elle n'a rien de bien extraordinaire. Près de l'assiette du vase, le grand côté du polygone s'infléchit, tandis que les petits côtés s'allongent en angles aigus. Si le lecteur a considéré quelquefois dans sa vie la manière dont se comporte un sac gonflé par le contenu, il aura dû s'apercevoir que ce sac se comporte identiquement à notre vase. De plus s'il a été à même de voir de quelle toile sont faits les sacs en Égypte, il aura sans doute observé que cette toile est rayée et divisée en petits et grands compartiments exactement comme le vase en question. Aussi crois-je que la décoration de ce vase a été prise de l'enveloppe dans laquelle on avait l'habitude d'enfermer tout ce que l'on regardait comme précieux. J'aurai bientôt l'occasion de faire observer que les vases de métal étaient aussi enveloppés dans une toile, de même que d'autres objets réputés de grand prix : je pense que ce vase qui évidemment à une certaine époque, quelle que soit d'ailleurs cette époque, a été regardé comme un chef-d'œuvre, fut enveloppé d'une toile et que c'est cette toile, rayée comme celle dont on fait toujours les sacs en Égypte chez les fellahs, que l'artiste a voulu représenter. Les oreilles elles-mêmes rentrent dans cette explication : si en effet on coud l'ouverture du sac, on a de chaque côté une sorte d'oreille qui se maintient droite et que l'on ne fait disparaître qu'a condition de rentrer l'étoffe dans le sac. On ne savait pas encore rentrer l'étoffe dans le sac et l'on a figuré ce que l'on avait sous les yeux en ayant soin d'indiquer les cordes qui maintiennent le bout du sac. D'ailleurs, c'est ainsi que font toujours les charbonniers, même à Paris : l'habitude est restée la même identiquement. Au moment où fut fabriqué ce vase, l'une des oreilles fut cassée : on répara le dommage en forant cette oreille et en forant aussi quelque peu le vase, on mit un morceau de bois à l'intérieur du trou et c'est ainsi que fut maintenue cette oreille. Le bois s'étant desséché à travers les siècles, l'oreille était tombée et je l'ai trouvée détachée du vase dans lequel j'ai tout aussitôt vu le trou en en reconnaissant l'usage. Le point de suture avait été caché sous une petite addition de plâtre. Tel est ce vase unique au monde et qui a la plus grande valeur pour l'histoire industrielle de cette lointaine époque.

XI. Objets en cristal de roche.

Les vases en quartz cristallin formaient une partie très importante du mobilier funéraire dans les tombes d'Om el-Ga'ab : on peut bien compter que dans les trois années de fouilles, j'ai trouvé les fragments d'environ deux cents vases en cristal de roche. De son côté M. de Morgan dans le tombeau qu'il a découvert à Neggadeh a trouvé des objets d'art en cette même matière, mais en très petit nombre[1]. M. Fl. Petrie n'a trouvé que des perles en cristal de roche[2]. Pour ma part, je n'ai pas trouvé durant ces trois années de fouilles à Om el-Ga'ab que des vases, j'ai rencontré aussi des perles et d'autres objets dont il sera question en temps et lieu, mais dans la campagne 1896-1897 je n'ai rencontré que des fragments de vases ou de bracelets.

Les fragments en cristal de roche rencontrés dans le grand tombeau dont je traite ont été nombreux, peut-être deux ou trois cents — je ne les ai pas comptés — la plupart d'assez petites dimensions, mais quelques-uns de dimensions au contraire très grandes, et, comme ce sont tous des vases à contour circulaire, on peut très bien calculer que le tour de certains vases n'était pas inférieur à $0^m,30$ ou même à $0^m,40$. On peut voir d'après cela quelle grosseur devaient avoir les blocs dont on s'est servi pour en tailler ces vases. Malgré tous mes soins et toutes les heures que j'y ai consacrées, je n'ai pu, en aucune des trois années, non seulement réussir à trouver aucun vase intact, mais même un vase fragmentaire complet. Tout ce que j'ai pu réussir à faire a été de former des vases presque complets de divers fragments qui s'adaptaient les uns aux autres et de les faire restaurer[3]. Dans ce tombeau j'ai réussi seulement à restaurer une seule coupe en cristal, et si j'ai pu y réussir, c'est que

---

1. J. de Morgan : *Recherches sur les origines de l'Égypte. Ethnographie préhistorique et tombeau royal de Neggadeh*, p. 192 et 193.

2. *Naqáda and Ballas*, by Fl. Petrie et J. E. Quibell, chapitre IX, n° 65, p. 44 et planche LVIII, crypte C. 1788.

3. Je dois dire ici que toutes les restaurations de vases ont été faites par M. Quinet, 6, rue du Four, à Paris. Ces restaurations ont été faites de telle sorte que l'examen le plus superficiel suffit pour reconnaître qu'il y a eu restauration.

ce vase était gravé et portait une inscription, ce qui le rend précieux et ce qui m'a incité le faire restaurer.

Les fragments de cristal de roche recueillis dans le tombeau dont je rends compte appartenaient aux deux variétés de cristal : les uns étaient opaques et les autres translucides. Les fragments de cristal opaque appartenaient aux vases les plus gros : la matière était traitée d'ailleurs d'après le même système que les fragments translucides, mais cependant avec un soin moindre. Les fragments translucides au contraire avaient été l'objet d'un travail de dilection et ils sont admirablement polis. Le lecteur en trouvera des spécimens dans les numéros 7, 8, 9, 10, 13, 14 et 15 de la planche XXI. Tous les fragments de vases en cristal de roche trouvés pendant la campagne 1896-1897 appartenaient soit à des assiettes soit à des coupes sans pied. Je n'ai pas besoin de m'étendre sur la difficulté du travail que suppose le creusement des assiettes ou des coupes en cristal de roche, lorsque quelques-unes de ces coupes étaient hautes d'au moins 0m,15 et que l'épaisseur des parois n'était parfois que d'un millimètre et demi ou deux, parfois moins encore. Je veux cependant faire observer que ce travail n'a pas semblé assez difficile aux hommes qui firent ces vases et qu'ils ont semblé défier les difficultés en donnant aux assiettes des rebords taillés à angles saillants ou arrondis, avec une légère gorge intérieure. Et ce travail avait été si soigneusement fait, si bien réussi que je n'ai pas rencontré un seul fragment qui accusât une cassure réparée ensuite au moyen d'un collage à la gomme laque comme le cas s'était présenté la première année. Le lecteur trouvera au numéro 6 de la même planche un fragment de cristal translucide gravé : il y verra de lui-même que le burin dont s'est servi le graveur devait être en métal et il jugera que les coups de cet instrument ne devaient pas être trop bien assurés par le peu de rectitude qu'offrent les lignes et les signes, et cela en raison de la dureté excessive de la pierre, ce qu'on peut aussi voir sur le vase restauré qui occupe le numéro 12 de la planche. Le numéro 12 de cette même planche est un vase en cristal de roche traversé par des veines d'améthyste : c'est l'un des objets les plus précieux qui aient été trouvés dans le tombeau qui fait l'objet de ce rapport.

La partie inférieure droite de la planche XX est formée par la représentation de huit objets dont cinq seulement appartiennent au cristal de roche,
encore la chose n'est-elle pas très certaine : ce sont les numéros 11, 12, 13,
17 et 18. Tous ces objets sont des parties complètes de bracelets très
bien polis qui devaient, sinon se juxtaposer les unes aux autres, du moins
être maintenues les unes avec les autres pour former des bracelets complets. Cette manière de faire est très connue. Cependant quelques-unes de
ces parties étant pleines ne peuvent avoir eu cette destination, et il faut
croire qu'on les maintenait autrement : la courbure extérieure et intérieure de ces objets indique clairement que c'étaient des bracelets.
C'est la première fois, il me semble, qu'on trouve semblable chose en
Égypte, car si la forme du bracelet composé de parties maintenues entre
elles est connue, on la connaît ailleurs qu'en Égypte. Les parties de bracelets qui devaient être ainsi maintenues portent à l'intérieur une gorge
profonde creusée à l'aide d'une gouge quelconque et parfaitement polie.
Deux d'entre elles, les numéros 11 et 13, ont à chaque extrémité une
petite cheville en métal, sans doute de cuivre, introduite dans les trous
percés pour la recevoir de chaque côté de la gorge. Cette cheville
réunit ainsi les côtés et laisse la partie inférieure de la gorge libre pour
recevoir la chaîne ou le fil qui constituait le bracelet proprement dit. Ce
travail est des plus anciens et on peut encore apercevoir sur la planche
les extrémités des chevilles qui apparaissent sur le cristal de roche et
qui font une suite de petites taches provenant de ce que le métal s'est
oxydé. Ces sortes d'objets ne sont pas assez nombreux pour avoir constitué les deux bracelets de l'existence desquels ils témoignent, à moins
d'admettre que ces bracelets étaient fort petits et qu'ils ne se composaient
que de deux pièces ; mais ils sont une preuve que le tombeau contenait
des objets de grand luxe que je n'ai pas retrouvés parce qu'ils avaient
été enlevés.

<h3 style="text-align:center">XII. Objets en cuivre.</h3>

Les objets en cuivre qui ont été trouvés pendant la campagne 1896-
1897 sont si nombreux qu'ils témoignent péremptoirement de l'existence d'un âge du cuivre en Égypte à la même époque à laquelle on
employait le silex, c'est-à-dire ce que nous appelons l'âge de la pierre,

Comme j'ai retrouvé en chacune des trois années de fouilles ces objets
en métal appartenant d'une manière évidente à l'époque des tombes que
j'ai ouvertes, on ne peut pas nier que ces objets ne soient contemporains de l'époque à laquelle remonte la nécropole entière d'Om el-Ga'ab.
Le lecteur trouvera représentés aux planches XVII et XVIII des spécimens de ces objets.

Comme avant tout, pour la bonne disposition de ce paragraphe et
pour la suite des idées que je vais émettre à propos de ces objets en
cuivre, il est nécessaire que le lecteur soit édifié sur la composition du
métal dont sont faits les objets que j'ai à étudier, pour obtenir ce
but, je ne saurais mieux faire que de citer l'étude qu'en a faite M. Berthelot, secrétaire perpétuel de l'Académie des Sciences et professeur
au Collège de France, d'après certains objets que lui avait envoyés
M. J. de Morgan pour en faire l'analyse chimique. L'envoi de M. J. de
Morgan comprenait deux séries fort distinctes : la première composée
des objets trouvés par lui à Neggadeh ; la seconde, de beaucoup la plus
considérable, des objets provenant de mes fouilles d'Abydos. Le compte
rendu de l'analyse est emprunté des *Comptes Rendus de l'Académie des
Sciences,* pour la séance du 24 mai 1897, tome CXXIV, p. 1119-1125. Il
est intitulé : *Histoire des sciences. Outils et armes de l'âge du cuivre pur
en Égypte ; procédés de fabrication. Nouvelles recherches par M. Berthelot.*
Le docte académicien s'exprime en ces termes :

« M. de Morgan m'a adressé, le 28 mars dernier, de nouveaux objets,
les uns trouvés par lui, et d'autres par M. Amélineau, remontant aux âges
les plus anciens de l'Empire égyptien : le tout m'est parvenu le 10 avril.

« Sur l'origine de ces objets, je ne puis que m'en remettre à la garan-
tie de M. de Morgan, dont on connaît la légitime autorité en ces questions, la date ne pouvant être rendue absolument certaine que dans le
cas où des objets de ce genre portent des inscriptions, telles que celle
du sceptre de Pépi Ier en Égypte, ou bien de la lance du roi Kish, à Tello.
A défaut d'une inscription sur l'objet même, la certitude, ou plutôt la
probabilité, résulte de l'examen des objets trouvés dans la même tombe,
jointe à la démonstration que la tombe n'a pas été violée à des époques
postérieures, comme il est trop souvent arrivé en Égypte, les voleurs

ayant pu y introduire ou y abandonner des instruments ou objets divers
contemporains de leur temps[1]. »

·   ·

Après avoir rendu compte de la composition chimique du seul objet
trouvé par M. de Morgan, M. Berthelot ajoute :

« Les objets qui suivent ont été découverts par M. Amélineau, à
Abydos, dans une tombe très ancienne, quoique probablement plus récente que celle de Négadah[2].

« II. Le plus important, sans contredit, est une hache plate, rouge,
dure et compacte, un peu oxydée et vertdegrisée à la surface : elle pèse
465 grammes. Je la mets sous les yeux de l'Académie ; elle est constituée
par du cuivre à peu près pur, sans étain, ni plomb, ni arsenic. La patine
renferme, outre du cuivre, du chlore, de l'acide carbonique, de la chaux,
un peu de sable. Mais la masse principale a conservé la dureté et la
ténacité métalliques. Elle est faiblement oxydée.

« Voici quelles sont les dimensions et les disposition de cette hache.
Elle est en forme de carré long, dont deux angles fortement arrondis. Le
dos de la hache, haut de $0^m,130$, est rectiligne, un peu renforcé vers son
milieu. En haut et en bas, il est coupé à angle droit par deux autres côtés,

---

1. Il me semble que M. Berthelot est un peu trop exigeant en demandant les deux
choses à la fois pour assurer la probabilité de l'époque des objets. Il se peut faire en
effet, et c'est ici le cas comme le lecteur qui aura lu ce volume en sera convaincu, j'espère,
qu'une tombe spoliée renferme des objets tellement en dehors de ceux qu'on connaît historiquement et tellement primitifs qu'on est forcé de leur attribuer une époque remontant
au loin dans les âges premiers de l'humanité. De plus, quand on trouve ces objets non
datés par une inscription, en compagnie d'autres objets portant une inscription, et c'est
bien ici le cas, on est fondé à leur attribuer au moins un âge contemporain des seconds.
Or, j'ai trouvé des objets datés par des noms de rois inconnus et des bouchons en terre
contenant des inscriptions où sont mentionnés deux Dieux représentés l'un par un animal
nommé typhonien, l'autre par un épervier, c'est-à-dire par les deux symboles de Set et
de Horus. Les noms de rois ne sont pas connus par ailleurs. Est-ce trop se montrer exigeant que de réclamer pour les objets non datés la même antiquité que pour les objets
datés ? Je ne le pense pas et je crois que M. Berthelot lui-même sera le premier à l'admettre, maintenant qu'il peut connaître les détails de la trouvaille, détails qu'il ignorait
au moment où il fit son rapport.

2. M. Berthelot parle ici d'après les indications que lui a fournies M. de Morgan, qui
n'avait aucune raison de croire à l'antériorité du tombeau de Neggadeh. La priorité de la
nécropole d'Om el-Ga'ab me semble aujourd'hui démontrée.

rectilignes sur une longueur de 0^m,080 environ, puis s'arrondissant de part et d'autre pour former le tranchant du quatrième côté. La distance entre le milieu du tranchant et le milieu du dos, c'est-à-dire la largeur maxima de la hache est de 0^m,085. L'épaisseur moyenne de la hache est de 0^m,004 à 0^m,005 environ, assez uniforme, sauf le tranchant, qui s'amincit au centre jusque vers 0^m,001, dans son état actuel sans doute émoussé.

« Ce qui caractérise surtout cette hache plate, c'est son mode d'emmanchement. En effet, elle est percée, au milieu de sa hauteur, à une distance de 0^m,025 du dos et de 0^m,050 du tranchant, par un large trou rond, d'un diamètre égal à 0^m,010. Ce trou servait évidemment à fixer la hache au manche solide, au moyen d'une forte cheville enfoncée dans le trou.

« J'observerai encore que la forme de cette hache répond à celle de certaines haches primitives et préhistoriques, trouvées en divers endroits d'Europe et d'Asie, et constituées soit par du bronze, soit par du cuivre pur.

« A cet égard, sa composition est caractéristique de l'âge du cuivre égyptien, c'est-à-dire d'une époque où le bronze, plus dur et plus résistant que le cuivre, n'était pas encore employé dans la fabrication des armes.

« Parmi les autres objets trouvés dans le même tombeau, il en est qui sont également caractéristiques à cet égard et fort intéressants par leur mode de fabrication : ce sont des aiguilles et un ciseau, dont la destination exigeait l'emploi du métal le plus dur qui fût connu à ces lointaines époques.

« Quatre aiguilles et objets de cet ordre figurent dans l'envoi de M. de Morgan.

« III. Je citerai d'abord une grosse aiguille cylindrique, longue de 0^m,080, épaisse de 0^m,002. Cette aiguille est formée par du cuivre à peu près pur. Le chas, aujourd'hui obturé par l'oxydation, est en forme de losange. Le corps de l'aiguille même porte du haut en bas la trace d'une longue fente, à peu près verticale, visible d'un seul côté. Cette disposition est très intéressante, car elle montre que l'aiguille a été fabriquée au moyen d'une lamelle étroite de métal.

« L'ouvrier a d'abord aplati au marteau un morceau de métal, obtenu par la fusion du minerai, de façon à constituer une feuille épaisse de

$0^m,001$ environ, puis il a découpé dans cette feuille une longue lamelle étroite, destinée à fabriquer l'aiguille, et il l'a repliée dans le sens longitudinal, en forgeant l'aiguille proprement dite.

« Vers la pointe, la fente cesse d'être parallèle à l'axe, en prenant une direction un peu oblique, sans doute dans le but de constituer la pointe avec une seule épaisseur de lame, sans l'affaiblir par quelque superposition. Ces dispositions rendent compte d'ailleurs de la structure canaliculée, que j'ai signalée précédemment sur une aiguille de cuivre, trouvée par M. de Morgan, dans la nécropole de Toukh.

« Le chas même de l'aiguille, dont j'ai parlé plus haut, a été obtenu par une fente longitudinale, pratiquée à la partie supérieure de la lame en cuivre. Les bords en ont été écartés, puis chacun d'eux incurvé dans un angle à concavité intérieure.

« L'ouvrier a ensuite rapproché les deux extrémités libres, de façon à former le losange, soit au marteau, soit peut-être en le brasant, de façon à laisser ouverte la partie centrale. Le trou de l'aiguille a été obtenu sans l'emploi d'un agent de perforation.

« Il est intéressant de rencontrer, dès cette époque reculée, des procédés de fabrication des outils métalliques, semblables à quelques-uns des procédés encore usités de notre temps, par exemple dans la fabrication de certains tubes et canons de fusil.

« IV. Les mêmes procédés ont été mis en œuvre pour la fabrication d'un objet beaucoup plus volumineux qu'une aiguille, je veux dire un petit ciseau métallique, trouvé en même temps que les aiguilles. Ce ciseau est constitué par une tige quadrangulaire, longue actuellement de $0^m,080$ mais dont la partie supérieure manque. La largeur est de $0^m,004$, l'épaisseur de $0^m,002$ environ. La partie inférieure se termine par un ciseau tranchant, aplati suivant un plan passant par l'axe du ciseau et parallèle aux faces les plus minces ; ce biseau aplati a environ de $0^m,005$ à $0^m,006$ de large sur autant de longueur ; il se termine par un tranchant qui devait être fort aigu dans son état primitif ; actuellement, quoique en partie ébréché et oxydé, son épaisseur ne dépasse guère un tiers de millimètre.

« Le métal est constitué par du cuivre à peu près pur (industrielle-

ment parlant), sans étain ; mais il est couvert de vert-de-gris et d'une
série de points ou granules saillants, composés par du protoxyde de
cuivre, résultant de l'altération du métal ; aussi l'objet est-il devenu
fragile, en raison de cette désagrégation.

« La tranche du métal, examinée sur une fracture fraîche, décèle le
procédé de fabrication. L'ouvrier a pris une lame de cuivre épaisse de
$0^m,001$ environ et de la longueur convenable, il y a tracé deux sillons
parallèles distants de $0^m,004$, sur la longueur destinée à former l'outil.
A droite et à gauche de ces sillons, il a coupé la lame parallèlement, à
une distance de $0^m,002$ du sillon ; puis il a rabattu les deux côtés sur
la portion centrale, jusqu'à ce qu'ils se fussent rejoints de façon à constituer un barreau ou tige quadrangulaire des dimensions signalées plus
haut, peut-être a-t-il ensuite brasé la jonction. En tout cas, on en aperçoit parfaitement la trace rectiligne et parallèle à l'axe du barreau, sur la
partie centrale de l'une des deux larges faces de ce barreau, à l'exclu-
sion des trois autres faces. Cette ligne subsiste sur toute sa longueur ;
mais en se recourbant sous forme d'hélice de façon à passer sur la face
étroite adjacente, jusque vers le point où l'on arrive au biseau, point
auquel se produit une légère déviation, ce biseau étant constitué par la
réunion des lames, aplaties l'une sur l'autre pour former le tranchant.

« En somme, ce ciseau a été fabriqué par le même procédé que l'aiguille décrite précédemment : la réduction du métal en lames minces.
Le travail de celles-ci était sans doute plus facile que la fabrication di-
recte d'une barre massive, pour les ouvriers de cette époque.

« V. Cependant, un procédé de fabrication un peu différent, quoique
toujours fondé sur l'emploi des lames minces de cuivre, nous est révélé
par l'examen d'un autre objet, de même origine, que j'ai trouvé parmi
ceux qui m'ont été remis et dont la composition est aussi celle du cuivre
industriellement pur. Cet objet a la forme d'une aiguille canaliculée,
longue de $0^m,055$, d'un diamètre de $0^m,004$. Il est constitué par une lame
étroite et très mince, tordue en spirale, formant plusieurs tours sur sa
longueur. Sa disposition rappelle la fabrication des canons de fusil ru-
banés et celle du tube hélical, en acier fondu laminé à froid, employé
aujourd'hui dans la fabrication des cadres de certaines bicyclettes.

« VI. Un objet similaire, long de $0^m,085$ et épais de $0^m,002$ est constitué aussi par une feuille métallique étroite, tordue en spirale, mais dont les parois n'ont pas encore été rapprochées en un système régulier. Elle paraît représenter le début de la fabrication. Elle est composée de cuivre avec une trace d'arsenic.

« VII. L'envoi de M. de Morgan renferme encore divers débris de cuivre, dont il n'est pas possible d'assigner la destination originelle, mais qui offrent ce caractère commun de représenter tous des lames ou fragments de lames, savoir :

« 1° Un fragment triangulaire, irrégulier, en forme de triangle rectangle équilatéral, de $0^m,030$ sur $0^m,030$, épais d'un millimètre : cuivre fortement arsénical;

« 2° Un fragment plus grand, rappelant la forme de la hache ci-dessus, mais non troué; de $0^m,060$ au dos, sur $0^m,044$ en largeur maxima et $0^m,001$ d'épaisseur : cuivre avec trace d'arsenic.

« 3° Trois fragments semblables irréguliers;

« 4° Deux longues rognures en cuivre;

« 5° Une très petite lame régulière, ou fragment de feuille.

« VIII. Je signalerai enfin une lame longue de $0^m,085$, large de $0^m,005$ à $0^m,006$, à bords irréguliers, épaisse d'un demi millimètre : cuivre avec trace d'arsenic. Ce qui la distingue, c'est l'existence de deux trous de clous, l'un de $0^m,001$, l'autre de $0^m,003$. Ces trous ont été percés avec une pointe et portent l'empreinte de la tête des clous, rivée au marteau. Si j'insiste sur ces circonstances, c'est qu'elles contrastent avec le procédé employé pour fabriquer le chas de l'aiguille (III) que j'ai décrite plus haut.

« La lame dont il s'agit ici a dû être fixée autrefois comme garniture sur un objet de bois ou analogue, tel qu'un coffret, qui a disparu.

« Tels sont les objets soumis à mon examen. Ils sont tous constitués, je le répète, par du cuivre à peu près pur, renfermant parfois de l'arsenic, mais ne contenant ni étain, ni plomb, ni zinc. Cette composition est caractéristique.

« Ce n'est pas que la fabrication de lames et objets en cuivre pur n'ait eu lieu à toute époque et ne subsiste même aujourd'hui; mais on a cessé depuis longtemps de fabriquer des outils, tels que des aiguilles ou des ciseaux, et des armes, telles que des haches, avec du cuivre pur. Le bronze d'abord, puis le fer l'ont remplacé pour tous les emplois qui exigent un métal dur et résistant. L'existence des objets précédents et leur mélange avec des lames de silex paraissent donc se rapporter à une population qui en était encore à l'âge du cuivre proprement dit. »

Tel est ce rapport de M. Berthelot sur les objets qui ont été soumis à son examen ; on ne peut désirer rien de plus précis et de plus détaillé. Si l'usage de certains objets lui a échappé, ce n'est qu'en raison de son peu de commerce avec les objets égyptiens, il a parfaitement su le mode de fabrication de la plupart des objets qu'il a analysés, leur âge reculé, préhistorique, car pourquoi refuserait-on à l'Afrique, et plus spéciale-ment à l'Égypte, ce qu'on accorde sans marchander à l'Europe et à l'Asie ? Aussi peut-on s'appuyer avec confiance sur les renseignements qu'il a fournis à propos de la composition chimique des objets analysés ; mais M. Berthelot n'a eu à sa disposition qu'une infime partie des ob-jets en métal recueillis au cours des fouilles de l'hiver 1896-1897. Pour savoir la composition des autres objets en métal que j'avais trouvés, je m'étais adressé à M. Friedel, membre de l'Académie des sciences et professeur de chimie organique à la Sorbonne. Je lui avais remis les objets sur lesquels je désirais avoir son analyse, et je repartis pour l'Égypte. Quand je revins, il me dit que tout était prêt, et il partit en vacances. La mort l'y attendait, et l'on n'a pu retrouver ses notes. Comme je lui avais montré les objets recueillis en cette seconde campagne de fouilles et que j'avais spécialement attiré son attention sur les grands vases de la planche XVII et sur les haches de la planche XVIII, il les examina et me dit que les uns et les autres étaient faits de cuivre rouge pur. Il me faut maintenant faire connaître les objets trouvés au cours des fouilles dans le tombeau qui m'occupe.

Tout d'abord j'ai trouvé des vases au nombre de sept, des haches au nombre de dix-neuf, une série de couteaux, de fers de lances, de ciseaux, une cuirasse en écailles presque entière, des aiguilles en grand nombre, une anse, la partie supérieure d'un vase avec deux trous pour passer la corde qui le soutenait, un harpon, etc. Le plus grand nombre de ces objets, dont quelques spécimens seulement sont représentés dans les planches XVII et XVIII, se trouvaient parmi les 1.220 objets que je rencontrai à la fois au dessus d'un pilastre. Quelques-uns de ces objets sont au musée de Gizeh et le plus grand nombre m'a été attribué.

Parmi les vases, il y a deux grands chaudrons, tous les deux avec deux rebords rabattus au marteau : le diamètre d'un de ces chaudrons n'est pas inférieur à 0m,66. Ils avaient des anses et l'on voit toujours en l'un d'eux un clou ayant encore le chapeau qui le fixait à l'intérieur du chaudron, de même l'on voit encore les trous ayant livré passage à d'autres clous du même genre. Dans l'un des chaudrons, le rebord s'est détaché de la masse du vase et l'on peut ainsi voir qu'il avait été réuni par aplatissement au marteau. Je ne suis pas assez habile dans l'art de la métallurgie pour indiquer de quel procédé on s'est servi pour faire ces grandes cuves qui à mon humble avis n'ont jamais servi. Le troisième grand ustensile est haut, de forme assez belle, et il est muni de deux anses dont l'une, celle de droite est horizontale, et l'autre tombe sur le flanc du grand ustensile. Le bord a été aussi rapporté au marteau, autant que je puis en juger. L'épaisseur moyenne de ces vases est de 0m,025. Ainsi qu'on le verra sur la planche où il se trouve, ce troisième vase n'est pas intact : il était en parfait état au moment où on le trouva, mais, comme on dut le dégager au couteau de la masse de terre où il était fixé, un coup malheureux glissa sur la terre et asseignit le vase dans lequel il fit un trou d'environ 0m,005 de diamètre ; le trou n'a fait que s'élargir depuis, car le vase était oxydé à un très haut degré. Quoi qu'il en soit, ces trois vases sont les plus grands que l'on connaisse jusqu'ici et ils datent d'une époque extrêmement reculée.

Avec ces deux grands vases, deux autres chambres m'en fournirent chacune un, dont la facture me semble autrement instructive. Tous les deux ils ont la forme d'un de ces vases à panse qui sont devenus depuis le type des vases canopes. Le lecteur trouvera plus haut la reproduction de ces vases telle qu'ils furent dessinés à Abydos, et sur la planche la phototypie de celui qui me fut attribué par un tirage au sort. Tous les deux ils ont un rebord avec une rainure inférieure ; le premier est intact, le second est bossué assez profondément, et il a deux anses dans lesquelles est passée une corde en cuivre taillée en forme de spirale comme les aiguilles examinées par M. Berthelot; on n'aperçoit pas l'endroit où cette corde a été rendue adhérente aux anses par le martelage.

Enfin je rencontrai, dans une partie du grand corridor 5, les deux autres vases de la forme des coupes en pierre, mais ayant en plus deux becs. L'un d'eux avait un bec simple, l'autre un bec divisé en deux parties par une mince cloison qui faisait que le liquide jaillissait en deux fils, ainsi qu'on le voit représenté sur certains bas-reliefs. Il me semble bien difficile, vu la forme de ces vases et la particularité des becs, que tous les deux ils n'aient pas été faits au moule. Quoi qu'il en soit, ils suffisent à démontrer qu'à l'époque à laquelle ils furent faits, les hommes avaient déjà des connaissances fort avancées dans l'art de travailler le cuivre et que leur travail doit être regardé avec respect.

Les haches furent toutes trouvées ensemble, à l'exception de celle représentée au numéro 6 de la planche XVIII. Les explications qu'a données M. Berthelot sur celle qui a été soumise à son examen valent sans doute pour celles que l'on retrouvera sur la planche XVIII; mais je dois ajouter quelques considérations qui auront échappé à l'honorable savant et d'autres qu'il ne pouvait faire puisqu'il n'avait pas les objets sous les yeux. Tout d'abord, le lecteur observera de lui-même que quelques-unes de ces haches ont le dos en arc de cercle, que les trous dont elles sont percées ne sont pas situés au milieu de la hache, qu'ils sont irrégulièrement faits et que l'une de ces haches, au lieu du trou rond des autres a un petit rectangle percé de part en part. Aussi est-on conduit à se demander si le mode d'emmanchement de ces haches est bien celui qu'a préconisé M. Berthelot, en disant qu'une cheville maintenait le manche de l'arme. Le lecteur pourra peut-être se dire que, si cet emmanchement se faisait au moyen d'une cheville, l'irrégularité des trous ne se comprendrait sans doute pas; que, de plus, il faut songer à autre chose pour la hache non percée d'un trou rond. Que s'il recherchait comment les haches en métal sont emmanchées dans les monuments réputés les plus anciens, il ne serait pas longtemps à trouver que dans les célèbres panneaux de Hosi qui sont sans doute de la II⁰ dynastie, s'ils ne sont pas antérieurs, les haches ont un tout autre mode d'emmanchement, qu'elles étaient maintenues avec des cordes, ce qui semble plus en rapport avec l'usage, car, à moins d'avoir été rivé, un clou aurait facilement sauté de sa place après une percussion plusieurs fois répétée et violente, tandis que le système des cordes était beaucoup plus résistant. De toute façon, ces haches devaient être terribles et elles ont réellement servi, comme le fait voir clairement le tranchant émoussé de quelques-unes d'entre elles. Celle qui est représentée solitaire au milieu d'autres instruments n'a pas de trou circulaire ou d'ouverture rectangulaire : elle devait donc avoir un autre mode d'emmanchement que les précédentes.

Après les haches, je dois parler de petites plaques ayant à peu près la forme de ces haches, mais non percées d'un trou circulaire. J'avais pris d'abord ces plaques comme des haches votives, et les triangles équilatéraux m'avaient semblé des objets faits à dessein en formes géométriques, ainsi que je l'ai expliqué dans ma brochure sur les fouilles 1896-1897[1]. J'avais eu la même idée que M. Berthelot a eue après moi, quoique ma publication soit postérieure à la sienne. J'en suis revenu depuis. Je crois être certain que les plaques en forme de haches ne sont que des plaques d'une cuirasse à forme d'écailles, comme celles que le dieu Horus porte souvent dans les bas-réliefs, si bien que l'arme défensive dont on l'a revêtu n'aurait pas pour origine des habitudes postérieures dont on aurait voulu rendre le dieu participant, mais un fait contemporain, à savoir que le dieu aurait porté une cuirasse, comme on l'en aurait revêtu sur les bas-relief, et comme cela cadre très bien avec les données de certaines autres traditions qui parlent des forgerons de Horus. Le dieu antagoniste n'a jamais été revêtu, à ma connaissance, d'une semblable arme défensive. Cette cuirasse était non seulement composée d'écailles en cuivre, mais encore sans doute de petites lamelles de menu métal percées de trous, lesquelles, grandes ou petites, auraient servi par un moyen que j'ignore à maintenir ensemble les écailles grâce à un système d'attache ignoré. Si quelques-unes de ces écailles ont été retournées successivement dans une partie, comme le

---

1. E. Amélineau, *Les nouvelles fouilles d'Abydos*, 1897-1898, broch., p. 37-38.

fait existe et peut se prouver physiquement, cela provient de la difficulté
et de l'impossibilité de faire cadrer des écailles entières avec la forme
des épaules, avec le dessous des bras, la rondeur du cou, etc. : pour
faire prendre à la cuirasse ces diverses formes, il a bien fallu arrondir
les écailles ou les plier à leur destination : de là ces triangles qu'avait
observés M. Berthelot et ces divers morceaux dans lesquels j'avais
reconnu des formes géométriques. La présence d'une telle cuirasse
dans un tombeau se comprend parfaitement, ou comme œuvre votive,
ou comme pouvant servir dans la vie d'outre-tombe en l'occasion de
périls extrêmes.

Je n'ajouterai rien à l'analyse de M. Berthelot sur les aiguilles et les
ciseaux. Je me contenterai seulement de faire observer que le harpon
figuré à l'extrémité droite supérieure du numéro 6 de la planche XVIII
est encore en usage chez une peuplade du centre de l'Afrique (les Din-
kas) où M. Schweinfuhrt l'a trouvée[1] et que l'anse qui se trouve au
milieu de la première rangée en cette même partie de la planche nous
reporte à une époque qui n'est peut-être pas la même que celle des objets dont il vient d'être question.

XIII. Objets en terre émaillée.

Ceux qui fouillèrent d'abord les pyramides de Saqqarah trouvèrent
dans la pyramide à degrés du roi Djeser de la IIIe dynastie, une porte en-
cadrée de carreaux de terre émaillée portant une inscription qui donnait la
bannière *de ce roi* comme on dit ordinairement, c'est-à-dire son nom de
double lequel se trouvait bien à sa place dans ce monument funéraire :
Lepsius qui trouva les carreaux à son goût les enleva de leur place et
les fit transporter au musée de Berlin où ils sont encore. Dès l'année 1885, M. Stern avait révoqué en doute l'ancienneté de cette ornementation[2] et tout dernièrement un jeune savant allemand, avec une
fougue qui ne doute de rien et une candeur qui l'honore, a voulu établir

---

1. Schweinfuhrt : *Artes Africanae*, pl. I et aussi les planches qui regardent les Bougos
et les Monbouttous.

2. *Zeitschrift für Aegyptische Sprache and Altertumskunde*, 1885, p. 90.

que cette décoration n'était pas antérieure à la XXVI⁰ dynastie , parce
qu'il ne connaissait pas d'émail antérieurement à cette époque[1]. La
trouvaille d'objets en grès émaillé, objets fort nombreux dans le tombeau qui m'occupe, répondra d'elle-même à ces hypercritiques dans
l'archéologie égyptienne.

Je commençai d'abord par trouver un certain nombre de tout petits
cubes en grès qui n'étaient émaillés qu'à la partie supérieure, le dessous restant de la couleur naturelle à la matière employée. La trouvaille
de ces petits cubes me rendit perplexe tout d'abord, car je savais que
l'on n'avait pas encore rencontré de semblables objets, quoique M. Fl.
Petrie eût donné la figure de certains animaux en terre émaillée dans son
ouvrage sur les fouilles faites à Ballas et à Toukh[2]; mais ma perplexité ne
dura pas même un jour, car je fis réflexion que les gens qui avaient fait
les verroteries émaillées et les perles en nombre considérable, comme
celles que j'avais découvertes l'année précédente dans les tombes ou-
vertes à El 'Amrah, avaient bien pu faire les cubes que je trouvais, car il
était vraisemblablement plus facile de faire ceux-ci que de faire celles-là.
Rassuré ainsi sur la possibileté de la provenance et de l'antiquité de ces
objets, je fis recueillir avec le plus grand soin les moindres fragments
de ce grès émaillé en bleu, persuadé que ces fragments seraient d'une
importance considérable pour l'histoire de l'art industriel et espérant
que je finirais peut-être par pouvoir trouver des objets complets. J'ai
fini en effet par trouver de tout petits objets intacts ou que je pouvais
faire restaurer, mais l'énorme majorité a défié tous les efforts de recon-
stitution et de restauration. Les objets de cette sorte sont représentés
aux numéros 1, 2, 3, 4, 5, 6, 7, 8, 9 et 14 de la planche XX.

La description des principaux objets de cette sorte qui ont été rencontrés dans le tombeau dont il s'agit s'impose à cause de leur importance. Tout d'abord les cubes dont j'ai déjà parlé, lesquels ont été

---

1. *Zeitschrift für Aegyplische*, etc., XXX Band, p. 83.
2. *Naqâda and Ballas*, by Fl. Petrie and J. E. Quibell, chap. ix, n⁰ 67, p. 46 et pl. LX.
Les objets trouvés par M. Petrie à Neggadeh et par M. Quibell à Ballas sont seulement
des perles et des figures d'animaux ou d'oiseaux : ils n'ont pas rencontré, que je sache,
aucun autre objet en terre émaillée.

trouvés en nombre relativement grand et qui sont tous de la même facture : presque tous ces cubes étaient intacts, les spoliateurs leur ayant
accordé peu d'attention et ayant sans doute estimé que c'était une perte
de temps de les briser. Après ces cubes viennent de petites plaquettes rectangulaires comme le numéro 7 de la planche XX ; elles
ressemblent à certaines plaquettes d'ivoire taillé rencontrées dans
l'hiver 1895-1896, car on y a simulé des suites de sillons. L'objet qui
suit la plaquette que je viens d'indiquer est nature de tellement particulière et unique qu'il suffirait à lui seul à prouver la très haute antiquité
de sa facture. Je ne saurais dire ce qu'il représente au juste ; il me fait
l'effet de certains vantaux de portes qu'on voit dans les bas-reliefs du
temple d'Abydos, notamment dans la chambre voûtée d'Osiris : le dieu
est renfermé dans un naos dont les portes sont ouvertes et les portes
ont précisément la forme de l'objet dont il s'agit. Évidemment ce
n'étaient pas des vantaux de porte. J'ai trouvé peut-être une dizaine de
semblables objets, dont un seul était intact et les autres avaient été
brisés à dessein. Celui qui est représenté dans la planche n'est pas régulier, l'extrémité gauche étant plus longue et d'un angle plus aigu que
l'extrémité droite. Cet objet est divisé en deux parties par une ligne
parallèle à la base et à laquelle viennent aboutir les deux extrémités ;
la seconde partie est coupée par de petites lignes verticales qui la séparent en autant de sillons minuscules. Tout l'objet est recouvert de la
couleur bleue qui fut si souvent employée par les artistes égyptiens. A
côté de ces objets je mentionnerai la rondelle qui se trouve au numéro 3 de la même planche : elle fut trouvée en deux morceaux, à des
jours et en des lieux différents ; mais les deux morceaux s'adaptaient
bien l'un à l'autre : elle est percée d'un trou au milieu, sans doute pour
la suspendre. Elle est également émaillée sur les deux faces.

Les objets dont il vient d'être question peuvent être classés parmi
les petits objets ; ceux dont je vais parler sont de dimensions plus
grandes. Il y a d'abord des fragments de tables divisées en un certain
nombre de compartiments par des lignes parallèles seulement d'intention; ces lignes sont coupées en certains endroits par des lignes intentionnellement parallèles aussi. Dans l'une des cases ainsi formées

on voit quatre petites rainures qui s'arrêtent avant d'avoir atteint le bord
de la table et qui commençaient on ne sait où, car la partie correspondante n'existe pas. J'ai trouvé quatre ou cinq de ces sortes de tables :
toutes elles sont incomplètes. Je ne peux dire avec précision et assurance à quoi servaient ces tables, mais peut-être ne m'éloignerai-je pas
trop de la vérité en disant que sans doute elle faisaient partie d'une
sorte de jeu, et le cas ne serait pas nouveau. A côté de cette table, à
droite et à gauche, sont ce que je considère comme des fragments de
sceptre : celui de droite est formé de trois fragments qui se sont ajoutés
les uns aux autres, mais la partie supérieure est absente. Le pied du
sceptre est creux et divisé en deux parties par une cloison. Ces
sceptres sont de l'émail le plus doux. Dans l'autre quart de la planche
comprenant la représentation des objets en grès émaillé, il y a
d'abord une sorte de sceptre aussi, mais de sceptre creux, émaillé à
l'intérieur comme à l'extérieur : l'objet est d'une épaisseur correspondant à la hauteur qu'il devait avoir, mais cette hauteur, personne
ne peut la conjecturer. A droite de ce quart de planche est un second
sceptre de circonférence presque aussi grande que le précédent,
mais plein. Il présente une particularité curieuse, car, en certains endroits encore assez fréquents qu'on distingue très bien sur la photographie, il y a des taches de forme à peu près ronde et qu'on m'a dites
provenir de ce qu'on appelle actuellement le *jaspage*. Je n'aurai pas
la simplicité de me prononcer sur cette question sur laquelle je suis
complètement ignorant. Ce que je dois faire ressortir, c'est la connaissance qu'avaient les ouvriers de cette lointaine époque de l'art de
l'émailleur et c'est aussi le profit qu'ils en ont tiré. Dans les fouilles de
l'hiver 1897-1898, j'ai retrouvé d'autres objets semblables, mais intacts
cette fois et d'importance artistique beaucoup plus grande. Je ne dois
pas oublier en finissant ce paragraphe que, dans la couche supérieure
de sable qui recouvrait la seconde partie du monument, on trouva le
petit oiseau en terre émaillée qui est représenté au numéro 14 de la
planche XVIII. Il ressemble à l'un de ceux que M. Petrie a trouvés
à Toukh [1]. L'émail a été quelque peu décoloré par un long séjour dans

1. *Naqâda and Ballas*, by Fl. Petrie and J. E. Quibell, pl. LX, n° 19.

le sable à peu de profondeur. L'oiseau est posé sur un piédestal en
terre, fait en forme de triangle renversé, et sans doute cette base était
destinée à pénétrer quelque objet, si bien que nous pourrions nous
trouver en présence de quelque enseigne militaire.

XIV. Objets en ivoire.

J'avais espéré un moment que je rencontrerais une chambre spécialement destinée à renfermer des objets en ivoire, comme j'avais trouvé
une chambre aux vases en feldspath, une chambre aux grandes jarres
en onyx ou en albâtre, etc. Malheureusement je ne l'ai pas trouvée, car
les objets en ivoire — il devait y en avoir un certain nombre — se sont
rencontrés seulement au nombre de trois. Dans un semblable cas, on
ne peut pas dire qu'une des chambres de la première ou de la seconde
partie du tombeau fut spécialement destinée à recevoir ces trois objets.
Les objets en ivoire ont été assez nombreux dans les résultats de la première année et aussi dans ceux de la troisième année de fouilles ; je ne
vois donc pas pourquoi il n'en aurait pas été de même pour le tombeau
dont je fais l'inventaire, quoique je voie avec trop de clarté pourquoi il
n'en a pas été ainsi. Je suis en effet porté à croire que les spoliateurs ont
détruit les objets que devait renfermer ce tombeau. Cependant je dois
avouer que la présence d'un de ces trois objets parmi les vases nombreux qu'a fourni ce monument a de quoi étonner : cet objet a été évidemment soumis à un commencement de combustion, alors que c'est
le seul spécimen de combustion qui ait été rencontré pendant l'hiver
1896-1897. Le lecteur se souviendra en effet, que nulle part je n'ai trouvé
la plus petite trace d'incendie, et, comme cet objet a été rencontré dans la
couche supérieure de sable, je serais assez tenté de croire qu'il n'appartenait pas primitivement au tombeau qui m'occupe.

Cet objet est un fragment de pied de meuble taillé en forme de pied
d'animal : il est représenté au numéro 10 de la planche XXIII. Ce pied a
été brisé un peu au-dessus du sabot et ne donne guère que la base.
Cependant il suffirait à prouver que le tombeau renfermait de semblables objets, si l'on pouvait être certain qu'il n'a pas été apporté
des tombes voisines où l'on avait allumé de grands incendies. La

technique est absolument la même que pour les pieds de fauteuil en ivoire trouvés la première et la troisième année de fouilles. Je ne m'y arrêterai donc pas plus longtemps.

En dessus de ce pied, en cette même planche se trouve au numéro 14, un second objet en ivoire, tellement incomplet et en mauvais état qu'on ne peut guère savoir quel en était l'usage. Il me semble avoir eu la forme de certaines cuillers ; mais je ne veux rien assurer. Sur la partie inférieure droite de la planche XX, au numéro 16, le lecteur trouvera un troisième objet en ivoire, un fragment de bracelet qui devait entourer tout le poignet. Il est travaillé d'une manière spéciale, car il est arrondi intérieurement aux bords, exactement comme les bracelets dont j'ai déjà eu à parler à propos des objets en cristal de roche.

Ce sont là tous les objets en ivoire que j'ai pu recueillir en cette vaste tombe, et le lecteur trouvera sans doute, comme moi, que c'est peu.

XV. Silex.

Si je n'ai pas rencontré de chambre spécialement consacrée à recevoir les objets en ivoire, j'en ai bien trouvé une destinée à recevoir les silex, puisque j'ai pu mettre la main sur 594 silex dans une seule. Outre ces silex trouvés dans cette chambre, un grand nombre d'autres se sont trouvés épars dans la couche supérieure de sable qui recouvrait la première partie du tombeau et dans quelques autres chambres. Ces silex, ainsi que je l'ai fait observer dans un des chapitres qui précèdent, n'ont pas tous la même valeur et ne décèlent pas le même degré d'habileté. Les uns sont de simples éclats non travaillés et ayant encore la gangue qui les recouvrait à l'extérieur ; d'autres sont des éclats utilisés pour faire des instruments propres au travail, scies, grattoirs, poinçons, simples lames ; d'autres enfin étaient de magnifiques silex travaillés avec une art supérieur. Le lecteur trouvera représentés quelques spécimens des uns et des autres à la planche XXI. Comprenant fort bien que je ne pouvais traiter ce paragraphe avec toute l'ampleur qu'il mériterait, puisqu'il s'agit d'instruments magnifiques remontant à une antiquité formidable, je me suis adressé à un spécialiste le priant de vouloir bien se charger de traiter le sujet et lui offrant les documents nécessaires : il m'a très aimablement laissé entendre qu'il ne s'en souciait pas de peur sans doute de se compromettre. N'ayant aucune envie de le compromettre lui, ni personne autre, je n'ai pas voulu m'exposer à semblable réception autre part, où l'on m'aurait fait sans doute une réponse identique au fond, sinon dans la forme, et j'ai pris la résolution de faire moi-même selon mon pouvoir ce qu'on refusait de faire, heureux encore de ne pas me trouver au nombre de ceux qui subordonnent la science elle-même, c'est-à-dire la vérité, ou ce qu'on croit momentanément la vérité, à d'autres questions qui n'ont en définitive que l'égoïsme pour objet.

Le lecteur trouvera représenté en haut du numéro 8 de la planche XIX, à gauche de la seconde rangée un seul silex ayant encore un côté recouvert de la gangue primitive : j'ai estimé que ce n'était pas la peine d'en faire figurer d'autres dans les planches de ce volume. Ces éclats ne me semblent avoir d'autre mérite que d'avoir été rencontrés au fond de la chambre où ils se trouvaient ; mais ils avaient bien ce mérite, car autrement on n'aurait pas apporté tant d'éclats de silex dans cette chambre, tandis qu'il n'y avait à la surface et dans les autres chambres que des silex ou éclats de silex taillés.

Les grands couteaux de silex ont tous un manche : je n'en ai pas trouvé un seul, au cours de mes trois années, qui n'ait pas eu un manche et je dois en avoir trouvé bien près de trois cents, entiers ou fragmentaires. Par conséquent je suis en droit de conclure que les couteaux sans manche qui ont été publiés par M. de Morgan et M. Petrie comme provenant d'Abydos, ont une autre origine. Je ne vois pas d'ailleurs ce qu'ont gagné ces deux auteurs à donner comme d'une provenance certaine des objets qui leur ont été sans doute vendus par des marchands d'Abydos, qui ont tout intérêt à désigner cette ville comme le lieu d'origine de leur marchandise, surtout depuis les travaux qui ont été exécutés dans ces dernières années. Les objets ont certainement une valeur artistique intrinsèque, mais ils ne peuvent avoir une valeur scientifique qu'autant qu'on est certain de leur provenance, et il se trouve qu'ici cette provenance est plus que douteuse et que la taille de ces silex est en opposition complète avec ce que nous savons d'autres couteaux de ce genre, très nombreux et qui pas une seule fois n'affectent la forme des couteaux que MM. Petrie et de Morgan considèrent comme provenant d'Abydos.

Ce manche, puisque manche il y a, est plus ou moins gros, plus ou moins habillement taillé, et il affecte quelquefois une légère courbure qui part presque du commencement du manche pour aboutir à la lame du couteau, où la courbe d'emmanchement est aussi parfois parfaitement dessinée, comme dans le numéro 10 de la planche XX. La lame elle-même est loin d'être uniforme en sa taille : elle affecte une forme légèrement arrondie sur le tranchant et selon que l'ouvrier l'a plus ou moins heureusement saisie, la ligne est ou n'est pas harmonieuse : ainsi la ligne du tranchant dans le numéro 1 et dans le numéro 2 de la planche sont des plus heureuses. Le dos de la lame est aussi parfois courbé près du manche, et cette courbure lui donne un air de plus grande légèreté. comme dans le dernier numéro que je viens de signaler. La pointe du couteau est alors presque régulièrement arrondie. Au contraire, si la ligne du manche et du dos est une ligne droite, le couteau a une apparence lourde, comme dans le numéro 9 et dans le numéro 4 de cette même planche XIX. Le premier de ces numéros peut aussi servir d'exemple qu'une trop grande petitesse dans la longueur de la lame rend le couteau tout entier trapu et lourd. D'autres fois au contraire, la courbe de la lame et du dos est très prononcée et les deux vont se couper l'une l'autre à la pointe du couteau qui alors a une apparence de très grande légèreté et offre à l'œil des lignes harmonieuses comme dans le numéro 2 de cette planche, lequel est un des plus beaux spécimens de couteaux en silex que j'aie trouvés. Le numéro 4 de cette planche me semble avoir eu une forme légèrement différente de celles que je viens de faire connaître : la courbure d'emmanchement est parfaite, l'arc du dos à peine annoncé est d'une grande élégance, et de même la courbe de la lame. Cette courbure à peine indiquée des deux côtés et la presque constante largeur de la lame me paraissent indiquer une forme légèrement diverse; malheureusement je n'ai pu retrouver que les deux fragments qui se sont ajustés l'un à l'autre, et le bout du couteau n'a pas été rencontré. J'ai trouvé environ une centaine de ces grands et beaux couteaux complets ou fragmentaires, et parmi ceux qui m'ont été attribués je ne peux en compter que vingts cinq environ qui soient complets, intacts ou recollés. Par un seul de tous ceux que j'ai trouvés ne porte la plus légère trace d'incendie, tandis que pendant l'année 1895-1896 tous ceux que j'avais trouvés avaient été calcinés ou portaient des traces non équivoques d'une combustion initiale.

Avec ces couteaux j'ai trouvé une série de petites haches en silex qui sont représentées au numéro 7 de la planche XIX. Quoique quelques-unes de ces armes, notamment la seconde et la quatrième soient d'épaisseur à résister à un coup bien asséné, cependant le peu d'épaisseur de la généralité de ces haches m'induit à croire qu'elles étaient des armes plutôt votives que des armes ayant réellement servi. D'ailleurs la pointe n'est pas émoussée, ce qui n'aurait pas manqué d'être si l'on s'en fût réellement armé pour frapper un adversaire. Les objets représentés dans cette partie de la planche XIX sont des éclats de silex utilisés de la sorte, quoique cependant quelques-uns soient réellement de petits silex taillés en vue de faire une hache. La taille de ces instruments est loin d'être uniforme, car quelques haches sont arrondies à une extrémité, pendant que d'autres ont une pointe, même assez aiguë. Sans doute il y avait là deux genres de haches très distincts et on a voulu que le tombeau des deux grands adversaires ne fût démuni d'aucune variété de haches en silex.

Les grattoirs, les tailloirs, les scies et les perçoirs sont représentés au numéro 8 de la même planche. Ce sont de simples éclats, et même des plus petits, que l'on a fait servir à des instruments divers, suivant la forme qu'avaient les éclats. Les objets de même destination n'ont pas reçu la même taille, comme le lecteur s'en apercevra facilement en examinant les trois grattoirs représentés et superposés à droite de cette partie de la planche : celui du bas n'a qu'une seule arête jusqu'à une toute petite distance de l'extrémité droite; dans celui du milieu, la division dans la partie droite de l'arête unique en deux est bien plus marquée et le triangle est bien mieux dessiné et a des côtés plus longs; dans celui du haut, il y a double arête et ces arêtes limitent un trapèze, de sorte qu'aux deux extrémités se trouvent deux autres trapèze, tandis qu'aux extrémités gauches des deux autres, il y a un triangle. Je n'ajouterai

rien de plus, sinon que j'ai fait représenter certains des silex dont je
donne la figure dans la face intérieure et concave, celle qui n'a pas eu
besoin d'être taillée, parce que la pression une fois faite dans le bulbe,
l'éclat s'est détaché de lui-même dans la forme naturelle qu'il avait.

Ces silex, sauf les couteaux qui sont vraiment admirables, n'ont rien
de bien extraordinaire, surtout si on les compare à ceux que j'avais
trouvés dans le premier hiver des fouilles. Et cependant j'en ai trouvé
une quantité vraiment extraordinaire ! Quelle peut être la raison de cette
différence en moins dans la beauté : différence qui atteint parfois les
limites de la laideur et de la grossièreté ? Je n'en sais trop rien et je ne vois
aucune raison suffisante de cette différence, sinon que c'étaient des
objets votifs, tandis que les couteaux étaient des instruments ayant
réellement servi aux usages de la vie, car ils sont ébréchés et quelquefois dentelés comme des scies. On pourrait sans doute penser que ce
tombeau étant antérieur à ceux que j'ai ouverts pendant l'hiver 1895-
1896, l'art de tailler le silex n'avait pas atteint la hauteur à laquelle il
arriva sous les rois Mânes ; mais les grands couteaux sont des spécimens
magnifiques de l'art du temps, et qui pouvait les tailler pouvait sans
doute tailler d'autres instruments avec autant d'habileté. Et cependant
la même habileté est loin, très loin d'apparaître dans ces deux catégories
d'objets. Aussi ne vois-je guère que la destination d'un objet votif qui
puisse rendre suffisamment compte de cette différence dans le travail
et de la présence d'un nombre considérable d'éclats n'ayant reçu aucune
taille et ayant encore conservé la gangue originelle, car les Égyptiens,
à cette lointaine époque, étaient des hommes et les hommes ont toujours
eu une tendance à se contenter de l'apparence quand cette apparence
suffisait à leur piété.

A propos des grands couteaux, je dois relater ici une constatation
qu'il m'a été donné de faire pendant l'hiver dernier, c'est-à-dire l'hiver
1897-1898. Un jour j'eus besoin de mesurer la distance qui séparait ce
tombeau de la montagne occidentale et qui était de 640 mètres jusqu'au
contrefort qui la précède. Après avoir mesuré cette distance aussi bien
que je le pouvais, ce qui n'est pas beaucoup dire puisque je n'avais
qu'un rouleau, j'eus l'envie d'escalader ce contrefort qui est très abrupt

et qui me paraît être autant une œuvre de l'homme qu'une œuvre de la
nature. J'y parvins après beaucoup de difficultés, car la pente est très
raide et la hauteur est peut-être de 30 mètres; et, sur ce contrefort qui
d'en bas semble se terminer en pointe et qui en réalité se termine en
une sorte de plateau qui a plus de dix mètres de large, je trouvai une
pierre calcaire dans laquelle je ne fus pas peu surpris de voir un silex
ayant presque exactement la forme d'un de ces grands couteaux que
j'avais trouvés dans le tombeau qui m'occupe. J'en pris bonne note aussitôt et je pus comprendre que la nature avait beaucoup aidé les ouvriers
dans la facture de ces instruments si extraordinaires. Plus tard, ayant eu
l'occasion de mener un visiteur sur ce contrefort, je voulus lui montrer
cette pierre, et je ne pus la retrouver. Depuis je l'ai retrouvée et quiconque voudra faire comme j'ai fait, pourra la retrouver aussi.

<h3 style="text-align:center">XVI. Poteries.</h3>

Les poteries trouvées dans la seconde partie du monument dont je
décris les mobiliers divers, le lecteur se le rappellera, ont été excessivement nombreuses, puisque certaines chambres en étaient complètement remplies; malheureusement presque toutes étaient brisées. Tout
ce que j'ai pu en sauver est représenté sur la planche XXIV, où il y en
14. Le lecteur verra en examinant cette planche que des grands vases
de la rangée inférieure la moitié est brisée : ce bris a eu lieu pendant
le transport et il est facile de comprendre qu'il en soit ainsi, car il n'y
a pas eu moins de quatorze transbordements avant d'arriver à Paris et
l'on ne peut trouver que très difficilement à Abydos du matériel d'em-
ballage; dès lors il est facile de comprendre que des objets aussi fra-
giles que ces poteries ne résistent pas à tous les accidents du voyage,
malgré les précautions prises. Les vases qui sont représentés sur cette
planche ne formaient que la moitié de ceux qui ont été trouvés : les
autres étaient la part du musée de Gizeh. Ils sont restés à Abydos dans
une des chambres de la maison que j'occupais, car l'administration du
musée de Gizeh pendant cet hiver 1896-1897 n'a pas eu assez de mépris
pour cette vile matière. On a préféré ne pas s'en embarrasser, afin de
ne pas être obligé de jeter le tout dans le Nil, ainsi qu'on s'était exprimé

lors de la première compagne, car j'avais laissé au musée de Gizeh environ deux cent grandes jarres provenant des tombeaux royaux situés à l'ouest de la grande colline sous laquelle était le tombeau d'Osiris. Il me semble que cette manière d'agir est assez maladroite et aussi antiscientifique que possible. J'admets volontiers que ces grandes poteries sont encombrantes dans un musée, même alors qu'il dispose d'autant de place que celui de Gizeh ; mais, outre que la plupart de ces jarres contenaient des inscriptions d'autant plus précieuses qu'elles remontent plus haut et qu'on ne sait pas les lire, la provenance de ces jarres était certaine, ce qui est loin, bien loin d'être le cas pour l'énorme majorité des objets qui composent un musée et ce qui est la première condition d'une étude scientifique et par conséquent du progrès dans la connaissance de ces lointaines époques. J'ai su qu'un certain nombre de grandes jarres avaient été vendues à des musées d'Europe : comme j'ai publié les marques de ces jarres, que M. Petrie en a fait autant[1] ainsi que M. de Morgan[2], il sera peut-être facile de savoir la provenance de celles qui se trouvent en Europe après avoir été vendues.

La forme de ces jarres est la forme dominante dans les poteries de la la planche XXIV, car, si l'on tient compte de la différence dans la grandeur de ces poteries, on trouvera aisément que les numéros 1, 2, 4, 5, 6, 8, 10 et 13 ont cette forme de jarre si facilement reconnaissable. Ces jarres n'ont pas été faites au tour : la hauteur des plus grandes s'y oppose, car jamais un ouvrier n'eût pu soutenir une pareille masse de terre sans que le vase qu'il était en train de tourner ne se brisât : ces sortes de grands vases devaient être faits par morceaux qu'on appliquait ensuite les uns sur les autres avant la cuisson et dont on faisait disparaître le raccord ; c'est toujours ainsi que s'y prennent les potiers modernes quand ils font de ces gros vases en terre qu'on emploie toujours dans le commerce et dans les usages de la vie ordinaire dans nos campagnes, notamment dans les immenses *charniers* où nos paysans de la Vendée et du Beauvaisis conservent la viande de porc, pour ne

---

1. Flinders, Petrie and J.-E. Quibell : *Naqáda and Ballas*, planche LI-LVII.

2. J. de Morgan : *Recherches sur les origines de l'Égypte. Ethnographie préhistorique et tombeau royal de Négadah*, p. 166, fig. 528, 548.

parler que de ce que je connais, ou qu'ils emploient à d'autres usages.
L'irrégularité des autres jarres de plus petites dimensions est une
preuve péremptoire qu'elles n'étaient pas faites au tour. Le col s'ajou-
tait après la confection du vase entier, comme c'est toujours le cas. Ce
col n'avait pas toujours la même forme, comme on peut le constater
d'après les vases 2, 4, 5, 12, etc. Il était placé assez haut, comme dans
le numéro 5, ou n'était séparé de la panse que par une très petite distance, comme au numéro 2, ou encore, plus haut, il débordait sur le
vase, comme au numéro 4. C'est une preuve que la fantaisie, et non
une règle immuable, pouvait conduire les potiers de ce temps reculé.

Une autre observation qui peut être faite au simple examen de la jarre
numéro 4 me semble avoir trait à la cuisson : le lecteur observera sur
la figure de cette jarre de petites boursoufflures encore très apparentes
sur la phototypie. Il me semble que c'est à la cuisson encore impar-
faite que l'on doit ces boursoufflures, que la chaleur faisant dilater un
sel que je ne connais pas, a dégagé un gaz que j'ignore également et que
le gaz a produit des boursoufflures. Que si l'on venait maintenant comparer ces jarres à celles que j'ai publiées dans le premier fascicule des
rapports sur cette mission à Abydos[1], on verra que pas une seule ne
trahit de ces boursoufflures formées pendant la cuisson. Ces boursoufflures n'avaient qu'une très petite épaisseur, comme j'ai pu le constater
d'après les écailles enlevées sur certains de ces vases. Une autre observation qu'il est possible de faire, c'est que les jarres de l'hiver 1896-
1897 n'étaient point décorées de la cordelette à la naissance de la panse
ou presque à leur extrémité inférieure, comme c'est le cas fréquemment
pour celles découvertes pendant l'hiver précédent. Je n'ai de même
jamais trouvé une inscription gravée pour en faire connaître le contenu
ou pour tout autre dessein. Si l'on veut maintenant tenir compte de
ces observations qui ne sont point méprisables, tant s'en faut, n'est-on
pas en droit de conclure d'après la présence des particularités que je
viens de signaler, que les dites jarres trouvées dans le tombeau dont je
parle sont plus anciennes que celles que j'avais rencontrées l'année

---

1. E. Amélineau : *Les nouvelles fouilles d'Abydos,* compte-rendu *in extenso,* pl. XVI-
XIX.

précédente ? Je pourrais trouver une autre raison d'antériorité dans la forme même des deux sortes de jarres, celles trouvées la première année et celles trouvées la seconde : le lecteur qui voudra les comparer les unes aux autres, verra de lui-même que, même en tenant compte de l'échelle, celles de la première année sont plus élancées que les autres, que celles-ci ont une forme trapue et ramassée que n'ont pas celles-là, que les jarres trouvées la première année, malgré les défauts de la forme dus à la faiblesse des moyens employés pour leur fabrication, ont un autre sentiment des proportions que les vases du même genre rencontrés au cours de la seconde campagne de fouilles, et que de ce côté encore l'antériorité de celles-ci semble évidente.

Je n'insisterai pas sur les petites jarres qu'il était beaucoup plus aisé de fabriquer que les grandes et qui doivent être, qui sont pour cette raison beaucoup plus régulières que les grands modèles, mais qui malgré tout ont des irrégularités nettement caractérisées : ainsi la panse du numéro 1, l'assiette irrégulière du numéro 6; par contre les numéros 10 et 12 semblent assez réguliers. De même je ne m'arrêterai pas sur les vases 7, poterie en terre grossière, non vernissée. Au contraire les vases à panse 10 et 14 sont dignes d'attention par la beauté de leur forme, malgré leur irrégularité évidente. Le numéro 8 a en plus une particularité précieuse, à savoir qu'il porte une marque, ou peut-être même un signe hiéroglyphique.

Restent les numéros 3 et 13, dont il me faut parler avec quelques détails. Les vases de la forme du numéro 3 sont attribués d'ordinaire à l'époque romaine. Je dois dire ici que j'en ai trouvé un grand nombre de fragments dans le tombeau qui m'occupe, cela à toutes les profondeurs de la couche de décombres; il en est de même de celui qui est représenté dans la planche XXIV : il était encore entouré de la corde en fibre de palmier qui avait servi à le transporter à l'endroit où il a été trouvé. La forme de ce vase est à peu près celle d'une amphore ancienne : il a des oreilles ou deux anses autour d'un cou très étroit et il se termine en pointe, sans s'élargir pour prendre son assiette. L'amphore au contraire, d'après le modèle le plus ordinaire ne se terminait pas en pointe, mais la pointe du vase s'élargissait soudain pour prendre son assiette, comme si le vase eût été posé sur un support. Au-dessus de la pointe, le vase dont il s'agit a quatre sillons fortement accusés dans la terre; plus haut on voit l'apparence de lignes circulaires à peine indiquées; les sillons suivent au nombre de onze et le haut de la panse comprend des lignes circulaires plus accusées que les premières. La dernière est plus élevée que la partie du vase qui sert pour ainsi dire de couvercle, qui monte légèrement vers le col, sur laquelle sont attachées d'une part les parties inférieures des deux anses, pendant que les parties supérieures sont attachées au col. Ce col contient lui même cinq sillons. Tous ceux qui ont vu ce vase ont pris les lignes circulaires et les sillons comme une preuve péremptoire que le vase avait été fabriqué au tour. Il me semble que ce n'est pas une preuve absolue; car si les sillons étaient cette preuve péremptoire, on ne verrait pas comment les lignes circulaires ne le seraient pas aussi, et, si les lignes circulaires l'étaient, il faudrait avouer que le potier ne prenait pas beaucoup de terre pour ne pouvoir faire en un circuit du tour que l'épaisseur de ces lignes, lorsqu'au contraire les sillons accusent un emploi de terre beaucoup plus grand puisqu'il aurait laissé une trace plus considérable. Je suis bien plutôt porté à croire que lignes et sillons ont été regardés par le potier comme une décoration d'un genre particulier qu'il a employée pour ce vase, et le fait d'avoir rencontré ce vase dans le tombeau dont il s'agit, au fond d'une chambre, alors que je n'ai pas trouvé un seul autre objet pouvant être attribué à l'époque romaine, me semble militer pour une époque bien antérieure à celle qu'on assigne d'ordinaire à cette forme de vases. La présence des deux oreilles ne doit pas étonner et faire renoncer à une haute époque, car j'ai trouvé à El-'Amrah des vases ayant ces deux oreilles parfaitement caractérisées et qui ne peuvent pas être attribués à une époque aussi basse que l'époque romaine. Que si l'on veut m'objecter qu'on a trouvé de semblables vases dans des monuments de basse, et même très basse époque, je répondrai que certaines formes des vases d'Om el-Ga'ab et d'El-'Amrah sont encore en usage aujourd'hui chez nous, que c'est simplement une preuve de la vitalité de ces formes et qu'il ne faut pas s'étonner que la forme que j'ai décrite ait subsisté jusqu'à l'époque romaine, car un type une fois introduit en Égypte s'y retrouve presque toujours à toutes les époques.

Le numéro 13 est une sorte de soutien à deux faces parallèles, l'une plus petite que l'autre, ayant toutes deux une forme circulaire, absolument comme les *diables* que nos cuisinières emploient encore aujourd'hui pour allumer leurs feux de charbon de bois, avec cette différence que le diable est en métal et qu'il est armé d'une poignée. Le petit diamètre de ce vase est de $0^m,275$ et le grand de $0^m,335$; la hauteur est de $0^m,33$. Sans doute il ne servait pas au même usage que nos *diables* actuels et il devait être tout simplement un support d'un objet nécessairement léger, à cause de la matière qui a servi de fabrication à ce support en poterie. Quelle est l'époque de ce support, dont je trouvai également le semblable, mais tellement brisé que je ne pouvais songer un seul moment à en tenter la restauration! Je ne penche pour aucune époque; mais le fait qu'il fut rencontré dans la partie du corridor 5 attenant à la chambre 17 me semble fortement militer en faveur de sa haute antiquité. Je dois dire ici que M. Flinders Petrie semble avoir trouvé des supports, mais n'ayant pas cette forme[1], et de même M. de Morgan a sans doute trouvé les fragments d'un semblable support en pierre[2].

Je conclus que, si les deux vases dont je viens de parler devaient être attribués à une époque de beaucoup postérieure à celle qu'atteint le tombeau dont il s'agit, ce seraient les deux seuls objets qui dussent être attribués à cette époque postérieure; il est beaucoup plus probable au contraire que ces deux poteries doivent être d'une époque correspondant à celle de la tombe dans laquelle elles ont été trouvées.

XVII. Bouchons de poteries diverses, en pierre ou en terre.

Les poteries dont il vient d'être question étaient toutes bouchées avec de la terre ayant reçu une certaine forme plus ou moins grande, plus ou moins élancée, plus ou moins recourbée. Comme j'ai trouvé des quantités considérables de poteries, ainsi que le lecteur l'aura vu dans

1. Fl. Petrie and J. E. Quibell : *Naqâda and Ballas*, pl. XLI.

2. J. de Morgan : *Recherches sur les origines de l'Égypte. Ethnographie préhistorique et tombeau royal de Négadah*, p. 187, fig. 679. Cette figure n'est qu'une restauration.

les chapitres VI et VIII de ce rapport, j'ai rencontré un non moins grand
nombre de bouchons en terre. J'ai en plus trouvé dans la première partie du monument un certain nombre de bouchons en pierre dont le lecteur trouvera sept spécimens à la rangée qui occupe le milieu de la planche XVII. Il me faut parler ici des uns et des autres avec quelques détails
en commençant par les derniers et en finissant par les premiers.

Les bouchons en pierre étaient, le lecteur l'observera de lui-même, de
dimensions fort diverses, mais tous avaient la même forme, quelles que
fussent les dimensions. Comme j'en ai déjà suffisamment parlé au cours
du chapitre sixième, je n'ajouterai ici que ce qui est du ressort particulier du travail. Tous ces bouchons sont taillés à l'extérieur en forme de
calottes sphériques. Sur quelques-uns, comme le numéro 8 de la
planche XVII, on aperçoit encore clairement les multiples coups de
ciseau qui l'ont taillé ; sur d'autres au contraire, il n'y a pas la moindre
trace de coup de ciseau, car la surface extérieure est polie, tel le numéro 10. On peut faire la même observation sur la face intérieure de
ces bouchons de pierre, par exemple sur le numéro 7 et sur le numéro 11. Cette face intérieure est remarquable par ce fait que le centre
de la calotte sphérique est occupé par un cercle d'un rayon plus ou moins
grand et ce cercle est plus ou moins épais. Quiconque examinera avec
attention les figures de ces bouchons de pierre verra que ces cercles du
milieu n'ont pas tous la même épaisseur. Quelques-uns étaient d'un grand
diamètre et le vase qui servait à boucher le numéro 9 devait être un vase
de forte taille, car l'ouverture qu'il devait avoir pour recevoir le bouchon 9 devait être de grande dimension. Ces quelques mots suffiront.

Les bouchons en terre ne sont ni de la même matière, ni de la même
forme. Sous le rapport de la matière, ils étaient composés de terre sablonneuse mélangée avec des fibres de palmier, comme les grands
cônes trouvés dans la première campagne de fouilles, ou de terre sablonneuse simplement sans aucun mélange de fibres de palmier ou de
quelque autre matière analogue, ou d'argile devenue très dure. Sous le
rapport de la forme, un seul avait la forme conique qui était exclusivement celle des bouchons de la première année de fouilles ; un très
grand nombre avaient la forme d'un pain de terre qu'on mettait dans

l'orifice du vase à boucher, comme nous mettons une rondelle de liège dans l'orifice de nos bocaux, mais plus épais; d'autres au contraire avaient la forme d'un trapèze en partie double, de chaque côté du vase que le bouchon recouvrait.

De très rares spécimens de ces bouchons ont été trouvés intacts : presque tous étaient brisés en un grand nombre de morceaux qu'on a trouvés pêle-mêle avec les poteries ou les vases en pierre et les graines de céréales dans les chambres qui les contenaient. Le bouchon conique était intact; les bouchons en argile noire étaient fragmentaires et en très petit nombre, si je dois en juger par les fragments que j'ai trouvés; ceux en argile grisâtre étaient un peu mieux conservés et quelques-uns d'entre eux étaient intacts. Les bouchons en terre sablonneuse non mélangée d'autres matières étaient tous réduits en fragments de plus ou moins petites dimensions. Il est fort compréhensible qu'il en ait été ainsi, car la terre s'effritait d'elle-même et rien n'était plus facile que de les briser et même de les réduire en miettes.

Tous ces bouchons, ou à peu près tous, portaient une estampille gravée sur la terre au moyen d'une planchette portant l'estampille gravée en creux. Sauf un très petit nombre de cas, cette estampille était la même, quoique la même planchette n'ait pu servir pour les grands et les petits bouchons. Quelquefois la planchette a laissé une inscription très apparente, bien venue; mais le plus souvent, c'est à peine si l'on peut voir les signes de la planchette imprimés dans la terre. Au fond on a dû se presser plus que de raison pour estampiller tous ces vases, et c'est à cette cause qu'il faut attribuer ce fait, à savoir que, malgré le nombre considérable de fragments trouvés, c'est à grand'peine qu'on a pu réunir une vingtaine de fragments utilisables pour la science. Quoi qu'il en soit de leur nombre, ces fragments sont d'un prix inestimable pour l'attribution du tombeau à tel ou tel personnage, et en général pour la connaissance de l'époque reculée qui nous est ainsi en partie révélée. Ce n'est pas ici le lieu de voir ce que contiennent et disent ces inscriptions : je les étudierai autant qu'il me sera possible de le faire, dans le chapitre suivant, dans lequel j'établirai à qui l'on doit, selon moi, attribuer le tombeau en question.

XVIII. Objets en bois.

Quand on trouve dans un tombeau des caisses en bois capables de contenir une quarantaine d'hectolitres de céréales, on est bien forcé d'admettre que les constructeurs de ce tombeau connaissaient le travail du bois. J'ai trouvé des caisses au nombre d'environ une vingtaine ; malheureusement tout était en si mauvais état que rien n'en a pu être conservé. Il en est de même des chevrons qui supportaient la toiture des chambres de l'immense tombe.

Pour faire ces caisses et ces chevrons, il avait d'abord fallu équarrir les pièces de bois que l'on voulait employer, puis les scier à la longueur voulue, assembler les morceaux destinés à faire les caisses, et pour cela faire des tenons et des mortaises, des chevilles, placer le couvercle qui recouvrait ces caisses, et pour toutes ces opérations il était absolument nécessaire d'avoir des outils en métal. Nous avons vu que les hommes de cette époque possédaient un certain nombre d'outils en métal, sans que nous les connaissions tous ; par conséquent ils pouvaient travailler le bois comme ils travaillaient la pierre. Que si l'on voulait dire que les différentes parties de ce tombeau et les divers mobiliers qui remplissaient les chambres ont été achevées ou apportés après coup, je répondrais simplement que ce n'est pas et ce n'a jamais été l'habitude des hommes de préparer une tombe pour y déposer le cadavre et l'orner après coup de tout ce qui est nécessaire ou simplement profitable au défunt. Les idées que les Égyptiens se faisaient de la mort et de la seconde vie après cette mort sont contradictoires à cette manière de prendre et d'expliquer les faits : dès sa déposition dans la tombe, le mort avait besoin d'être fourni de tout ce qui lui était nécessaire ou simplement agréable, et ce n'est pas après plusieurs générations écoulées que l'idée vint aux descendants de ce mort de lui rendre le culte funéraire et de lui porter, avec une abondance telle que je l'ai exposée, les mobiliers et les provisions de toute sorte destinés à lui faire la seconde vie charmante et à lui fournir tout ce qui peut empêcher une seconde mort. Quand on raisonne on ne saurait raisonner avec trop de fermeté, et quand le raisonnement est fait avec la fermeté nécessaire, on voit se dégager peu à peu des impossibilités morales qui, dans une question dépendant avant tout des mœurs d'un peuple, valent des preuves physiques. Je ne veux pas dire cependant que l'observation du culte des ancêtres n'ait pas pu, à travers les années qui se sont écoulées depuis, renouveler en partie les provisions du tombeau, mais ce tombeau devait être complet, tout au moins dans ses parties vives. Par conséquent les chevrons de la toiture, même dans l'hypothèse où ceux que j'ai rencontrés n'auraient pas remonté à l'époque préhistorique, devaient prêter leur appui pour soutenir cette toiture et les caisses en bois devaient être en place, prêtes à contenir les céréales, et les contenant sans doute déjà. Par conséquent enfin le travail du bois était connu, comme je voulais le prouver.

Mais ce ne sont pas là les seuls spécimens du travail du bois que j'aie rencontrés dans le tombeau dont je parle : j'ai trouvé aussi un nombre assez grand de planchettes fragmentaires annonçant un travail plus délicat du bois. Ces planchettes fragmentaires sont de plusieurs essences et parmi ces essences domine le bois d'ébène, autant que je puis le conjecturer, mais c'est tout ce que j'en puis dire, n'ayant pas assez de connaissances en cette matière pour oser m'aventurer davantage.

Je dois encore rapporter à ce paragraphe les objets en vannerie que j'ai trouvés en fort grand nombre au cours des fouilles en ce tombeau. Le lecteur se rappellera que l'une des chambres initiales de ce tombeau en sa seconde partie était remplie d'objets en ce genre. Malheureusement — et c'est un mot que j'ai trop souvent lieu de répéter, je le sais bien — les objets en vannerie étaient dans le plus triste état : le séjour prolongé dans le sable après et sans doute avant la spoliation les avait humidifiés, l'humidité les avait peu à peu rongés et, quand ils revenaient soudainement a la lumière, ils tombaient d'eux-mêmes en poussière au bout d'un certain temps. A force de précautions, j'avais pu réussir à me rendre possesseur de quelques fragments de ces ouvrages de vannerie, à les mettre dans des boîtes ; mais le transport d'Abydos à Paris les a réduits en une poussière menue de couleur chocolat, et à peine si quelques spécimens ont échappé, mais je n'ai pu les faire photographier.

Ces fragments de vannerie étaient de plusieurs genres. Les uns ressemblaient à des nattes de Chine telles qu'on en vend au Caire ; les autres étaient plus serrés. Les meubles en vannerie pour couvrir les montants et pour faire le siège offraient relativement un travail très bien fait; sous ce rapport, ils étaient d'un intérêt très élevé. Ils sont à peu près perdus et je ne puis en dire que ce que j'ai vu.

XIX. Offrandes diverses faites dans le tombeau.

Par offrandes diverses faites dans le tombeau, j'entends les fruits ou céréales qui ont été rencontrés dans les diverses chambres. L'étude de ces fruits et de ces céréales n'est pas de mon ressort : aussi avais-je remis à M. Friedel un échantillon de tous les fruits ou céréales que j'avais rencontrés : il devait les transmettre à l'un de ses collègues de l'Académie des Sciences pour les étudier. Ce collègue était compétent et j'attendais avec calme les résultats de son étude. Mon premier envoi, je ne sais comment cela se fit, fut égaré. Je donnai un second échantillon qui, au bout de l'année suivante, me fut remis par M. Friedel lorsque je le revis, et il me dit que l'état des échantillons que j'avais remis n'avait pas permis de les étudier et surtout de les identifier. Je n'avais qu'à m'incliner et c'est ce que je fis. Par conséquent je ne peux aucunement présenter les fruits et les céréales dont j'ai parlé comme scientifiquement identifiés, et mes lecteurs devront se contenter des appellations que je leur ai données d'après les fellahs d'Abydos.

Je dois faire une exception en faveur du palmier doum dont les fruits étaient et sont encore très reconnaissables. Ces fruits sont représentés à la planche XX, aux deux rangées supérieures de droite. Que cet arbre si curieux avec ses feuilles en éventail ait été connu dès cette lointaine époque, c'est ce que ne permet pas de révoquer en doute la trouvaille de ces fruits au fond des chambres comme à la surface. J'ai vu de plus de mes propres yeux des assiettes remplies de ce que je crois être des feuilles de papyrus; il y en avait des paquets extraordinaires, mais le seul mouvement de la marche a suffi pour les réduire en poussière. De plus, je dois ajouter que j'ai rencontré encore assez souvent au fond des chambres, et notamment dans les *chambres des sièges* des paquets de jonc qui avaient sans doute été apportés là comme une offrande de matière à vannerie. Je regrette de ne pouvoir en dire plus long sur les objets auxquels était destiné ce paragraphe qui aurait pu être si important; mais je ne peux dire plus que je ne sais.

XX. De l'age de ces objets.

Pour quiconque a lu les dix-neuf paragraphes qui précèdent, après s'être rendu compte suffisamment des circonstances dont les divers objets ont été trouvés, l'origine de ces dits objets apparaîtra clairement, me semble-t-il. Chacun pensera sans doute que ces objets, à l'exception des deux poteries que j'ai signalées, remontent à une époque très reculée, soit tout au moins les quatre premières dynasties. A partir de la quatrième dynastie en effet, et même peut-être avant, les vases en pierre affectent des formes suffisamment différentes pour qu'on puisse les reconnaître au premier coup d'œil. En plus, les matières si diverses dont on se servait pour fabriquer ces vases semblent, sinon avoir complètement disparu, tout au moins être devenues sensiblement plus rares et au lieu de trouver une quantité de vases en pierre, en toutes sortes de pierres, aussi considérable que celle qu'a donnée le grand tombeau dont il s'agit, on ne les rencontre plus guère qu'à l'état sporadique, surtout on ne rencontre plus un seul de ces vases ouvragés, imitant par leur forme et leur décoration l'apparence d'objets réels qu'offrait la nature. Ce point est caractéristique : depuis l'époque dont il est question ici, époque que j'essaierai de déterminer plus loin, on ne rencontre pas un seul de ces vases à formes inconnues, qu'il est impossible de restaurer, quand ils sont incomplets, parce qu'on ignore complètement quel était leur aspect puisqu'on n'en a jamais trouvé de semblables. Au contraire, à cette époque ces formes insolites abondent et, chose curieuse! leurs formes accusent un art primitif, il est vrai, mais déjà arrivé à la pleine conscience de ses forces et à l'entière possession de lui-même. Si je n'ai pas trouvé un aussi grand nombre de ces vases pendant la seconde année de fouilles, j'en ai assez rencontré cependant pour être autorisé à écrire ce que j'écris.

Ce que j'ai dit au paragraphe spécialement consacré à ces vases, je n'ai nul besoin de le répéter ici : il me suffira de dire que cette particularité de la forme ajoutée à l'abondance de la matière employée ne contredit aucunement l'antiquité extrême que je leur accorde. Cependant je dois ici faire une observation : je suis bien loin de dire que tous ces objets sont de la même époque, je dirai même de la même année et du même jour afin de mieux préciser ma pensée ; je suis même si éloigné de cette pensée que je n'hésite aucunement à reconnaître que certains de ces objets sont postérieurs à d'autres, même qu'on peut les attribuer aux dynasties historiques, comme la première et la seconde ; mais je ne serais pas porté à descendre plus bas dans l'échelle de l'histoire. J'ai des raisons pour penser ainsi. Le culte des ancêtres a été rendu aux deux morts déposés dans ce tombeau, et, quoique j'aie observé certains détails dont je parlerai au chapitre suivant et qui tendent à me faire croire que ce culte n'a pas duré trop longtemps, l'on à dû pendant l'exercice de ce culte faire les offrandes ordinaires que l'on faisait aux morts au nom de la famille comme au nom de l'État égyptien, s'il m'est permis d'employer déjà cette appellation. Une conduite contraire de la part de la génération contemporaine et des générations suivantes serait incompréhensible en Égypte, tout comme elle l'aurait été dans la Chine ancienne et le serait encore dans la Chine moderne.

Ainsi, je ne fais nulle difficulté d'admettre que, dans le si volumineux mobilier qui remplissait le tombeau immense que j'étudie, il y eut plusieurs couches successives d'apports. L'inspection seule des inscriptions suffirait d'ailleurs à le prouver. Mais je ne crois pas pouvoir faire descendre cette époque plus bas que les deux premières dynasties. J'étudierai plus loin toutes ces inscriptions en particulier, et je ne me contenterai pas d'un examen hâtif, superficiel, pour porter un jugement aspirant à l'universalité et voulant être définitif. Cette manière de faire n'est pas dans mes habitudes et je discuterai sérieusement des choses sérieuses.

Ce que je tiens à faire observer dès ce moment, c'est que je regarde la plupart des objets trouvé comme antérieurs à la période historique et que je n'attribue à l'époque historiquement connue par les noms de rois qu'une très petite partie dans l'ameublement du tombeau. Ceci dit, je clos ce chapitre qui est déjà trop long.

CHAPITRE NEUVIÈME

Il est temps de se demander à présent pour qui avait été construit ce splendide tombeau, et pour arriver à cette attribution d'examiner les diverses inscriptions qui proviennent de ce tombeau. J'en ai déjà donné quelques-unes dans mon *Tombeau d'Osiris* et je les ai discutées avec toute l'ampleur que le sujet comportait : cela me dispensera de refaire ici à nouveau cette discussion. Je suis las de répéter la même chose à des oreilles qui ne veulent pas entendre ou qui sont bouchées à dessein : j'exposerai simplement les éléments des divers problèmes qui s'imposeront à mon attention, et cela avec la plus grande bonne foi; puis je dirai de quel côté je penche, comme c'est mon droit et mon devoir.

Les inscriptions trouvées dans le tombeau dont il est question sont en nombre infime : aucune stèle n'a été rencontrée [1]. Les inscriptions gravées ou écrites sont elles-mêmes très peu nombreuses, et presque toutes les inscriptions gravées sont incomplètes. Seuls, les bouchons fragmentaires ou entiers sont en nombre considérable; mais, lorsqu'on les examine de près, on voit qu'ils se réduisent à un très petit nombre d'inscriptions différentes. Pour mettre de l'ordre dans ce chapitre, je traiterai d'abord des inscriptions écrites à l'encre, puis des inscriptions gravées et en dernier lieu des bouchons. Auparavant, je consacrerai un article spécial très court à l'examen d'une très brève inscription fragmentaire trouvée au cours des fouilles et qui manifestement n'est pas très ancienne.

---

1. Celle qui est représentée au numéro 8 de la planche XIX a été rencontrée sur l'emplacement de ce que je crois toujours être le tombeau d'Osiris, et cela au commencement des travaux de la seconde année de fouilles, avant que je n'eusse encore mis la main au présent tombeau.

I. Inscription postérieure découverte au cours des fouilles.

Le 6 février 1897, en déblayant les décombres qui recouvraient la partie supérieure des chambres extrêmes du second tombeau, on découvrit une pierre portant quelques signes d'inscription. C'est en face de la chambre cotée 22 sur le plan de cette seconde partie, sur le mur ouest de l'étroit corridor qui longeait ces chambres, par conséquent sur le mur est de la grande chambre sépulcrale qui terminait cette partie du tombeau, que cette pierre a été trouvée. Le lecteur se rappellera que ce mur était dans le plus triste état, et que les spoliateurs, pour arriver à l'achèvement de l'œuvre qu'ils avaient entreprise, avaient construit sur le mur de terre battue un mur en briques et pierres. C'est parmi ces pierres évidemment apportées d'ailleurs, puisque le tombeau lui-même n'en contenait pas, à l'exception de celles de la chambre sépulcrale dont il a déjà été question plus haut, que fut rencontrée la pierre dont je vais brièvement m'occuper ici. C'était une pierre de très mauvais calcaire à gros grains, tel qu'on en peut trouver en certains endroits de la montagne d'Abydos; elle était à peine équarrie et la taille ne prévenait aucunement en faveur de l'ouvrier. Elle portait à la partie supérieure et à la partie inférieure deux lignes parallèles, entre lesquelles on avait gravé l'inscription suivante mutilée au commencement et à la fin : ▨▨▨ 𓋴𓏏 ▨▨▨. Et c'est tout. Ces signes suffisent cependant pour nous faire reconnaître une partie du protocole des rois égyptiens, tel qu'on le rencontre des milliers de fois gravé sur les monuments, à Abydos comme ailleurs. A Abydos en particulier, on le rencontre des centaines et des centaines de fois descendant du haut en bas des colonnes ou en faisant le tour. Les signes dont il s'agit s'y trouvent faisant également partie du protocole de Séti Ier et de celui de Ramsès II. Ils signifient : « le maître de l'arme recourbée (qu'on appelle *khopesch*), celui qui frappe... » On peut retrouver ce protocole au cours de tout l'empire égyptien. Les hiéroglyphes sont assez mal faits et ressemblent à ceux d'une époque complètement historique; cependant en examinant soigneusement certains détails des signes, et notamdu ⊂⊃ (la main), on pourrait trouver que l'ouvrier a donné à ces signes un aspect légèrement archaïque : le pouce de la main a une courbure qui n'existe pas dans les autres signes identiques, et cette courbure donne au signe un faux air de la lettre ⊂⊃ du nom royal *Den*[1]. Malgré tout, je ne crois pas pour ma part que ce fragment d'inscription remonte à la même époque que le mortier du roi *Den*, même à l'Ancien ou au Moyen Empire; je suis persuadé, au contraire, qu'il est récent et qu'il a été apporté d'ailleurs dans ce tombeau, afin de bâtir les murs dont avaient besoin les spoliateurs pour venir à bout de leurs fins.

II. Inscriptions écrites a l'encre.

Ces inscriptions écrites se divisent tout d'abord en deux catégories aisément reconnaissables, selon qu'elles ont été écrites à l'encre rouge ou à l'encre noire. Malheureusement les inscriptions écrites à l'encre rouge ne sont plus lisibles : l'encre s'est effacée d'elle-même à cause de sa composition chimique. Celles qui ont été tracées à l'encre noire sont au contraire parfaitement visibles, ce qui ne veut pas dire lisibles.

Elles sont au nombre de neuf, et le lecteur en trouvera six à la planche XXII. Les trois autres ne sont pas reproduites, parce qu'elles ne sont pas en ma possession, étant restées en Égypte. Elles sont toutes écrites en hiératique, mais dans un hiératique se rapprochant de très près des hiéroglyphes, si bien qu'elles redonnent à peu près le signe hiéroglyphique. La première de celles qui sont absentes portait le mot ⸗, ce qui signifie : *beau* ou *bon*. La seconde portait le signe ⸗ qui était accompagné d'un autre signe qui n'était plus guère lisible : ce signe rend l'idée de *consécration à*. La troisième était ainsi faite, ⸗ que je ne comprends pas. Parmi celles qui sont restées en ma possession, la première (planche XXI, n° 7) peut se transcrire à mon sens par ⸗, et signifie : *offert*; la seconde peut aussi se transcrire de la manière suivante : ⸗ et signifie sans doute : *Sa consécration est bonne* (ou belle). Je ne sais

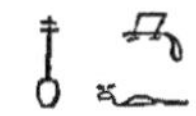

1. E. Amélineau : *Les nouvelles fouilles d'Abydos*, compte-rendu *in extenso*, première année, 1895-1896, planche XLII.

comment transcrire la troisième qui me semble incomplète. La quatrième dans la manière dont elle se présente me semble une énigme : elle se transcrit peut-être ⌷ ⌷ [1] que je suis également incapable d'expliquer d'une manière suffisante. Les deux autres se trouvent aux numéros 10 et 11 de la planche XXII. La plus à droite contient des signes qui ne me rappellent absolument rien de ce que je connais : elle est d'ailleurs fruste, peut-être même ne contient-elle que des taches de la pierre sans aucun signe. L'autre au contraire est très lisible et facile à comprendre, car elle contient les signes qui se traduisent en hiéroglyphes par ceux-ci : , c'est-à-dire : *Le grand de la maison*.

L'une des plus grandes jarres que j'ai trouvées, malheureusement elle est brisée, contient l'inscripttion que l'on trouvera au numéro 3 de la même planche : je ne lis avec certitude que les deux premiers signes à savoir ; le troisième et le quatrième me sont inconnus. Il en est de même du seul signe qui se trouve sur le vase en terre numéro 14 de la planche XXIV et qui n'est pas très apparent sur la phototyphie : il me paraît être le suivant ⌒ auquel on aurait ajouté à l'extrémité droite, un petit appendice. Ce n'est peut-être qu'une marque de poterie, je ne me charge pas de la traduire.

L'on peut tirer certaines conclusions de ce qui précède. Si l'on tient compte de celles qui me sont lisibles et compréhensibles, on voit que sur onze cinq sont dans ce cas et que toutes contiennent soit une appréciation de l'offrande, soit un nom de personnage. Il en était vraisemblablement de même de celles que je ne peux lire et que je ne comprends pas. Ces résultats me suffisent pour le moment : nous verrons plus loin de quelle utilité ils peuvent être pour l'attribution du monument.

III. INSCRIPTIONS GRAVÉES.

Les inscriptions gravées sont au nombre de dix : elles se divisent d'elles-mêmes en inscriptions qui ne sont pas royales apparemment et en celles qui sont royales.

---

1. Cette inscription semblerait être double, car les signes ont deux positions différentes sur le fragment de vase.

Les inscriptions non royales soit frustes ou complètes sont au nombre de cinq. La première se trouve sur un fragment de vase resté en Égypte : l'inscription contenait seulement les trois signes 〔 que je ne sais comment expliquer. Le second ne contient également que deux signes sur un fragment de vase ⊙, *chaque jour*; mais l'inscription n'est pas complète et sans doute comportait une phrase connue et d'époque historique. Le troisième est également fruste et comprend les quatre signes suivants qui sont représentés à la planche XIX, numéro 2 : 〔 et l'inscription contenait sans doute une autre ligne verticale comme la première. Il me semblerait téméraire de vouloir tirer un sens de ces quatre signes, à moins de prendre le mot 〔 pour le nom du lion, copte ⲗⲁⲃⲟⲓ. Les deux dernières sont beaucoup plus intéressantes, parce qu'elles sont complètes où à peu près. La première est celle qui était tracée sur le vase en schiste ardoisier qui avait un double cordon autour du cou, cordon qui était noué à un certain endroit. Les signes qui existent actuellement ne sont pas tous connus et le lecteur les trouvera très apparents à la planche XXII, 1. La première ligne contient un titre qui est peut-être connu par ailleurs, car on trouve une fois un titre approchant dans les *Mastabas* de Mariette; il était dans ce que Mariette appelait les tombeaux archaïques qu'il plaçait à une époque indéterminée avant la IVe dynastie; il est ainsi orthographié 〔 [1]. Il suffit de comparer ce titre avec celui qui est écrit sur la planche XXII pour voir qu'il y a tout d'abord une différence qui saute aux yeux : le signe qui suit l'oiseau est accompagné de deux △, qui manquent dans l'inscription du fragment trouvé dans le tombeau qui m'occupe. De plus, ce signe est fait ainsi ▭, quand dans le fragment il a une forme qui me semble complètement différente. L'oiseau ne ressemble pas davantage à celui qui se trouve dans l'ouvrage de Mariette; mais on ne peut se baser sur cette dissemblance pour rejeter l'identité

---

1. Mariette : *Les Mastabas de l'Ancien Empire*, p. 70.

du mot, car l'écriture dans l'ouvrage de Mariette est celle d'un homme étranger à l'égyptologie qui a copié de son mieux le manuscrit qu'il avait sous les yeux, et quand ce serait l'écriture de Mariette lui-même on ne ne pourrait ajouter une confiance absolue, car ce grand homme écrivait et ne prenait pas un calque. Seul, le signe initial est le même, et cela ne me suffit pas pour adopter l'identité des deux titres. Le troisième des signes de la première ligne verticale pourrait être apparenté au signe qui se fait ordinairement ⵝ et l'oiseau pourrait être simplement l'oiseau ordinaire, si bien que nous aurions le nom du dieu Seb écrit d'une façon nouvelle; mais je suis si loin d'être persuadé de la possibilité de cette lecture, que je ne la propose à l'examen du public savant que comme une hypothèse très instable. La seconde ligne verticale contient un signe qui me semble complètement nouveau : il occupe la première place et est suivi d'un autre signe malheureusement mutilé : ce qu'il en reste semble montrer la tête d'un animal, peut-être d'un amphibie que je n'ai pas encore rencontré; ce nom de divinité est suivi du vocable ⎧ qui signifie *esclave*, ou prêtre, quand il est précédé de l'hiéroglyphe ⌐, ce qui n'est pas ici le cas; mais peut-être a-t-il été oublié par le scribe. Quoi qu'il en soit, une chose est certaine après l'examen de hiéroglyphes, c'est que cette inscription est d'époque historique, ou tout au moins se rapprochant de l'époque historique : la manière dont est fait le ⌐ est certainement plus récente que celle du même signe dans les stèles que j'ai publiées dans le rapport sur les fouilles de la première année, car la branche écourtée du signe ⌐ ne tombe pas aussi bas que dans la grande stèle du moufflon à manchettes, par exemple, quoiqu'elle soit assez longue pour appartenir à l'Ancien et au plus Ancien Empire. C'est tout ce que je puis dire sur cette inscription qui nous met en présence d'une divinité encore inconnue et peut-être de deux, si la première n'est pas Seb.

La seconde est reproduite à la planche XXII, nº 8 où le lecteur la trouvera. Elle signifie : le chef, le grand voyant, le *Qerheb* en chef des deux dieux; le nom du donateur qui se lit *Sesch...* : suit les deux autres signes sont encore inconnus. Cette inscription a donné lieu à une affirmation que je ne puis admettre : M. Wiedemann, auquel j'ai eu le plaisir de communiquer cette inscription, en a rendu compte dans les *Proceedings*[1] de la société anglaise d'Archéologie biblique ; peut-être s'est-il un peu trop aventuré en disant que le titre *grand voyant,* qui est le titre du grand prêtre de Râ à Héliopolis, n'apparaît pas avant la quatrième dynastie, car, si ce titre ne s'est pas encore montré avant cette époque, il ne s'en suit pas nécessairement qu'on ne puisse le rencontrer avant le règne de Khéops. Au contraire, le fait qu'on le trouve déjà sous la IVe dynastie laisse supposer qu'on pouvait le trouver auparavant, à moins d'avoir la preuve que l'inscription de la IVe dynastie a été gravée aussitôt après la collation de ce titre pour la première fois, ce qui n'est pas. Au contraire le genre d'idées dans lequel se range ce titre donne lieu de conclure qu'il n'était pas nouveau à la IVe dynastie, car il rappelle des idées fétichistes qui ne devaient pas être nouvelles en Égypte. L'examen du troisième titre que j'ai rendu par *qerheb en chef des deux Dieux* nous reporte également en plein dans le fétichisme, car le *qerheb* en chef n'est autre que le grand féticheur qui prétendait savoir les formules pour écarter tous les dangers en cette vie et pour faire revivre une partie de l'être humain après la mort ; de là son rôle prépondérant dans les cérémonies des funérailles. Ce sont les hommes de cette sorte qui les premiers ont cru, et pour cause, à la survivance d'un être que nous appelons le *double,* d'où la croyance à l'immortalité de l'âme. Ils étaient attachés à la personne d'un souverain tout d'abord, car je ne crois pas qu'avant une époque pleinement historique on trouve mention de ces personnages autrement que dans la suite du roi, ce que signifie d'ailleurs la dernière partie de ce titre : *en chef.* Ici le nom du personnage, ou des personnages, auxquels était attaché le grand féticheur est rendu par un signe gravé deux fois et qui signifie : *Dieu,* de sorte qu'il faut traduire par les *deux Dieux.* C'est ainsi qu'on a toujours traduit ; au singulier, ce signe signifie le *Dieu,* au pluriel *les Dieux* et au duel il doit signifier *les deux Dieux.* Il est employé des milliers de fois avec ce sens dans les textes des pyramides. On pourrait, car on l'a déjà fait, traduire ce double

---

signe par le *double Dieu*, mais alors il faudrait que ce titre de *double Dieu*
fût suivi du nom propre ainsi désigné, comme dans les exemples fournis
par les stèles que j'ai trouvées dans la première année de fouilles, car
le roi *Merbapen* de la Ire dynastie est qualifié de *double Dieu* en tant
que roi régnant sur la Haute et sur la Basse Égypte, ce qui n'est pas le
cas ici. D'où je suis autorisé à traduire, comme je l'ai fait, par le grand
féticheur des deux Dieux. Ce n'est pas encore le lieu d'indiquer ici quels
sont ces deux Dieux, c'est-à-dire ces deux morts illustres, ces deux
rois qui se sont acquittés de la vie et qui sont allés dormir dans le grand
tombeau que j'ai ouvert pendant l'hiver 1896-1897.

Après ces inscriptions non royales, il me faut m'occuper de celles qui
sont indubitablement royales. Ces inscriptions sont au nombre de
quatre. La première ne contient que les deux signes ⟨⟩, c'est-à-
dire *vautour de la Haute-Égypte*, *Uræus de la Basse Égypte*, et le nom
royal est absent parce que l'inscription est fruste. La seconde fut
trouvée sur un vase en schiste ardoisier ayant la forme d'une assiette :
l'assiette était brisée et le fragment qui a été reconstitué à la planche
XIX, n° 4, est lui-même un composé de trois fragments réunis. Le nom
de *double* du roi se trouve en tête écrit avec l'épervier sur la figure de la
maison dans laquelle est écrit le nom lui-même. Sous cette figure de la
maison sont deux signes dont le premier est fruste, mais qui, je le crois,
est le signe ⟨⟩ régularisé plus tard, lequel est suivi du signe ⟨⟩. Derrière ce nom de *double* on voit un personnage, le roi lui-même, succinc-
tement représenté, coiffé de la couronne blanche, tenant un bâton de
la main gauche et une massue de la main droite, vêtu du pagne à queue
d'animal. Derrière lui se voit le derrière du lion, ⟨⟩ suivi du trait ;
puis un autre signe qui a disparu. Comme le lecteur s'en apercе-
vra peut-être, ce nom est l'un de ceux que j'avais trouvés la première
année : il a été lu *Azabou* ; le premier signe peut être lu *ad*, mais la
lecture *ab* ne saurait convenir au second, parce que ce n'est pas ainsi
qu'on écrit le cœur ♡. Jusqu'à un certain point on pouvait se méprendre sur ce signe après la publication qu'en a faite M. Jéquier[1] et

1. J. de Morgan : *Recherches sur les origines de l'Égypte. Ethnographie préhistorique
et tombeau royal de Négadah*, p. 241, fig. 810.

même d'après le monument que j'ai publié dans le compte-rendu de la
première année, mais aujourd'hui cela me semble impossible. Si l'hiéroglyphe représentait le cœur avec ses deux oreillettes, il n'y aurait que
deux traits dans la partie supérieure, et ces deux traits qui séparent les
artères seraient réunis par une ligne, de même que les deux qui sont
censées limiter les deux oreillettes ; or, il y en a trois en haut et dans
aucun des trois cas les lignes ne sont réunies. Il faut donc chercher autre
chose. Ce fragment fut trouvé le 2 février dans la chambre 37, c'est-à-
dire la dernière de la première partie : il était placé sur le sol et faisait
par conséquent partie du mobilier de cette chambre, car c'est l'une de
celles où j'ai trouvé le mobilier presque complet. Comment ce fragment
se trouvait-il en cet endroit? Quelle que soit l'attribution du tombeau, comme on ne peut penser un seul instant que le roi y était enterré
on ne peut expliquer la présence de ce nom de *double* royal en cette
chambre que par un acte de culte funéraire rempli par le roi Ad...

Le second de ces noms royaux fut trouvé sur un fragment de cristal
de roche le 2 janvier 1897, sous les décombres de la partie supérieure
aux chambres. Ce nom de *double* a déjà été publié par M. Jéquier[1],
mais le lecteur qui prendra la peine d'examiner le numéro 6 de la
planche XIX, saisira de suite la différence entre le dessin de M. Jéquier et le monument lui-même. Par une coïncidence curieuse, ce nom
semble être identique à celui qui occupe la première place parmi les
noms qui ont été gravés sur l'épaule droite de la statue n° 1 du musée
de Gizèh. C'est une réponse topique à une objection qui m'avait été
faite, à savoir qu'il ne fallait pas comparer deux monuments d'origine
diverse, parce que le faire des écoles était différent; or, rien n'apprend
l'origine de la statue n° 1 du musée de Gizèh, puisqu'elle est entrée au
musée on ne sait comment, que rien n'indique le lieu où elle a été
trouvée; et de plus, voilà que le premier des noms royaux qu'elle contient s'est retrouvé à Abydos, dans la couche supérieure de sable accumulé au-dessus des chambres du tombeau. C'est vraiment jouer de
malheur. Maintenant quel est ce roi dont le nom a été retrouvé si ino-
pinément? Je laisse à de plus habiles que moi le soin de le déterminer.

1. J. de Morgan, *op. cit.*, p. 253, fig. 851.

Tout ce que je puis dire, c'est que ce nom n'a pu se trouver dans le tombeau ouvert pendant l'hiver 1896-1897, que parce que le roi de ce nom avait consacré un vase de cristal de roche à son chiffre, comme nous dirions aujourd'hui, en l'honneur des morts enterrés dans cette tombe.

Un quatrième nom pourrait être pris vraisemblablement aussi pour l'un de ceux qui avaient été trouvés pendant l'hiver 1895-1896. C'est encore sur un fragment de cristal de roche, mais presque complet, que je suis parvenu à rétablir et à faire restaurer. Il est contenu dans un rectangle non surmonté de l'épervier ; ce nom a été publié exactement par M. Jéquier[1]. Ce fragment fut trouvé le 5 février 1897 en haut des chambres qui sont à l'arrière de la seconde partie du monument. Comment se lit ce nom ? C'est ce que je ne puis dire, parce que la chose est incertaine : s'il fallait attribuer aux deux signes qui le composent la même valeur qu'ont ces mêmes signes à l'époque historique, on pourrait lire : *Hasimka* ou *Simhaka* ; mais ce serait trop m'aventurer que de présenter cette lecture comme autre chose qu'une pure conjecture, sans la moindre preuve. Ce mot ne désigne pas un personnage mais sans doute le nom de la tombe ou de la maison dans laquelle le roi désigné auparavant aurait été enterré. Ce nom de roi devait se trouver avant le nom de sa maison d'éternité, et c'est sans doute le même dont j'ai parlé à la page précédente. Quoi qu'il en soit, la présence du nom de ce lieu, le troisième qui ait été rencontré, parle encore en faveur de ce culte funéraire qui avait été rendu par celui qui le portait aux morts enterrés dans le tombeau. Par conséquent, il faut attribuer à ce mort ou à ces deux morts une importance que n'ont pas les rois ordinaires. On connaît un assez grand nombre de tombeaux royaux, même sous l'Ancien Empire : pas une seule fois on n'a rencontré dans quelque tombe que ce soit, le nom d'un successeur de ce roi étant venu rendre le culte funéraire à son prédécesseur, bien que le plus souvent il fût fils de ce prédécesseur et qu'il serait vraisemblable que le successeur eût dû rendre à son prédécesseur les actes honorifiques du culte des Ancêtres. Il y a

1. J. de Morgan : *Recherches sur les origines de l'Égypte. Ethnographie préhistorique et tombeau royal de Négadah*, p. 196, fig. 795. Les signes sont renversés.

une raison à cette conduite : c'est que le fils, succédant à son père et devenant roi d'Égypte, entrait dans la famille divine, dans la famille solaire, et qu'à ce titre il était l'égal du défunt. Aussi se contentait-il d'assurer le service du culte des Ancêtres, si ce service n'avait pas déjà été assuré par le défunt avant sa mort. Par conséquent, si nous trouvons des rois ayant rendu le culte funéraire aux deux morts enterrés dans le même tombeau, il doit y avoir une raison à cette anomalie. Cette anomalie peut avoir eu pour cause le non établissement parmi les classes supérieures de l'Égypte de l'idée qui faisait du Pharaon un membre de la famille solaire, ou bien une vénération grandiose pour les morts. Si la première cause est la vraie, elle nous reporte à une époque antérieure à l'époque historique, car dès la première dynastie cette idée semble bien être entrée dans les esprits de l'Égypte, quoiqu'on ne trouve le titre de *Fils du Soleil* qu'à la troisième dynastie. Si la seconde est au contraire la seule véritable, elle nous conduit à une même époque, car la civilisation égyptienne ne devait pas être bien avancée pour qu'une pareille idée entrât dans les esprits des hommes qui habitaient la vallée du Nil, puisque pour mériter un écart de conduite aussi anormal, les deux morts avaient dû laisser après eux une réputation extraordinaire de services rendus ou de méfaits, car on pouvait être reconnaissant des uns et avoir intérêt à prévenir les autres. Pour moi, je serais assez tenté d'admettre qu'il y avait dans cette conduite exceptionnelle influence des deux causes à la fois.

Il y a encore un cinquième nom royal qui est bien un nom de roi, et non un nom de double : c'est celui qui se trouve au numéro 5 de la planche XIX. Les hiéroglyphes qui le composent sont presque classiques. Il est précédé du titre de roi de la Haute et de la Basse Égypte, de vautour de la Haute Égypte et d'Uræus de la Basse Égypte : sous les deux derniers groupes hiéroglyphiques de ce titre on voit la partie supérieure d'une hache, et il est probable qu'il fallait lire : *Nouter hon,* c'est-à-dire *esclave du Dieu.* On pourrait sans doute dire qu'au lieu du nom de roi *Raneb sa onekh,* nous avons le nom du prêtre : la chose est possible ; mais où serait alors le nom du roi? Il faut avouer que le nom de roi ne serait pas renfermé dans un cartouche ; mais ce ne serait pas la première fois que le fait se serait produit, puisque la première année de fouilles nous a donné des noms ainsi écrits sans cartouche.

Quels sont maintenant ces deux personnages bienfaisants ou terribles ? nous n'avons qu'à interroger les fragments de bouchons en terre, ils nous répondront avec détails et, je crois, avec certitude.

IV. Bouchons en terre avec inscriptions.

Les bouchons en terre sont de trois qualités, ainsi que je l'ai dit au chapitre précédent; mais leur contenu est à peu près le même, pour la très grande majorité des cas. Je m'occuperai tout d'abord des premiers, c'est-à-dire de ceux qui portent inscrit le même nom de double, complet ou abrégé.

Les bouchons — je n'emploie pas le mot cylindre à dessein[1], car un cylindre désigne un objet de forme ronde et pas un seul des bouchons n'avait cette forme — qui portaient un nom de *double*, ou ce qui paraît être un nom de double, peuvent se répartir en six catégories bien distinctes, et ces six catégories, si on ne fait attention qu'à ce nom, se réduisent à quatre d'après les objets trouvés. Ces quatre catégories contiennent elles-mêmes le même nom de *double* à l'état plus ou moins complet. Les fac-similés de ces bouchons ayant été reproduits dans mon tombeau d'Osiris, je me contente d'en donner ici les dessins qu'a publiés M. Jéquier, en faisant observer que certains signes ont été mal rendus. Le lecteur trouvera d'ailleurs à la planche XXII n° 4 le fac-similé du seul grand bouchon conique rencontré aux cours des fouilles et qui est identique à des types précédents. Tout d'abord il y a le nom réduit à sa plus simple expression : la maison rectangulaire est surmontée d'un épervier et d'un animal typhonien et dans l'intérieur de cette maison il y a les trois signes , car c'est

1. J. de Morgan : *Recherches sur les origines de l'Égypte. Ethnographie préhistorique et tombeau royal de Négadah*, p. 243, fig. 816, 817, 818 (légende) et p. 244, fig. 820 et 821 (légende).

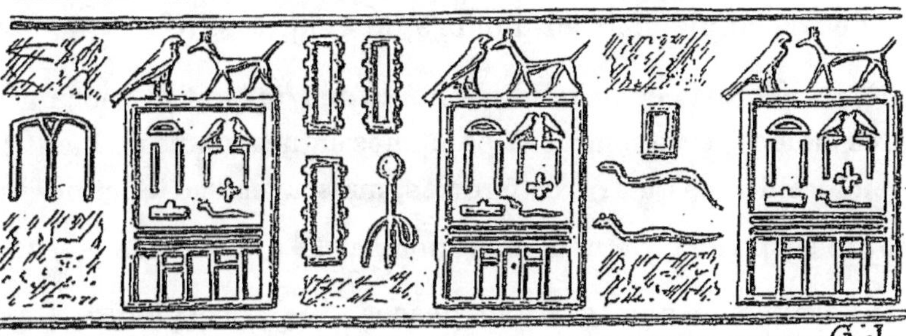

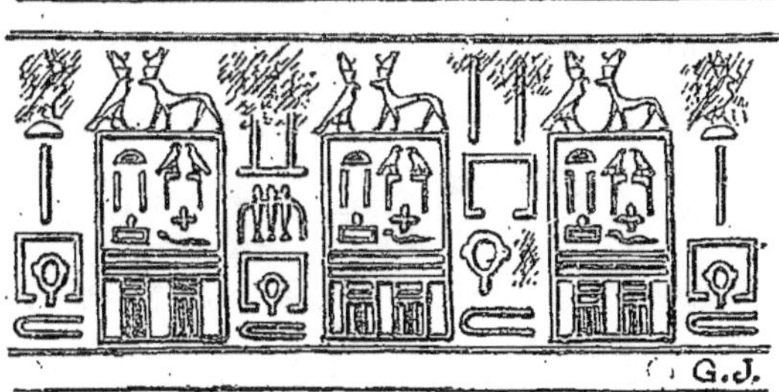

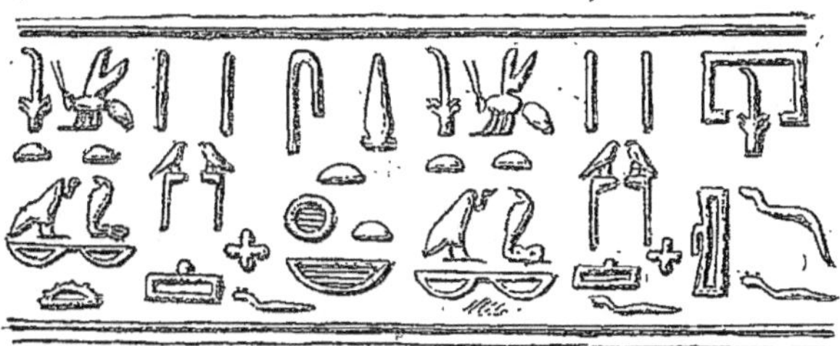

bien ainsi qu'il me semble falloir lire les deux derniers. Les deux symboles qui couronnent la maison n'ont pas de coiffure. La seconde catégorie comprend les mêmes personnages, mais affrontés et coiffés tous deux du *pschent* ou des deux couronnes réunies, rouge pour la Haute Égypte, blanche pour la Basse Égypte ; les signes renfermés dans l'intérieur du rectangle sont au nombre de cinq, à savoir [hiéroglyphes]. La troisième catégorie comprend les bouchons qui ont le rectangle figuré avec les mêmes personnages et les mêmes signes identiquement que dans la première de ces quatre catégories, mais avec l'adjonction d'un Dieu tenant le sceptre [hiéroglyphe] de la main gauche et la croix ansée [hiéroglyphe] de la main droite, ayant son nom écrit au dessus [hiéroglyphe], c'est-à-dire Horkhouti ; puis entre les diverses maisons que renferme le bouchon il y a dans un enroulement elliptique les signes suivants [hiéroglyphes], suivis eux-mêmes du titre [hiéroglyphe]. Enfin la quatrième catégorie comprend tous les autres bouchons où non seulement le contenu de la maison rectangulaire est amplifié, mais où l'on voit apparaître des divinités diverses et des titres différents. Cette catégorie peut se subdiviser elle-même en quatre sections tout à fait spéciales. La première de ces sections comprend d'abord la déesse de l'Occident, *Amentit*, au dessus des signes [hiéroglyphes] ; puis viennent les deux animaux symboliques coiffés de la double couronne, affrontés au dessus du rectangle qui contient le nom complet, si c'est un nom : [hiéroglyphes]. Suit entre les deux noms de *double*, un signe effacé sous lequel sont écrits très lisiblement les signes [hiéroglyphes]. La seconde maison est suivie elle-même des signes [hiéroglyphes], dont les deux premiers ne sont pas certains. Vient une troisième maison et nous retrouvons après cette maison le nom de la déesse de l'Occident et le même titre que plus haut. La seconde catégorie contient des titres malheureusement frustes, où l'on distingue cependant

quelques signes, comme ⌂ à la première ligne, ⧘ à la seconde et ⌂ à la troisième, chacune des lignes étant suivie de la maison surmontée des deux animaux symboliques offrandes et n'ayant pas de
coiffure sur la tête. La troisième catégorie comprend des bouchons avec
le Dieu Schou à l'extrémité gauche portant les mêmes insignes que le
Dieu Horkhouti dont il a été question précédemment, ayant son nom
⌂ écrit au déssus de sa tête et devant lui les signes ⌂[1],
qui donne toute sa vie et sa richesse. Vient ensuite la maison du
double suivie du même nom enfermé dans une figure ellipsoïdale que
précédemment; puis une seconde maison et une seconde figure ellipsoïdale placée horizontalement pendant que la première était verticale, et en
dessous est une partie fruste où l'on distingue cependant le signe ⌂;
une troisième maison du double termine ce bouchon. Les animaux symboliques n'ont pas de coiffure également. La quatrième catégorie comprend des bouchons d'un type nouveau où la maison du *double* surmontée des deux animaux symboliques n'est point représentée, mais où le
nom de *double* est entièrement donné précédé des titres de ⌂, des
titres affrontés de ⌂ et suivi une première fois des signes ⌂ et
une seconde fois de cinq autres signes ⌂.

. Telles sont les diverses catégories et sections dans lesquelles rentrent tous les bouchons de cette première espèce, laquelle renferme
l'immense généralité des bouchons trouvés dans ce tombeau. On en
peut donc conclure presque à coup sûr que, si quelques monuments
doivent nous donner le nom du personnage enterré, ou le nom des
personnages enterrés dans ce tombeau, ce sont certainement ces bouchons, complets ou fragmentaires. Or, du prèmier coup, une observation

---

1. Il y a cependant trois signes dans un cas et deux seulement dans l'autre, ce qui
constituerait une différence d'au moins deux signes.

s'impose à celui qui examine attentivement les monuments tels qu'ils
sont représentés plus haut ; c'est que les titres donnés par ces bouchons sont tout au moins de l'Ancien Empire. De savoir ici ce que
sont au juste ces titres, ce n'est pas mon affaire : de plus habiles que
moi se sont donné cette tâche et y ont complètement échoué ; je ne vais
donc pas commencer ici une dissertation que je ne pourrais mener à
bonne fin, parce que non seulement il me manquerait les renseignements certains qui pourraient seuls me fixer sur les attributions de ce
grade ou de cette fonction, mais aussi et surtout parce que le sens du
mot français que j'emploierais est fixé et qu'il me le faudrait assez vague
et assez complexe pour embrasser une série de fonctions qui chez nous
sont spécifiées.

Les bouchons dont il vient d'être question contiennent tous les noms
des deux personnages auxquels l'on avait consacré le tombeau immense
qui fait l'objet de ce livre. Il y a une autre catégorie de bouchons en
petit nombre, où ces noms sont absents et où l'on rencontre celui d'une
femme qui est qualifiée de *mère royale*, ou plus littéralement : *mère de
l'enfant royal.* Voici en hiéroglyphes ordinaires ce qu'il contient :

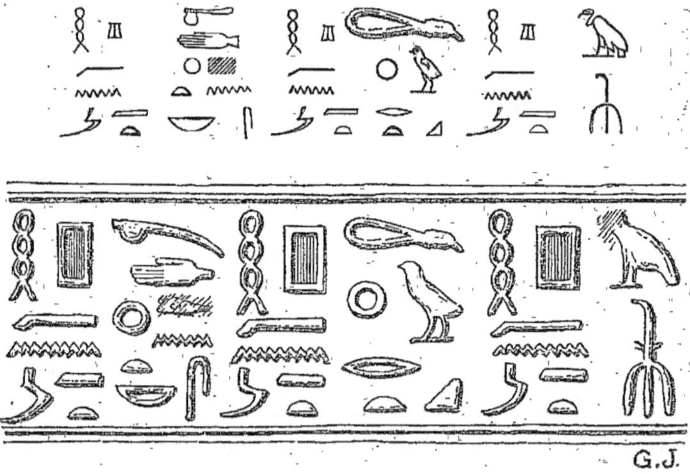

G.J.

On verra, en comparant ces hiéroglyphes à ceux du dessin ci-dessus et à la photographie qui a été donnée de cette sorte de bouchons
dans la planche VI de mon *Tombeau d'Osiris,* que c'est exactement la

même chose, sauf pour le signe ⟨⟩ qui est très visible sur l'original que je possède, mais qui pouvait l'être moins sur ceux que j'ai laissés au musée de Gizèh, puisque M. Jéquier met des hachures à la tête et n'indique pas l'ondulation du cou de l'oiseau, ce qui donnerait à penser que ce signe serait la chouette ⟨⟩ :

Je ne me hasarderai pas à tenter la traduction de cette difficile inscription; on l'a déjà fait[1], mais sans résultat durable et l'on en a tiré la conclusion que le tombeau était peut-être de la fin de la IIIᵉ dynastie, d'après le nom de la mère de l'enfant royal, Hapenmât. Ce qu'il importe de retenir, c'est que l'inscription a été écrite pour le compte d'une femme, mère d'enfant royal et qui s'appelait Hapenmât. Ce nom n'est pas seulement rare; jusqu'à ce jour on ne l'avait rencontré que dans le tombeau d'Amten : c'est le second exemple. Ce fait aurait dû donner à penser avant de hasarder une explication aussi laborieuse et aussi instable.

La reine Hapenmât de la IIIᵉ dynastie était-elle la femme de Snéfroú, sa mère étant la femme de Houni? personne ne saurait le dire, parce que les renseignements manquent complètement à cet égard. Conclure de ce seul nom et de la présence d'un nom semblable qu'il y avait entre une reine de ce nom et le tombeau d'Abydos une relation qui aurait conduit la reine à participer au culte funéraire de son mari est une affirmation purement gratuite, les femmes ne participant que d'une manière secondaire au culte funéraire, lorsqu'elles y participent, le premier rôle étant toujours dévolu au fils aîné, ou celui qui fait revivre le nom de son père. En outre, on connaît la sépulture, ou les sépultures du roi Snéfrou, car il semble qu'il s'en soit fait construire plusieurs : l'une d'elles était la pyramide de Meïdoum qui fut ouverte par M. Flinders Petrie et qui avait adjacent le temple consacré au culte du *double*. De ce côté donc impossible de penser que le roi Snéfrou a été enterré à Abydos. On se rejette sur Houni, quoique ce soit moins probable (pourquoi? mystère); tout le monde ignore où est ce tombeau de Houni, et si c'était lui qui aurait été désigné par le nom trouvé des centaines de

---

1. *Revue critique d'histoire et de littérature*, 13 décembre 1897, p. 438-439.

fois sur les bouchons, comment se fait-il qu'on ait trouvé dans les tombes environnantes le nom qu'on prend pour le nom de *double* de Ménès? les noms de doubles de rois que j'ai également trouvés dans les tombes creusées autour de celle d'Osiris? On s'est trop hâté de bâtir des hypothèses, il fallait attendre tout au moins d'avoir les détails que seul je pouvais donner : ces hypothèses n'ayant pas de fondement sont tombées et ne se relèveront pas.

Mais si cet argument semble négatif, il y a bien plus encore, et c'est ici le lieu de raisonner sur la trouvaille dans ce tombeau de celui dont le nom de *Double* a été lu *Adabou* ou *Azabou*[1]. Le lecteur se rappellera que ce nom a été retrouvé au fond d'une chambre sur une assiette en terre schisteuse ardoisière et, s'il se reporte à la planche XIX, n° 4, il constatera que ce numéro se composait de trois fragments qui ont été collés les uns aux autres. En raisonnant comme on l'a fait pour le bouchon de la reine Hapenmât, je pourrais dire, avec tout autant de raison, que le tombeau dont il s'agit était celui du roi *Adabou*. Pourquoi non? Si l'on m'objectait que ce nom de *double* n'est pas le seul qui ait été rencontré dans ce tombeau, je ne le nierais pas ; mais alors comment arguer de la présence d'un nom de reine dans ce tombeau pour dire que le tombeau *serait* de la fin de la III⁰ dynastie? Je ne vois pas pourquoi la raison serait d'un côté et le tort de l'autre, c'est-à-dire du mien.

Je ne suis pas d'ailleurs le seul à rejeter avant la fin de la III⁰ dynastie l'époque à laquelle fut construit cet immense tombeau. M. Petrie, dans le premier volume des fouilles qu'il dirige à Abydos, donne la liste suivante des rois qu'il mentionne dans son volume[2] :

---

1. Je ne cite cette seconde transcription que par acquis de conscience. Je ne reconnais pas au signe ⟨signe⟩ la valeur *z*, et puis ce n'est pas le cœur qui est après *at*.

2. Ce tableau se trouve avant la page numérotée 1 ; voir aussi p. 5 de l'ouvrage : *The royal tombs of first dynasty*.

ROIS MENTIONNÉS EN CE VOLUME
Inscriptions

D		
ZÉSER	Ordre inconnu probablement avant Ménès.	
NARMER		

1re DYNASTIE Manéthon	Liste de Séti	Tombes	
1 Ménès	Mena	AHA-MEN	
2 Athotis	Teta	ZER	Ordre
3 Kenkenès	Ateth	ZET	incertain
4 Ouenephès	Ata	MERNEITH	
5 Ousaphaïs	Hesepti	DEN-SETUI	
6 Miebis	Merbap	AZAB-MERPABA	Ordre
7 Semempsès	Semenptah	MERSEKHA-SAMENPTAH	certain
8 Bienekhès	Kebh	QA-SEN	

| 2e DYNASTIE | PERABSEN |
| | KHASFKHEMOUI |

Le nom de Khasekhemoui étant la lecture adoptée par ceux qui diffè-
rent d'avis avec moi, pour la lecture du nom de celui auquel ils attri-
quent le tombeau, le lecteur verra de lui-même que du coup, l'hypothèse qui attribuait le tombeau à un roi de la IIIe dynastie est renversée,
et que cette attribution est reportée à un roi occupant une place quelconque dans la IIe dynastie. Maintenant, pourquoi une place dans la
IIe dynastie? Le tableau précédent n'en donne aucune raison, sinon
l'arbitraire sans doute de l'auteur; mais alors, je lui poserai une petite
question : Comment se fait-il, si ce tombeau appartient à un roi de
la IIe dynastie, qu'on ait trouvé le nom d'un roi que M. Petrie pense
appartenir à la Ire dynastie, c'est-à-dire le nom de *double* d'*Adab* qui ne
serait autre que Merbapen? Je veux bien admettre pour l'instant que le
nom de *double* Adab s'applique à Merbapen, ou Merbap ou Miebis ;
mais alors, je le demande encore, comment se fait-il que le nom du
sixième roi de la Ire dynastie se soit trouvé dans le tombeau d'un roi
de la IIe dynastie, et cela au fond d'une chambre, parmi des vases
contenant encore les offrandes faites au possesseur ou aux possesseurs
du tombeau? Aurait-ce été l'habitude en Égypte que les rois antérieurs
fissent des offrandes à l'un de leurs successeurs? Poser la question
ainsi, n'est-ce pas la résoudre dans un sens contraire à l'auteur anglais
susnommé? Il faut donc chercher une autre solution,

Cette solution se trouve dans le fait bien simple que le prétendu roi Khasekhemoui devait être antérieur à celui qui lui rendait l'un des hommages du culte funéraire; par conséquent ce roi devrait se placer avant le sixième et même avant le cinquième des listes royales, soit celle de Manéthon, soit les listes monumentaires. Restent les quatre premiers rois ouvrant la première des dynasties égyptiennes. En effet le premier roi Ménès est identifié avec Kha; et le troisième avec Zet, c'est-à-dire avec celui que j'ai nommé le roi Serpent : il ne reste donc plus que la deuxième et la quatrième places. Le roi qui est nommé Zer est un roi dont j'ai trouvé le premier le nom de *double* dans le tombeau d'Osiris; et celui qui occupe la quatrième place est un roi dont la tombe, trouvée dans un lieu que j'avais laissé de propos délibéré, a été ouverte par M. Petrie. Si M. Petrie a raison, si son ordre incertain doit être un jour l'ordre certain de l'histoire, il faut donc avouer que ce roi Khâsekhemoui doit se placer avant Ménès. C'est ce que je prétends.

Mais ce n'est pas tout. J'ai dit que l'ordre établi dans la liste citée ci-dessus était arbitraire, et je vais le prouver. Il n'y a en effet, que je sache, aucun monument ni aucun document permettant d'établir cette liste chronologique : si l'auteur responsable a rangé Djeser et Narmer avant Ménès, c'est que cela lui a simplement plu. Il ne s'est même pas donné la peine de classer les autres noms de rois qui ont été récemment mis au jour, soit par moi, soit par d'autres. Il ne fait aucune mention des trois noms gravés sur l'épaule de la statue n° 1 du Musée de Gizèh[1]. Cela cependant en eût valu la peine, car, ainsi que je l'ai dit ailleurs, l'un de ces noms s'est trouvé être celui d'un des rois dont j'ai rencontré des monuments : c'est celui qui a été gravé deux fois sur des vases en cristal de roche et qui est représenté aux n°s 1 et 6 de la planche XIX. M. Petrie lit ce nom Hotep-mersekhem (?), sans dire sur quel fondement s'appuie sa lecture. Jusqu'ici on avait mis le roi Djeser dans la IIIe dynastie, et maintenant M. Petrie le range parmi les rois

---

1. Dans l'*Archæological report* de l'*Egypt exploration Fund*, année 1897-1898, p. 10. J'ignore pourquoi il n'en a pas parlé.

qui ont précéde Ménès. Que le lecteur veuille bien observer que je
ne dis pas qu'il ait tort, mais simplement qu'il ne donne aucune raison
de ce changement.

Mais il y a encore bien plus : je crois posséder un monument où les
rois dont il s'agit sont classés chronologiquement : j'attends pour le
publier que mon heure soit venue, et cette heure ne viendra que lorsque mes adversaires se seront bien enlisés dans leurs erreurs, leurs
calomnies et leur mauvaise foi. Tout ce que je puis dire, c'est que ni
Djeser, ni Narmer ne paraissent sur cette nouvelle table d'Abydos, si je
puis usurper un grand nom pour une petite chose.

Je n'abandonne aucunement l'hypothèse que j'ai énoncée, à savoir
que le tombeau dont il s'est agi pendant tout ce volume a été celui de
Set et de Horus. J'ai déjà exposé dans mon *Tombeau d'Osiris* ce que je
regarde toujours comme de bonnes raisons pour cette attribution[1].

Il est donc aussi certain qu'on peut l'être que ni Snéfrou ni Houni
n'avaient leur sépulture à Abydos, que le tombeau sur lequel roule cette
discussion contenait deux squelettes que j'ai trouvés et que tout con-
corde à prouver que c'était bien le tombeau de Set et de Horus. Le culte
de Set et de Horus a été vivace sous tout l'Ancien Empire ; s'il a subi une
éclipse momentanée sous le Moyen Empire, il se relève dès le Nouvel
Empire. Cependant il semble avoir été plus en vigueur dans la Basse
que dans la Haute Égypte. Ce qu'il y a de certain, c'est qu'il ne survé-
cut pas dans la population d'Abydos aux premières générations qui
suivirent, qu'on avait placé le tombeau des deux adversaires en dehors
de la nécropole consacrée à Osiris, que personne ne se fit enterrer
autour et près de ce tombeau, qu'il semble y avoir eu une sorte d'excom-
munication à ce sujet, tandis que l'honneur d'être enterré près d'Osiris
est resté un souhait à travers toute l'histoire d'Égypte et qu'en réalité
on s'y fit enterrer tant que l'on put. Le mobilier du tombeau ne contredit en rien cette identification : si ce sont vraiment les deux adversaires
qui étaient enterrés dans cette tombe, on a dû y trouver des armes en

---

1. Cette partie de mon ouvrage, depuis la page 306 jusqu'à la page 309 a été écrite
dans le courant de septembre 1902.

quantité, des vases en métal, puisque les textes parlent des forgerons de Horus et de la capacité industrielle de Set. Or tout ce que l'on peut souhaiter à cet égard a été rencontré dans cette tombe, les armes de pierre, les armes de cuivre, les meubles en bois, les caisses de céréales, les poteries, les fruits, les vases en cuivre, les vases en pierre, tout parle de guerre et d'une industrie déjà vigoureuse. On a rencontré bien des mobiliers de tombeaux, même de tombes royales, a-t-on jamais rencontré pareille richesse? Non, jamais. Tout s'accorde donc, les textes et les mobiliers si divers, pour concourir à prouver que c'était bien le tombeau de Set et de Horus que j'ai rencontré.

Une dernière conclusion doit être tirée, c'est que Set et Horus ont été des êtres vivants, et non des êtres produits par l'imagination ; à une certaine époque ils ont gouverné l'Égypte, après avoir guerroyé l'un contre l'autre et avoir conclu une paix satisfaisante. Il y a un fait qu'on ne peut révoquer en doute, comme je l'ai dit, j'ai trouvé leurs squelettes. On ne sortira pas de là. Je ne suis pas plus évhémériste que mes adversaires : je crois seulement qu'on s'est fourvoyé sur les origines de la religion. Je ne fais pas, comme l'a fait Evhémère, venir la religion d'une seule source : je suis persuadé au contraire que quatre ou cinq sources différentes se sont réunies pour faire ce composé complexe de phénomènes moraux qu'on appelle religion, mais je crois que le facteur le plus puissant doit en être cherché dans le culte des ancêtres. Ce n'est pas là mon dernier mot, et je retrouverai la question soit dans le troisième et dernier volume de cet ouvrage, soit ailleurs.

CONCLUSIONS

Me voici arrivé à la fin de ce long travail qui aura peut-être paru fastidieux au lecteur; j'espère qu'il me pardonnera les développements auxquels j'ai été forcé en vue de l'importance des choses que j'ai fait connaître.

Tout d'abord le tombeau que je finis d'examiner est le plus grand que connaisse actuellement l'Égypte : il a environ quatre vingts mètres de long sur quinze de large au commencement et huit seulement à la fin. Il comprend en tout 67 chambres ou corridors. Il se divisait en deux parties, ayant chacune son entrée particulière. La première partie avait son entrée au nord-ouest, elle était destinée aux emmagasinements des objets qu'apportait le culte funéraire et comprenait 37 chambres. La seconde avait son entrée au sud-ouest, comprenait 29 chambres, dont une salle spéciale, bâtie d'une manière spéciale et qui avait été consacrée à recevoir les deux cadavres qu'on y avait déposés. Ces chambres étaient couvertes en bois et en feuillages, certainement pour le bois, probablement pour le feuillage. Elles avaient déjà des ornements architecturaux très prononcés. La construction était primitivement en terre battue. Dans la suite on y adjoignit des briques dans une restauration encore évidente et qui peut avoir été l'œuvre de Ramsès II. Au commencement du vi^e siècle on connaissait toujours parfaitement les entrées, et les spoliateurs accomplirent leur ouvrage sans avoir à détruire les chevrons qui étaient encore attachés aux murs. Ils employèrent pour la spoliation des procédés analogues à ceux que j'ai employés moi-même pour l'exploration de cette immense tombe, mais ils n'eurent pas à chercher l'entrée[e]: ils arrêtèrent le sable par des murs bâtis à la hâte et dès qu'ils avaient exploré une chambre, ils la remplissaient avec les décombres tirés de la suivante. Mais ils durent apporter du sable d'ailleurs pour remplir l'énorme dépression ellip-soïdale, car il y avait environ huit mètres de sable au-dessus du faîte des murs composant les chambres. Dans cette couche de sable sur-montant les chambres on avait jeté pêle-mêle une grande partie du mobilier qu'on avait eu préalablement le soin de briser.

Malgré cette spoliation brutale et ce bris intentionnel de presque tous les objets renfermés dans le tombeau, les murs de terre en s'éta-lant sous le poids du sable avaient recouvert avant la spoliation un certain nombre d'objets que j'ai retrouvés intacts. Les objets en cuivre avaient été conservés intacts pour la plupart ; les objets en pierre avaient presque tous été brisés. En rapportant les fragments dont on n'a pas voulu, j'ai eu l'avantage de me mettre à même de pouvoir faire restau-rer des vases que j'avais vus complets dès le champ de fouilles et que j'avais soigneusement mis à part dans les caisses au moment de l'em-ballage. De ce chef, j'ai fait reconstituer 500 vases, sans compter les tables d'offrandes. Ces vases sont de toutes les pierres alors connues : feldspath, onyx, marbre, émeraude, améthyste, cristal de roche, etc.; les ouvriers qui les avaient taillées s'y étaient pris de manière à faire ressortir de leur mieux les veines les plus belles de la pierre. Ils ont toutes les formes alors connues, et quelques-uns d'entre eux sont de purs chefs-d'œuvre.

L'art de travailler le métal, le cuivre, l'argent ou l'or, était déjà très avancé : je n'ai guère trouvé que des vestiges d'or et d'argent, les objets précieux ayant dû être enlevés, mais j'ai rencontré de très grands objets en cuivre. L'analyse de ces objets faite par des hommes spé-cieux a montré que certains des procédés employés alors n'avaient pas varié depuis et s'étaient conservés jusqu'à nos jours.

Il en est de même pour les innombrables poteries qui remplissaient certaines chambres. Ces poteries étaient pour la plupart assez grossiè-rement faites et témoignent de l'enfance de l'art dans la céramique. De même dans l'art de travailler le bois. Au contraire l'art de tailler le silex était à un très haut degré de perfection. Les inscriptions n'étaient qu'en très petit nombre : elles rachètent par leur importance ce qui leur fait défaut du côté du nombre. Elles ont permis de conclure à une identification raisonnée de la tombe.

D'un autre côté, les céréales étaient cultivées à cette époque, on y connaissait des fruits qu'on ne retrouve plus maintenant en Égypte, mais on les retrouve sans doute dans le centre de l'Afrique. Ils n'ont pu être étudiés au point de vue de la flore, car le temps considérable écoulé depuis qu'on les avait enfermés dans les caisses qui avaient été déposées dans la tombe ne l'a pas permis.

Pour toutes ces raisons, cette tombe est donc d'un intérêt immense pour la science et l'histoire de la civilisation. Cette importance est encore augmentée par le fait que c'est, je crois, le tombeau de deux personnages très connus dans l'histoire légendaire de l'Égypte, mais qui, du coup, passeraient dans la réalité historique. Ce ne sera pas la moindre merveille issue de ces fouilles.

Je ne saurais m'estimer assez heureux d'avoir été l'instrument de ces découvertes si précieuses et je serai complètement satisfait le jour où je verrai ces conclusions reçues et adoptées par mes confrères. D'ailleurs n'admît-on pas l'attribution de la tombe à Set et à Horus, il n'en reste pas moins que c'était le tombeau d'un personnage royal remontant à la plus haute antiquité et que ce tombeau nous a conservé une foule d'objets de premier ordre et du plus grand intérêt, non seulement pour l'histoire de l'Égypte, mais pour celle de la civilisation humaine en général.

La Tremblaye, 18 novembre 1898.

APPENDICE

---

*Examen des débris de deux squelettes provenant des fouilles
pratiquées près d'Abydos, par* M. AMÉLINEAU, *en 1896-97,*

Par M. le Dr FOUQUET

Les fragments de squelettes qui font l'objet de cette note m'ont été remis
par M. Amélineau à son retour de la Haute-Égypte en février 1897. Chaque
morceau d'os ayant quelque importance était enveloppé séparément dans un
papier fin. Seuls les débris les plus petits, qui ne pouvaient se prêter à
aucune étude, étaient réunis en vrac dans de grandes enveloppes; c'étaient
de minces esquilles très friables, quelques phalanges et surtout des lamelles
provenant de côtes brisées. Chaque paquet portait une annotation écrite de
la main même de M. Amélineau, indiquant ce qui faisait partie du squelette
n° 1 et ce qui devait être attribué au squelette n° 2, sans aucun renseignement
sur les conditions de la trouvaille. Mon rôle se borne donc à décrire les
pièces soumises à mon examen.

Dans le délabrement où ils se trouvaient, ces ossements étaient d'autant
moins faits pour fixer mon attention que j'étais alors chargé d'étudier de
longues séries de crânes et de squelettes en bon état de conservation, provenant des fouilles de M. de Morgan. Ma curiosité fut toutefois piquée en
raison du soin que l'auteur de la découverte avait mis à recueillir les plus
infimes fragments, comme s'il s'agissait de véritables reliques [1]. Après un
premier examen je reconnus d'ailleurs qu'il était possible de noter quelques
particularités sans importance il est vrai s'il s'agissait d'un squelette quelconque, mais pouvant prendre un grand intérêt si l'on se trouvait en pré-

---

1. Le 25 février 1898 j'ai remis tous ces ossements à M. Amélineau et, sur sa demande,
par une lettre en date du 28 avril de la même année j'ai certifié que ces pièces étaient
bien celles qui m'avaient été remises l'année précédente.

sence d'un personnage connu. Laissant donc de côté tout ce qui était débris
informe, je mis à part quelques ossements à peu près intacts. J'ai pu rap-
procher et coller, sans qu'il y eût la moindre déformation, ceux dont les
cassures étaient fraîches et nettes.

Je me suis cependant gardé de tenter ces réparations toutes les fois qu'elles
auraient pu entraîner une erreur quelconque dans les mensurations.

SQUELETTE N° 1.

Les os du crâne seuls présentent, dans quelques-uns de leurs fragments,
un état de conservation suffisant pour mériter une description :

a. Le *frontal* est brisé et incomplet. Il est impossible d'en avoir la largeur
totale. Le bord inférieur est aussi partiellement érodé au niveau de l'insertion des os propres du nez, sur une longueur que l'on peut évaluer à un ou
deux millimètres. Le rebord supéro-externe de l'orbite est épais et mousse
comme on le rencontre dans les crânes masculins. La glabelle est peu sail-
lante. Les arcades sourcilières forment au contraire un relief prononcé dans
leur moitié interne. Au-dessus d'elles on trouve une dépression transversale
que surmontent les bosses frontales. Celle de droite, plus large et plus proé-
minente détermine une asymétrie frontale très nette. Lorsque l'on examine
l'os par sa face interne, la différence est encore plus marquée. L'insertion
de la faulx du cerveau se dirige obliquement de bas en haut et de droite à
gauche laissant une cavité vaste et profonde pour la partie antérieure de
l'hémisphère droit dont les circonvolutions étaient plus épaisses et plus
saillantes que celles du côté opposé. *Le sujet devait être droitier du cerveau,
gaucher de la main.* Les facettes latérales très incomplètes étaient bombées
si l'on en juge par la partie qui subsiste.

La moitié droite du frontal mesure, de la ligne médiane à la partie la plus
concave de la crête 0^m,435 ce qui, en faisant abstraction de l'asymétrie,
c'est-à-dire en considérant les deux moitiés de l'os comme égales, donnerait
un diamètre frontal minimum de 0^m,097. Bien que ce chiffre soit plutôt élevé,
j'ai pu constater souvent qu'il était dépassé dans des crânes trouvés en Égypte.

La courbe frontale totale est de 0^m,133 dont 0^m,020 pour la partie sous-
cérébrale, chiffre assez faible, mais communément observé dans les crânes
des diverses nécropoles de l'époque de la pierre taillée, que j'ai eu l'occasion

d'étudier. Je me contenterai de comparer les éléments de la courbe frontale du crâne n° 1 aux moyennes obtenues pour le sexe masculin dans les trois principales stations :

	Courbe s.-céréb.	Courbe frontale totale
Squelette d'Abydos. . .	0,020	0,1630
Beit-Allam.	0,021	0,1286
Negadah sud	0,0218	0,1259
Kawamil	0,0221	0,1292

Comme on le voit, la partie sous-cérébrale de la courbe a moins d'importance dans le crâne d'Abydos, mais la longueur de la courbe frontale totale est supérieure à la moyenne obtenue pour nos crânes des trois grandes nécropoles attribuées à l'époque néolithique.

Outre l'asymétrie déjà signalée on doit noter que le crâne est fuyant.

b) Pariétaux. Le mauvais état de conservation de ces os ne m'a pas permis de prendre des mesures exactes : les renseignements que l'on peut tirer de ce qui reste se réduisent donc à peu de chose. J'ai noté vers la partie moyenne une large dépression verticale située en avant de la bosse pariétale dont le relief est peu accentué. La synostose bi-pariétale était déjà assez avancée. Il existait aussi au niveau du bregma un commencement d'ossification de la suture corono-pariétale.

c) Occipital. Il ne reste que trois grands fragments de cet os qui s'ajustent de façon à reconstituer la partie écailleuse presque en entier et la moitié gauche de la région sous-iniaque. La ligne courbe supérieure est bien marquée, l'*inion* qui était saillant est en partie écrasé. La ligne courbe inférieure est plus accentuée dans sa partie inféro-externe. Les insertions musculaires indiquent un sujet assez robuste. La courbe mesurée du sommet du lambda à l'inion donne $0^m,069$, dimension qui est un peu supérieure à la moyenne des trois nécropoles précités dans lesquelles j'ai obtenu les résultats suivants : Beit-Allam 0,67, Negadah sud 0,66, Kawamil 0,67. — Ce qui reste de la suture lambdoïde montre qu'elle était assez compliquée et que la synostose était en voie de formation. Il ne m'a pas été possible d'assembler les autres fragments de l'os, pour y parvenir il eût fallu beaucoup de patience et de temps. Les renseignements que pourrait fournir une pièce ainsi restaurée et forcément maquillée n'auraient d'ailleurs aucune valeur.

d. Un seul fragment des temporaux est en assez bon état pour fournir

des mesures exactes. C'est l'apophyse mastoïde du côté droit. Peu volumi-
neuse, haute de 0ᵐ,028, elle a 0ᵐ,031 de largeur à la base et 0ᵐ,012 d'é-
paisseur.

L'apophyse styloïde dont il ne subsiste qu'un court fragment était grêle.

e. La *face* est également très incomplète. Les maxillaires supérieurs sont
brisés, il n'en reste que des fragments. Le gauche comprend : une partie
du plancher de l'orbite, les deux premières grosses molaires (l'une d'elles
est usée en plateau, elle a 0ᵐ,012 de diamètre antéro-posterieur et 0ᵐ,014
de diamètre transverse), les deux prémolaires et une incisive mesurant 0ᵐ,025
de hauteur. L'émail de cette dent, large de 0ᵐ,0075, haut de 0ᵐ,010, présente à sa base trois petits sillons transversaux parallèles causés par des
arrêts momentanés de développement comme on en observe pendant certaines maladies graves.

Les débris du maxillaire supérieur droit comprennent : les deux prémolaires, la canine, l'incisive externe, la racine de l'interne. Il existait un léger
prognathisme dentaire. A en juger par ce qui reste, l'ouverture nasale était
assez étroite.

f. L'os *malaire,* trop incomplet pour être décrit a, au niveau de l'angle
inférieur, une épaisseur de 0ᵐ,009.

On ne retrouve ni traces évidentes d'embaumement, ni débris des parties
molles du corps. Toutefois, sur plusieurs points de l'écaille de l'occipital il
subsiste quelques mèches de cheveux fins, droits, lisses et peu colorés ou,
pour mieux dire, décolorés par l'action du temps et qui devaient être
noirs.

En résumé les renseignements fournis pas l'examen de ce crâne brisé,
bien que très incomplets permettent cependant d'établir d'une façon à peu
près certaine l'âge du sujet. La synostose partiellement formée sur la suture
sagittale au niveau du lambda et celle de la coronale dans le voisinage du
bregma montrent qu'il s'agit d'un homme ayant au moins la cinquantaine.
L'état de coloration uniforme des cheveux, dont aucun n'est blanc, incite à
croire que cet âge ne devait pas être de beaucoup dépassé, bien qu'il y ait
des exceptions.

En l'absence de tout os long mesurable il est impossible de rien dire de
la taille. Les insertions musculaires de la nuque indiquent un homme de

force au moins moyenne. Celles des fosses temporales ne démontrent pas une grande puissance de mastication. Autant qu'on peut en juger par la complication des sutures craniennes et la nature des cheveux, cet homme devait appartenir à une race assez élevée et blanche.

SQUELETTE N° 2.

Le deuxième groupe d'ossements se réduit à fort peu de chose en ce qui concerne la tête. Les fragments du crâne sont sans importance, seule la mandibule bien que brisée a pu être remise en état et se prêter à un examen assez complet.

Les deux condyles et l'apophyse coronoïde droite manquent. La gauche, bien que brisée, a pu être en partie rétablie.

L'os est dyssimétrique, à branches larges et assez fortes. Le corps, à sa face antérieure présente une ligne symphysienne oblique en bas et en avant. La saillie mentonnière proémine peu. Le trou mentonnier est circulaire des deux côtés. Il se trouve placé à $0^m,026$ en dehors de la symphyse, à $0^m,014$ du bord inférieur à gauche et à $0^m,016$ à droite. La hauteur de l'os sur la ligne médiane est de $0^m,027$; de $0^m,030$ au niveau de la 3ᵉ molaire gauche et de $0^m,032$ au niveau de la droite.

A la face postérieure les apophyses geni sont grêles, mais saillantes et un peu à gauche de la ligne médiane. Le bord alvéolaire est proéminent, haut et épais. La fossette d'insertion du ventre antérieur du digastrique est rugueuse et bien marquée.

Les branches sont assez larges, la gauche qui est la plus intacte mesure $0^m,045$ en un point qui correspond à la base de l'apophyse coronoïde brisée. La largeur bigoniaque est de $0^m,090$. Elle s'éloigne de celle des Berbers et des Égyptiens = 96.

Les insertions musculaires ne sont pas très marquées.

La denture de la mandibule était complète. Il ne reste intactes que les six grosses molaires, la première prémolaire droite, la 2ᵉ gauche, les autres dents sont cassées.

La première grosse molaire droite, les deux premières à gauche ont leurs tubercules usés, ils sont intacts aux autres dents. Les incisives étaient petites et resserrées, les canines faisaient une légère saillie en avant.

Les molaires présentent les dimensions suivantes :

MOLAIRES DROITES	I	2	3	M. GAUCHES	I	2	3
Diam. ant. post. .	0,012	0,010	0,0099		0,0115	0,0102	0,0098
Diam. transvers.	0,011	0,0102	0,0093		0,011	0,010	0,0092

Comme dans les races européennes, le volume des trois molaires va en diminuant de la première à la dernière.

Avec les débris du crâne n° 2 se trouvent de petits grumeaux de matière brune ou noirâtre à cassure vitreuse ayant tous les caractères apparents du bitume extrait des crânes de Kawamil[1]. Plusieurs des os longs du squelette n° 2 deux étaient relativement bien conservés :

a) *Humérus*, côté gauche. L'extrémité supérieure manque. La gouttière de torsion est large et peu profonde.

La cavité olécranienne est imperforée.

La fosse coronoïde est assez profonde. La surface articulaire mesure transversalement $0^m,036$.

b) L'Humérus droit a perdu ses deux extrémités.

c) Les deux *cubitus* brisés ont pu être remis en état. Le droit mesure, sans l'apophyse styloïde, qui ne présente rien de particulier, $0^m,272$; le gauche $0^m,273$.

Dimensions de l'extrémité supérieure

	Gauche	Droite
Largeur de l'olécrane	0,022	0,0205
Hauteur	0,020	0,019
Épaisseur	0,017	0,017

e) Le *radius* gauche, abstraction faite de l'apophyse styloïde, a $0^m,250$. L'extrémité supérieure arrondie mesure dans tous ses diamètres $0^m,024$.

Il existe quelques petits fragments des vertèbres, des omoplates, des clavicules, mais aucune pièce intacte. Tous ces os doivent avoir appartenu à un homme doué d'une musculature ordinaire et auquel on peut attribuer une taille de $1^m,705$.

1. Dr Fouquet *in Recherches sur les Origines de l'Égypte* de M. de Morgan, p. 346. Paris, 1897.

L'âge est plus difficile à établir. Le seul renseignement, tiré de l'examen
du squelette, est celui que nous fournit l'usure des deux premières molaires
gauches. On sait que les tubercules de la première molaire sont usés quelquefois dès le début de l'âge adulte, que ceux de la seconde molaire résisten
plus longtemps, mais chez notre sujet, une légère torsion du maxillaire a
pu hâter cette usure et ce qui semble le prouver c'est que la forme de la
dent correspondante, du côté opposé, n'est pas altérée, ce qui amène à
penser qu'il s'agit du squelette d'un homme dans la force de l'âge et plutôt
jeune.

Pas plus que pour le squelette n° 1 il n'est possible de rien affirmer quant
à la race. Même obscurité en ce qui concerne l'époque à laquelle l'inhuma-
tion a pu être faite. Les traces d'un embaumement sommaire, avec des matières bitumineuses d'une grande finesse, comparables à ce que l'on trouve
dans les nécropoles attribuées à la fin de l'époque de la pierre taillée en
Égypte me portent à croire qu'il s'agit de sépultures très anciennes, mais
cela ne peut être qu'une simple présomption. Seules les conditions dans lesquelles la découverte des deux squelettes a été faite et l'examen des objets qui
les entouraient pourront, peut-être, permettre de résoudre le problème.

ERRATA

Page 21, ligne dernière, au lieu de *au même n° 7*, lire : *au n° 7*.

Page 33, ligne 26, au lieu de Ier *dynastie*, lire : Ire *dynastie*.

Page 43, ligne 4, au lieu de *l'aient trouvé*, lire : *l'aient trouvé intact*.

Page 61, ligne 19, au lieu de *comme je les ai retrouvés dans la chambre numéro 3*, lire : *comme je les ai retrouvés dans la chambre numéro 2 et non numéro 3*.

Page 74, ligne 15, au lieu de *ou necore*, lire : *ou encore*.

Page 78, lire 20, au lieu de $2^m,19$, lire : $2^m,13$.

Page 81, ligne 1, au lieu de $3^m,82$, lire : $3^m,54$.

Page 82, ligne 8, au lieu de $1^m,29$, lire : $1^m,79$.

Page 86, ligne 9, au lieu de $1^m,05$, lire : $1^m,65$; ligne 28, au lieu de $1^m,40$, lire : $2^m,40$.

Page 90, ligne 27, au lieu de $1^m,50$, lire : $1^m,80$.

Page 91, lignes 4 et 26, au lieu de *corridor 5*, lire : *corridor 6*, et ligne dernière, au lieu de $1^m,50$, lire : $1^m,80$.

Page 108, ligne 2, au lieu de *mur est*, lire : *mur ouest*; ligne 9, au lieu de *cette chambre était construite*, lire : *cette chambre n'était pas construite*; ligne 12, au lieu de *sous la couverture*, lire : *pour la couverture*.

Page 110, ligne 15, au lieu de *avait son mur percé*, lire : *avait son mur nord percé*.

Page 117, ligne 27, au lieu de *chambre 25*, lire : *chambre 28*.

Page 125, ligne 13, au lieu de *on peut à la connaître tout au moins parvenir*, lire : *on peut tout au moins parvenir à la connaître*.

Page 148, ligne dernière, au lieu de *que ces lits*, lire : *que des lits*.

Page 187, ligne 12, au lieu de *vase de vase*, lire : *de vase*.

Page 198, ligne 13, au lieu de *ce tombeaux* lire : *ce tombeau*.

Page 263, ligne 27, au lieu de *avec ces deux grands vases*, lire : *avec ces trois grands vases*.

Page 274, ligne 1, au lieu de *vingts cinq*, lire : *vingt-cinq*; et ligne 2, au lieu de *par un seul*, lire : *pas un seul*.

Page 294, ligne 32, au lieu de *suit les deux autres signes sont encore inconnus*, lire : *suivent deux autres signes encore inconnus*.

TABLE DES MATIÈRES

TABLE DES PLANCHES

www.ingramcontent.com/pod-product-compliance
Lightning Source LLC
Chambersburg PA
CBHW051232050726
47594CB00001B/133